猫行为医学临床手册

Clinical Handbook of Feline Behavior Medicine

主编　[美]伊丽莎白·斯特洛（Elizabeth Stelow）

主译　毛军福　张　莉　赵雪菲

北方联合出版传媒（集团）股份有限公司
辽宁科学技术出版社

Clinical Handbook of Feline Behavior Medicine

Elizabeth Stelow

ISBN 978–1–1196–5321–9

Copyright © 2023 John Wiley & Sons, Inc.

All Rights Reserved. This translation published under license with the original publisher John Wiley & Sons, Inc.

图书在版编目（CIP）数据

猫行为医学临床手册 /（美）伊丽莎白·斯特洛（Elizabeth Stelow）主编 ；毛军福，张莉，赵雪菲主译 . -- 沈阳 ：辽宁科学技术出版社，2024. 11. -- ISBN 978-7-5591-3950-4

Ⅰ . S858. 293-62

中国国家版本馆 CIP 数据核字第 2024ZK0133 号

出版发行 : 辽宁科学技术出版社

（地址 : 沈阳市和平区十一纬路 25 号　邮编 : 110003）

印　刷　者 : 河北尚文雅屹印刷有限公司

经　销　者 : 各地新华书店

幅面尺寸 : 170mm × 240mm

印　　张 : 23

字　　数 : 380 千字

出版时间 : 2024 年 12 月第 1 版

印刷时间 : 2024 年 12 月第 1 次印刷

责任编辑 · 朴海玉

版式设计 : 夏　雨

封面设计 : 北农阳光

责任校对 : 闻　通

书　　号 : ISBN 978-7-5591-3950-4

定　　价 : 218.00 元

译 委 会

主 译　毛军福　张　莉　赵雪菲

参 译（以姓名拼音为序）

宾永菲　段燕宏　蒋　宏　李　叶

刘春晖　刘昕妍　罗倩怡　王梦梦

谢倩茹　张健美　张　威　朱　国

　　本书的创作倾注了我诸多心血，但也相应地分散了我从事其他工作的精力。如果没有我丈夫 Joe DiNunzio 不遗余力的支持，我就没有时间和毅力来完成这项任务。如果没有我们那对十几岁的双胞胎 Ainsley 和 Rowan 的宽容，我同样会陷入困境。如果不是他们照顾自己的生活，我永远也不会有时间完成这本书。我永远对我的家人心怀感激，并将此书献给他们。

译者序

之前的宠物医生总认为，围绕宠物疾病进行诊断和治疗就完成一位好医生的使命了。但随着患猫的增多，宠物医生发现越来越多的猫宠主开始咨询猫的行为学问题，并且在临床中发现猫的很多疾病与行为学问题有关。之所以宠物医生常常无法正确理解和解决这些问题，原因是对于猫行为学知识的储备相对较少，本书恰好用浅显易懂的语言解释了猫的行为学问题。无论养猫家庭遇到的常见问题、猫的一些特殊行为学异常，还是猫在宠物医院应该受到关注的问题，都能在本书中找到答案。本书应该成为宠物医生的临床入门级猫行为学手册。

毛军福 博士

2024 年 9 月 23 日

前言

当出版商建议我编写一本关于猫科动物行为学的书时，我知道我应该写一本全科兽医、兽医技师和兽医学生都会觉得有用的临床用书。我的初步研究包括与一位朋友兼全科兽医 Aine Coil 博士的会面。我向她咨询后得知她在猫科动物行为方面面临着哪些挑战，以及哪些资源对她最有帮助。

经过这次谈话后，这本书的框架就诞生了：本书既可作为患猫就诊时的快速参考资料，也可作为临床兽医、兽医技师或兽医学生在有时间提前阅读和准备病例时的"深度"资源。

有一些"背景"章节可以为临床病例提供参考，但并不以快速参考为导向。这些章节包括猫的正常社交行为、预防问题行为、游戏、猫的家庭关系，以及诊所中的猫。

大多数临床章节都有一个小节介绍哪些行为是正常的，哪些行为是不正常的，其格式便于在患猫就诊时阅读参考。有些章节还配有流程图，以便快速做出诊断。还有一些章节附有表格，可供客户填写，以便进一步讨论。

最终，这本书将指导兽医从业者的日常诊疗工作并帮助客户为患猫提供更好的福利。

Dublin（灰色）和 Chantal（黑白）在沙发上享受拥抱

致谢

如果没有出版商、我的同事，以及一大批才华横溢、见解独到的特约作者的信任，这本书是不可能问世的。

感谢 Wiley 的所有编辑。他们热情洋溢，全力支持我，并且很有耐心。我不建议大家在全球流行病盛行和确诊乳腺癌的情况下尝试撰写一本书。但是，如果你必须这样做，你会希望获得 Wiley 团队的支持。

感谢我的朋友兼同事 Aine Coil 博士分享了全科兽医需要了解的猫科动物行为学知识。

感谢加利福尼亚大学戴维斯分校行为服务部的同事和朋友们，他们在本书的框架设计和提案审核中发挥了关键作用。如果没有 Sun Kim 博士和我们的技术人员 Michelle Borchardt，本书的结构将无从谈起。Bain 博士、Buffington 博士、Delgado 博士、Grigg 博士和 van Haaften 博士给予了我们极大的支持，并提出了独到的见解。

对于本书的特约作者，我的感激之情无以言表。在整个写作过程中，他们兢兢业业、灵活应变，充分发挥自己的写作才华，并将他们的知识倾囊相授。我感谢他们每一位的贡献。有了他们的参与，猫科动物护理的世界才会更加丰富多彩。

撰稿人

Melissa Bain, DVM, MS, DACVB, DACAW
Professor of Clinical Animal Behavior
Department of Medicine and Epidemiology
UC Davis School of Veterinary Medicine
Davis, CA, USA

Jeannine Berger, DVM, DACVB, DACAW, CAWA
Senior Vice President, Rescue and Welfare
San Francisco Society for the Prevention of
Cruelty to Animals
San Francisco, CA, USA

C. A. Tony Buffington, DVM, MS, PhD, DACVN
Clinical Professor
Department of Medicine and Epidemiology
UC Davis School of Veterinary Medicine
Davis, CA, USA

Sharon Crowell–Davis, DVM, PhD, DACVB
Department of Anatomy and Physiology
College of Veterinary Medicine
University of Georgia
Athens, GA, USA

Gina Davis, DVM
Resident
Clinical Animal Behavior Service
UC Davis School of Veterinary Medicine
Davis, CA, USA

Mikel Delgado, PhD
Feline Minds
Cat Behavior Consulting
Berkeley, CA, USA

Emma Grigg, MA, PhD, CAAB
Lecturer, Dept. of Population Health and
Reproduction
UC Davis School of Veterinary Medicine
Davis, CA, USA

Ilana Halperin, DVM, DABVP (Canine and Feline Practice)
Health Sciences Assistant Clinical Professor in
Community Practice
UC Davis School of Veterinary Medicine
Davis, CA, USA

Kathryn Houpt, VMD, PhD, DACVB
James Law Professor Emeritus, Section of
Behavior Medicine
Department of Clinical Sciences
Cornell University College of Veterinary Medicine
Ithaca, NY, USA

Sun–A Kim, DVM, MS
Clinical Professor of Clinical Animal Behavior
Veterinary Medical Teaching Hospital,
Chungbuk National University,
Cheongju, Korea

Rachel Malamed, DVM, DACVB, CABC
Dr. Rachel Malamed Behavior Consulting
Los Angeles, CA, USA

Amanda Rigterink, DVM, DACVB
Veterinarian/Owner
Veterinary Behavior of Indiana
Carmel, IN, USA

Margie Scherk, DVM, DABVP (Feline Practice)
catsINK Feline Consultant
Vancouver, BC, Canada

Judi Stella, PhD
Head of Standards & Research
Good Dog, Inc.
Columbus, OH, USA

Karen Sueda, DVM, DACVB
Veterinary Specialist, Behavior
VCA West Los Angeles Animal Hospital
Los Angeles, CA, USA

Wailani Sung, MS, PhD, DVM, DACVB
Director of Behavior and Welfare Programs
San Francisco Society for the Prevention of
Cruelty to Animals
San Francisco, CA, USA

Kristyn Vitale, PhD
Assistant Professor
Animal Health & Behavior
Unity College
New Gloucester, ME, USA

目录

第1章 猫的行为医学导论

Elizabeth Stelow

背景

毫无疑问，兽医是宠物猫生活中最具影响力的参与者之一。兽医会协助进行预防医学、急诊和慢性病护理，并为猫宠主提供大部分有关预防和治疗猫问题行为的咨询服务。宠主对猫需求的了解对猫整体福利的影响不可低估：了解猫行为并与猫建立了深厚感情的宠主会减少猫的问题行为，而不了解猫的宠主则更有可能用惩罚来应对猫的不良行为，导致猫福利的恶化[1]。

据估计，在美国，高达 40% 的猫都表现出了某些问题行为[2-3]。

猫的行为问题会导致宠主和其他宠物受伤，破坏人与动物之间的纽带，使猫宠主不愿意养猫[4]。事实上，行为问题是猫被送到收容所的第二大原因；排名第一的是各种变故导致将家里的整窝猫都送往收容所[5]。

但很多宠主不会带着有行为问题的猫去看兽医。在 Laurie Bergman 博士 2002 年的一项研究中显示，只有 26% 的猫宠主曾向兽医反映过猫尿液标记的问题。这可能是因为宠主存在以下想法：

1. 认为兽医只对医疗问题感兴趣；

2. 认为兽医不具备处理行为问题的能力或未受过这方面的培训；

3. 在常规或"医疗"就诊时兽医不太会主动询问行为问题。

这些宠主的想法确实有一定的道理。2001 年，McMillan 发现，只有 25% 的兽医将行为问题作为问诊的标准内容[6]。在一项研究中，被调查的 70 名兽医，只有 2/3 能够根据接收的病例正确区分尿液标记和如厕行为[7]。在另一项研究中，有 6 名兽医自愿将他们的咨询经过记录下来，观看这些记录的人注意到，在宠主向兽医提到的 58 个行为问题中，只有 10 个问题得到了解决[8]。

事实上，兽医应该站在预防或解决行为问题的第一线[8]，但他们往往并没有这样做。从兽医的角度来看，似乎有两个关键原因。

首先，有可能是兽医没有看到研究和治疗问题行为的价值。2004 年的一项研究报告显示，当执业兽医对兽医学校的应届毕业生应具备的技能进行排名时，"行为学"的重要性排在第 16 位 [9]。我们倾向于在自己认为的重要的事情上付出努力。

其次，可能是临床兽医看到了行为学的价值，但因为不确定自己能否提供帮助，所以不愿主动询问。在一项研究中，半数接受调查的小动物临床兽医表示，他们缺乏行为学方面的培训，无法向宠主提供咨询，尽管宠主每周都会提出行为问题 [10-11]。在这项研究中，对 6 名兽医的预约过程录制了视频，其中有 5 人表示，他们感觉无法满足客户对解答行为问题的期望，主要原因是他们在这方面的培训不足 [12]。

这并不是一个新问题。1999 年，Gary Patronek 就提出了客户所需的行为建议水平与兽医所提供的行为建议水平之间脱节的问题 [13]。

挑战在于，从上文提到的弃养猫和人与动物关系的统计数据中可以看出，缺乏对患猫的干预产生了显著的影响。此外，好奇心强的猫宠主会在网站、书籍或朋友那里找到一些信息，但这些信息可能是老旧的、不适当或不安全的，而且他们可能没有能力看到潜在的危害。

缺乏兽医行为指导的另一个风险是，并非所有的宠主都能够意识到他们可以预防幼猫的问题行为或导致将来的问题行为。这些行为可能包括"恼人"的行为，如抓挠物品或爬到人身上（图 1.1、图 1.2），但也可能包括对人或其他猫的攻击行为，只要客户相信兽医可以解决问题，那么这些信息就是有用的 [14]。

图 1.1　重要的是兽医要在人与动物之间的纽带被严重破坏之前，帮助宠主解决猫的行为问题

（由 Craig Adderley/Pexels 提供）

图 1.2　应引导客户通过与家中幼猫的互动，防止猫未来出现行为问题

（由 Hansiline/Pixabay 提供）

当然，如果临床兽医想要帮助宠主解决猫的行为问题，他们必须有意愿为解决问题做好准备。本书的作用之一就是为有兴趣的临床兽医提供资源，让他们有更充分的准备。

如果我们要鼓励宠主向我们求助，就必须主动询问他们的猫的行为，并针对所发现的问题制订诊断和治疗计划。因此，本章的目的是为兽医提供有用工具，以便收集猫的行为表现，并对其进行诊断和治疗。个别临床章节（第 5 ~ 12 章）将提供诊断和治疗具体问题的详细信息。

当兽医发现猫有问题行为时，以高效和系统的程序进行诊断和治疗至关重要。

行为诊断

行为诊断包括以下几点内容[15]：

● 详细的病史调查，包括医疗史和行为史。

● 直接或通过视频观察问题。

● 排除医疗问题（全血细胞计数、血清生化、专业实验室检查、影像学检查等），以及了解特定问题行为的关键鉴别诊断。

● 了解特定问题行为的特定诊断标准。

病史

详细的病史调查是初步行为诊断的基础。为了收集最全面的信息，最有用的方法是要求宠主填写一张表格，以提示他们提供各种各样的背景资料（表1.1）[16]。本书附有的配套网站上提供了一个完整的病史调查表的范例。在实际会面时，可根据宠主准备的表格中的信息和遗漏的信息提出后续问题。

表 1.1　获得完整行为史的途径

基本信息	特征描述：宠物的名字、年龄、繁殖状况、品种
	信息采集：年龄、来源、之前在家中的情况和同窝猫的情况
	家庭：所有家庭成员（人和动物）的姓名、年龄、引入日期
	病史：包括疾病/外伤史和任何行为评估
环境信息	喂食习惯：饮食、饲喂方式/地点、食欲、进食时对人的行为
	猫砂盆和清洁信息：数量、位置、猫砂材质、清洁时间表和日常习惯
	室内丰容：玩具、互动游戏时间、窗台、猫树/猫爬架、外出时间
宠主信息	本次及后续预约的目标
	宠主实施治疗计划的意愿和能力
	如果是攻击行为，宠主认为攻击的严重程度
	每位家庭成员与猫的关系，包括对其安全的信任
事件信息（针对攻击性问题）	请参阅有关攻击性问题的章节了解这些信息

需要收集的信息类型包括：

基本信息

特征描述是猫病历中的关键信息。但收集猫的基本信息也很重要，如猫是从何种途径获得的及获得时的年龄，家中同住或经常与猫互动的人和其他宠物，任何既往病史的治疗方案。

即使是猫最基本的生活史，也能为猫当前的行为提供一些线索。例如，家里的其他宠物可能是潜在的应激源，也可能是很好的玩伴；但重要的是，要辨别它们属于哪一种。经常在房屋内走动的人可能是应激源，而宠主在考虑攻击性的触发因素时，往往不会考虑到这一点。而且，宠主并不认为在攻击性行为发生的同时，可能是猫的身体出现了问题。

环境信息

猫的居住环境会对其行为产生深远的影响。因此，对猫居住环境的布局、提供的丰容设施、猫砂盆及其他日常用品进行检查是非常重要的。缺乏适当的游戏和捕猎活动可能与攻击性问题有关[17]。因此，了解宠主为患猫提供了哪些资源至关重要。

宠主与猫的关系

除了猫的动机之外，对结果影响最大的因素莫过于猫与家庭成员的关系、宠主的目标以及他们实施有效计划的能力。因此，这方面的调查非常重要，但往往因为时间关系或避免困难的讨论而被忽视。以下是思考和探究这些因素的方法：

宠主与猫的关系。请每位宠主描述自己与猫的关系。关注诊断治疗计划的不同要素时，请参考这些答案。谁最投入？谁感觉最疏离？

宠主对结果的影响。宠主必须对治疗计划的所有内容持开放态度，并认同实施这些计划的意义。在约见之初，最好先说明解决这个问题需要对家中的相处模式进行一些调整；询问宠主是否准备好做出改变。只要在开始之前征得他们的同意，就能影响他们对计划的接受程度。然后，在讨论实际计划内容时，可以进一步确认哪些可以轻松实施，哪些不容易实施。

宠主的目标。直接询问宠主的目标。最好不要假定你了解宠主需要什么结果，也不要假定在场的所有宠主都需要同样的结果。对于最易受到攻击的人来说尤其如此。因此，你要直接询问每个人期望的目标是什么。暂不讨论这些目标是否合理——这种讨论对询问者来说是客观调查。

评估宠主实施治疗计划的能力。在确定某个案例的复杂程度后，开始评估每位宠主实施可行性计划的能力。这可能会受到宠主自身的限制（身体问题、年龄——尤其是儿童，以及可用于实施计划的时间）或家庭限制（时间安排、物理空间和家庭布局，以及整体活动水平——混乱与安静）。在兽医提出计划时，需要考虑到这些限制因素，如果计划根本无法实施，可能会影响案例本身的结果。还可能会引发有关患猫的重新安置或安乐死的讨论。

宠主对问题的评估。询问每位宠主认为攻击行为的严重程度。为下一次有关信任程度的对话（如有必要）做好准备。

宠主的风险承受能力和信任程度。如果关于猫的主诉是攻击行为，并且宠主认为猫的攻击性很强，那么可以询问宠主，他们认为与猫生活在一起的风险有多大，以及宠主对猫的信任程度有多高（以及未来对猫的信任程度）。最好将这些信息公开，以防宠主对猫有不同的看法。如果一位宠主表示再也无法信任他/她的猫，那么这个计划可能就无法实施了。这时，最好关注到所有的宠主的想法，可能对他们来说，重新处置/安乐死是唯一可行的解决办法。

虽然对行为的客观描述比主观评估更有助于诊断，但研究表明，宠主能提供的有关肢体语言和特定触发因素的信息有限，因为大多数宠主对宠物行为的了解仅限于表面[18]。

观察

行为的观察可以在预约期间亲自进行，也可以通过宠主提供的视频进行。临床兽医根据行为问题的类型，选择上述方式之一。即使进行了这两种类型的观察，临床兽医也可能看不到宠主所提到的行为；这时行为史调查表中的细节就显得更加重要了。

医学鉴别

本书中介绍的每个行为问题都包含一份医学鉴别诊断列表，临床兽医在对行为方面进行治疗之前，应尽量排除这些医学鉴别因素。

诊断标准

同样，在书中介绍的每一种行为诊断也会介绍该行为问题的诊断标准。一旦明确了诊断，临床兽医就会将关注点转向行为治疗计划。

治疗方法

虽然行为问题的治疗方法因诊断结果、特殊性、宠主的生活习惯和执行力以及其他因素各不相同，但每种方案都应考虑一些通用的治疗方法。其中包括管理、工具、猫与宠主的关系、行为矫正和药物治疗。下文将介绍这些治疗领域的合理方法。

管理

管理的目的是改变问题行为发生的环境，从而在实施其余治疗的同时，降低问题行为发生的可能性。简而言之，管理通常可归结为避免——避免猫出现在问题行为最常发生的地方；避免人与猫的互动导致问题行为的发生；避免猫接触到目标物品 / 人 / 其他宠物。通过避免这些情况，我们可以达到两个目的。首先，可以最大限度地减少猫的攻击行为对攻击目标造成的伤害、弄脏地毯，以及其他可能的损害。其次，猫可以暂时停止我们希望治疗的行为，从而在我们尝试取而代之的过程中让这种行为不再成为习惯。

例如：

- 当猫表现出兴奋的肢体语言（瞳孔放大、尾巴抽动、背部肌肉起伏）时，应避免与之互动，因为这些迹象往往预示着猫具有攻击性（图 1.3）。
- 在无人看管时，将打架的猫分开。
- 如果家猫看到户外猫时会对宠主产生攻击行为或留下尿痕，请不要让家猫看到户外猫。
- 如果来访者会引发猫的恐惧或攻击行为，请在有人来访时将猫安置在单独的房间内，并为其提供充足的资源。
- 如果猫在半夜吵醒他人以寻求关注，请在睡觉前关闭卧室门。

环境丰容也被认为是管理的一部分，是室内猫幸福的关键[19]。请参阅第 2 章了解更多信息。

工具

许多管理理念需要工具来实施。例如，用不透明的窗户保护膜最容易阻挡户外猫的视线。提供各种猫砂盆可以帮助宠主解决猫的如厕问题。而丰容

图 1.3　避免接近表现出防御性肢体语言的猫

（由 pxhere 提供）

通常是指在生活空间中添加一些资源（玩具、休息区、庇护所等）（图1.4）。

猫与宠主的关系

有几种方法可以增进猫和家庭成员之间的关系：

图 1.4　**猫树可以提供环境丰容，包括攀爬、玩耍和垂直空间**

（由 Liz Stelow 提供）

- 可预测的互动。如果猫感到焦虑或恐惧，或者宠主过去曾对猫的行为做出过严厉的回应，那么建立关系的第一步就是要让猫有预见性。研究表明，动物预测刺激（即使是厌恶刺激）的能力，会影响与这些刺激相关的压力产生水平[20-21]。根据行为诊断结果，"可预测"的互动方式可能需要宠主决定对猫的身体约束、游戏和操控的程度或方式；决定当猫做出他们喜欢或不喜欢的行为时如何应对；或者决定是否允许猫进入某些房间、坐在家具上或台面上。猫所面临的每种"不可预知"的情况都是独特的。

- 训练。可以训练猫学习一些"小技能"，其中一些可以在必要时转移猫的注意力，而另一些则只是为了增加趣味性。训练时应始终给予猫食物或其他有价值的奖励，可以选择是否使用响片。

- 避免惩罚。无论其表现形式如何，行为问题通常都是源于恐惧、焦虑、沮丧或其他情绪动机。因此，猫很难因为受到惩罚而变得易于掌控。事实上，惩罚会加剧潜在的压力或恐惧，使紧张的局势更加恶化，从而增加攻击性行为的发生。

行为矫正

用来改变猫对诱因的感受最常用的方法是系统性脱敏和对抗性条件反射。

这种技术的原理如下：

- 让猫接触极小"剂量"的触发刺激（物品、噪声、人、猫）。
- 猫接触刺激后会得到奖励。
- 如果刺激强度过大，猫可以随时离开。
- 猫在接触刺激的整个过程中始终保持平静和放松。
- 随着时间的推移，通过让猫靠近物品或人，或增加声音的音量，可增加刺激的暴露程度。先前的所有规则都适用于增加后的刺激暴露程度。

最终目标是让猫不再担心刺激源。这可能只需要几个疗程，但也可能需要很多疗程。一切都必须按照猫的节奏进行。

药物治疗

对于许多有情绪基础的行为问题，药物治疗是必要且有帮助的。相关建议请参阅其他章节；有关可选择方案的更多详情信息，请参阅附录 1。

参考资料

1 Grigg EK, Kogan LR. Owners' attitudes, knowledge, and care practices: Exploring the implications for domestic cat behavior and welfare in the home. Animals. 2019;9(11):978.

2 Amat M, Ruiz de la Torre JL, Fatjoʹ J, et al. Potential risk factors associated with feline behavior problems. Appl Anim Behav Sci. 2009;121:134–139.

3 Martinez AG, Pernas GS, Casalta FJD, et al. Risk factors associated with behavioral problems in dogs. J Vet Behav. 2011;6:225–231.

4 Dawson LC, Dewey CE, Stone EA, Guerin MT, Niel L. Evaluation of a canine and feline behavioral welfare assessment tool for use in companion animal veterinary practice. Appl Anim Behav Sci. 2018;201:67–76.

5 Salman MD, Hutchison JM, Ruch-Gallie R, et al. Behavioral reasons for relinquishment of dogs and cats to 12 shelters. J Appl Anim Welf Sci. 2000;3:93–106.

6 McMillan FD, Rollin BE. The presence of mind: On reunifying the animal mind and body. J Am Vet Med Assoc. 2001;218(11):1723–1727.

7 Bergman L, Hart BL, Bain M, et al. Evaluation of urine marking by cats as a model for understanding veterinary diagnostic and treatment approaches and client attitudes. J Am Vet Med Assoc. 2002;221:1282–1286.

8 Roshier AL, McBride EA. Canine behaviour problems: Discussions between veterinarians and dog owners during annual booster consultations. Vet Rec. 2013;172(9):235.

9 Greenfield CL, Johnson AL, Schaeffer DJ. Frequency of use of various procedures, skills, and areas of knowledge among veterinarians in private small animal exclusive or predominant

practice and proficiency expected of new veterinary school graduates. J Am Vet Med Assoc. 2004;224(11):1780–1787.

10 Golden O, Hanlon AJ. Towards the development of day one competences in veterinary behaviour medicine: Survey of veterinary professionals experience in companion animal practice in Ireland. Irish Vet J. 2018;71(12). doi:10.1186/s13620-018-0123-3.

11 Goins M, Nicholson S, Hanlon A. Veterinary professionals' understanding of common feline behavioural problems and the availability of "cat friendly" practices in Ireland. Animals. 2019;9(12):1112. doi:10.3390/ani9121112.

12 Roshier AL, McBride EA. Veterinarians' perceptions of behaviour support in small-animal practice. Vet Rec. 2013;172(10):267.

13 Patronek GJ, Dodman NH. Attitudes, procedures, and delivery of behavior services by veterinarians in small-animal practice. J Am Vet Med Assoc. 1999;215(11):1606–1611.

14 Gazzano A, Bianchi L, Campa S, Mariti C. The prevention of undesirable behaviors in cats: Effectiveness of veterinary behaviorists' advice given to kitten owners. J Vet Behav. 2015;10(6):535–542.

15 Landsberg G, Hunthausen W, Ackerman L. Behavior counseling and behavioral diagnostics. In: Behavior problems of the dog and cat, 3rd ed. St Louis: Elsevier; 2013:65–73.

16 Overall KL. How to use these handouts an protocols. In: Overall KL, ed. Manual of clinical behavioral medicine for dogs and cats. St Louis: Elsevier; 2013:535–538.

17 Amat M, Manteca X. Common feline problem behaviours: Owner-directed aggression. J Feline Med Surg. 2019 Mar;21(3):245–255.

18 Mariti C, Guerrini F, Vallini V, et al. The perception of cat stress by Italian owners. J Vet Behav. 2017;20:74–84.

19 Buffington CAT, Westropp JL, Chew DJ, et al. Clinical evaluation of multimodal environmental modification (MEMO) in the management of cats with idiopathic cystitis. J Feline Med Surg. 2006;8(4):261–268.

20 Beerda B, Schilder MBH, van Hooff JARAM. Behavioural, saliva cortisol and heart rate responses to different types of stimuli in dogs. Appl Anim Behav Sci. 1998;58:365–381.

21 Weiss JM. Influence of psychological variables on stress-induced pathology. In: Porter R, Knight J, eds. Physiology, emotion and psychosomatic illness. Amsterdam and New York: Associated Scientific Publishers; 1972:253–280.

第 2 章　猫正常的社交行为

Kristyn Vitale

有必要先行了解猫特有的社交行为，为解决猫的问题行为打下坚实基础。本章将涉及多个主题，包括猫与猫之间正常的社交行为、猫的肢体语言、猫社交群体的结构，以及人猫关系的基本情况。虽然，我们与猫之间缺乏共同的语言，但我们可以通过研究猫的社交行为和肢体语言来了解猫的心理状态，并以此为依据来探索与猫最佳的互动方式。

社交活动与肢体语言

正常的社交行为

社交行为是指两个或多个个体之间的互动[1]。社交行为见于同一物种的成员之间，也见于不同物种的成员之间。家猫之间同样会表现出一系列社交行为。即使生活在不同社交群体中的猫也存在社交行为，如交配和养育幼猫。猫的社交行为可分为几类，包括亲和行为、争胜行为和侦查行为。

亲和行为是指能够加强猫群体凝聚力和相互关系的社交行为，通常能够减少个体间的攻击行为。猫常见的亲和行为包括相互摩擦、相互理毛、社交翻滚、长时间相互接触或接近，以及社交游戏[2-3]。在相互摩擦中，猫一边走一边用头部或身体的侧面挤压对方身体，从而达到摩擦社交伙伴的目的。在相互理毛中，猫会用舌头舔舐另一只猫的身体（图 2.1）。在社交翻滚中，猫在社交伙伴在场的情况下翻身并露出腹部（图 2.2）。在社交翻滚或坐着时，露出腹部表示信任。腹部有很多重要器官，将这个脆弱部位暴露给另一只猫或人类，表明猫没有受到威胁。猫还会逗留在社交伙伴附近。它们会躺在一起，彼此挨着坐在一起，或者彼此依偎在一起，这种行为也称为抱团（huddling）。

在社交游戏过程中，猫采用无害的方式与社交伙伴互动[2-3]。当两只猫一起游戏时，游戏方式很大程度上取决于参与的两只猫。在未经训练的观察者看来，玩耍有时候显得很粗鲁，会误以为在互相攻击。

在社交游戏过程中，两只猫可能会相互追逐和角力，咬对方的脖颈，用爪子拍打对方［即所谓的掌掴／扇耳光（cuffing）］，以及用后腿蹬住玩伴的

图 2.1 两只猫短暂地游戏后坐在一起。一只猫开始用舌头为另一只猫理毛

图 2.2 在宠主接近时，一只猫为吸引宠主注意，展现出社交翻滚

腹部，这个动作非常类似于开膛一只猎物[2]。虽然乍看很像相互攻击，但在游戏过程中，却见不到那些明显的攻击性表现。没有攻击性叫声，且行为本身有所节制，或者说见不到那种拼死一搏的样子。游戏时的撕咬不会伤及皮肤，击打通常不会伸出利爪，蹬腿也不会撕裂同伴的肚子。在游戏的过程中，互动由双方共同发起，会有短暂的停顿，然后，两只猫轮流重启游戏的回合。有时候，游戏以猫坐在一起或相互理毛结束，如图 2.1 所示。那么，哪种情况下不是游戏呢？

　　争胜行为包括在竞争过程中表现出的所有行为。包括攻击行为以及那些

旨在解决冲突的行为，如顺从行为。前面提到的几种游戏行为，在不同的场景中也可能是攻击行为。常见的攻击行为包括掌掴、追逐、撞击或撕咬[2]。与游戏不同的是，这些行为没有节制。利爪在扇耳光时会伸出来，牙齿的咬合会穿透皮肤。猫还会表现出一些旨在防止肢体冲突的行为。其中一种行为是头部的回避——猫会将头部扭向一边呈直角，以避免直视[3]。

　　猫还会表现出侦查行为。这类行为有助于辨识其他的猫，包括尾随另一只猫或嗅闻其身体等行为。侦查行为在识别附近社交伙伴的身份，了解哪些猫是熟悉的、哪些猫具有威胁等方面发挥着重要作用。猫主要通过嗅觉（或气味/化学）痕迹来进行侦查。嗅觉痕迹可以传达发出猫的性状态和身份信息。与熟悉的猫的气味相比，四处游荡的猫会花更多时间嗅闻陌生猫的尿液/粪便标记，而熟悉的猫的气味是可以识别的。尿液和粪便并不是猫仅有的两种嗅觉痕迹。猫还会通过抓挠行为和摩擦（即用头部或身体摩擦环境中的物品或某个区域）留下化学痕迹[4]。尽管对于猫气味腺究竟在哪里，乃至是否存在尚存争议[5]，但已从猫的面部（F1～F5 信息素）、哺乳期母猫的乳腺（猫的安抚信息素），以及猫的趾间（猫趾间化学信息素）分离出几种化学物质[4]。关于猫的信息素交流和侦查行为还有待了解，而本书后文将介绍这些话题。

常见叫声的类型

　　除上述亲和、争胜和侦查行为外，猫还会在不同的场景中发出不同的叫声。幼猫至少会发出 9 种不同的声音，成年猫至少可以发出 16 种不同的叫声[6]。当猫闭着嘴，气流通过鼻子时，会发出低沉的声音，即猫的低语模式（murmur）。低沉的声音包括咕噜声和颤音（非常类似咕噜声/喵喵声的组合）。这种声音通常见于友好场景，如打招呼或幼猫与母猫之间的交流（请求或确认获得了什么东西）。当嘴巴张开然后慢慢闭合，气流通过嘴巴时，就会产生不同强度的"喵喵"声或"哇呜"声，即所谓的元音模式（vowel）[6]。这包括在觅食（或寻觅其他资源）或被允许外出时发出的"喵喵"声，也包括更为强烈的抱怨声（"嗷呜"）和愤怒的哀号声（"哇呜"）。最后是猫的嘴巴僵硬地张开，气流强烈地通过嘴时发出此起彼伏的声音，如怒吼、咆哮和喷痰，这是所谓的高度紧张模式。交配叫声就是这样发出的。

　　初步的研究考察了猫在不同场景中的声音频率。具体地说，研究人员观察了猫在发出叫声时声音的曲线，以及在回应时声调的变化[7]。研究人员发现，叫声的声调是宠物猫心理状态的写照。在友好环境中的"喵喵"声，如在打招呼、游戏或被人抱起时，都是短音、高音，而且声调越来越高，而在不利处境中发出的"喵喵"声，如猫受到应激或被塞入航空箱运送时，声调会越来越低沉。总之，声调上扬表示积极或友好状态，而声调下沉表示消极或紧张状态。由此看来，分析猫的声调和叫声特点可以准确地反映猫的心理状态。

对猫咕噜声（purr vocalizations）的分析进一步支持了这一观点。科学家们已经证明，猫可通过改变咕噜声的声调来传达信息。猫既能发出乞求性咕噜声，也能发出非乞求性咕噜声。乞求性咕噜声与一般的咕噜声区别不大，只是包含一个高频音[8]。听起来就像除了低沉的咕噜声外，还叠加了一个高亢的喊叫声。有趣的是，这种喊叫声的峰值与人类婴儿的哭声频率相近（300 ~ 600 Hz）。听到这种声音的人也认为，与典型的非乞求性咕噜声相比，乞求性咕噜声"更急促，更不悦耳"[8]。这种叫声有着"不能忽视"的特点。就像婴儿高亢的哭声表达需要食物或照顾一样，乞求性咕噜声也可能表示猫有需求。事实上，当猫向宠主乞食时，会发出乞求性咕噜声，这让研究人员提出这样的观点：哺乳动物对这种高频哭声的反应是提供照顾。迄今为止，人们还不知道猫在其他场景中是否也会发出乞求性咕噜声，如在寻求宠主关注时，或这种咕噜声是否仅限于觅食。

猫的肢体语言

除了社交行为和叫声外，肢体语言也能反映猫的心理状态。就肢体语言而言，平静或自信的猫表现出开放的态度和肌肉放松的姿势。如前所述，一只处于放松状态的猫可能会袒露自己脆弱的腹部（图 2.2）。猫可能闭着眼闲坐着，也可能睁着眼，瞳孔略微放大。处于放松状态的猫耳朵会竖立并朝向前方。尾巴缓慢地左右摆动，但也可能"翘起尾巴"——尾巴直直地竖起。尾巴上翘被视为一种友好的信号，在友好互动中经常出现[9]。图 2.3 可见一只充满自信、身体处于放松姿态的猫。这种姿态的猫还会表现出社交亲和行为，如相互摩擦，寻求社交伙伴的关注。还会发出"喵喵"声、"咕噜"声或颤音。

具有攻击性或受到威胁的猫会表现出完全不同的身体姿态。相对于开放和放松的姿态，受到威胁的猫，其身体可能蜷缩和紧绷。如图 2.4 右侧的猫，

图 2.3　尽管身处一个新环境，这只猫仍然表现出自信的姿态。请注意，猫的耳朵朝前，尾巴"翘起"，被毛平顺地贴着身体，瞳孔轻微放大

受到威胁时，猫的身体蜷缩着像一个紧绷的球，而尾巴僵硬地收在身体一侧[10]。受到威胁的猫也可能将身体撑得很大。猫可能拱起背部，还会表现出炸毛的样子，即身体和尾巴上的被毛竖立起来（图 2.5）。在这两种姿势下，猫的耳朵通常会侧向旋转或平贴在头部（图 2.4）。瞳孔会大部分或完全放大。此时的猫还会龇牙咧嘴，并快速左右摆甩动尾尖。猫还会频繁地吞咽或舔嘴唇（即舌头快速地舔嘴唇或鼻子）[11]。猫会发出低沉的吼叫声、嘶嘶的威胁声或类似发情的嚎叫。如果猫表现出一种以上的行为，最好停止与其他猫的社交活动，给猫腾出空间，以避免可能的攻击行为或给猫带来不必要的压力。

　　最后一个需要注意的特征是面部表情。猫的面部表情与恐惧、挫败感和放松等情绪有关[11]。研究人员发现，与恐惧有关的面部表情包括眨眼和半闭眼，以及偏向并注视左侧。与挫败感相关的表情包括下巴下垂、上唇上扬、鼻子皱紧、嘴巴绷紧、舔嘴唇和露出舌头。猫表现出这些表情时往往还会发出威胁的嘶嘶声。在放松的交往中，猫的头部会偏向并注视右侧。对于细心的观察者来说，即使稍纵即逝的面部表情也能传递大量信息。

　　总之，对猫的身体姿态、耳朵姿态、尾巴姿态和面部表情的观察，是确定猫在特定环境中舒适程度的重要信息。在介绍了猫典型的社交行为和肢体语言后，让我们来了解流浪猫和宠物猫典型的社交结构。

图2.4 一次毫无胜算的碰面。画面右侧的幼猫表现出飞机耳，身体紧绷，尾巴紧贴在身体上

图2.5 猫对不熟悉的同类表现出拱背和炸毛的样子

猫的社交结构

尽管人们对猫存在一些刻板印象，但猫的社交行为具有很大的可变性和灵活性，并非严格意义上的缺乏社交[3,12-13]。为了更好地了解猫的社交行为结构，我们首先探讨幼猫早期的社交成长，然后再讨论家猫群居生活的特点。

幼猫社交和行为的成长

幼猫刚生下来时无法独自生存，这就意味着其生存完全依赖于母猫。因此，幼猫的早期生活完全集中在与母猫和同窝幼猫的社交互动上[14]。触觉和嗅觉在幼猫出生时就发挥着作用，无数的实验证实了趋暖和嗅觉引导在幼猫行为中扮演着重要的角色。刚出生的幼猫主要以温度驱使其行为，它们会寻找窝里最温暖的区域。然后，大约 1 周后，这种依赖于温度驱使的行为转变为嗅觉驱使[15]。这个时候的幼猫主要依靠气味来寻找方向且不至于迷失在周围环境中。研究人员发现，幼猫在接近陌生气味时会表现出不安[16]。然而，当幼猫接近熟悉的气味时，就不会有那么大的压力。这表明，熟悉的气味能够让幼猫知道自己处于安全的地方[14]。正如我们已经讨论过的，随着幼猫成长为成年猫，气味相关行为仍然是其侦查行为的重要方面。

听觉在 11 ~ 16 d 开始发展，视觉稍晚，在 14 ~ 21 d。24 d 后，幼猫会追随移动的物体，感官系统开始全面发挥作用[17]。现在，幼猫的感官开始初步协调运动，社交游戏也开始了。幼猫的第一个社交伙伴是母猫和同窝幼猫（除非是独生猫）。幼猫开始与同窝幼猫玩社交游戏，演练之前提到过的摔跤、追逐和掌掴等行为。幼猫会通过同窝幼猫的反应来确定咬合的力度和相互容忍的程度。

在幼猫成长的过程中，在特定的时间段内接触人类等社交伙伴不可或缺。猫和犬都有社会化的敏感期，在这段时间里，它们能够了解到社交伙伴并不可怕。对于猫来说，这个时间段为 2 ~ 7 周龄[18]。如果在此期间没有适当的社交活动，猫就会变得野性十足，换句话说就是丧失社交能力，成年后也极难打交道。这并不是说，超过社会化敏感期的幼猫和成年猫的社会化就不再发挥重要作用了。尽管有关社会化的话题尚有许多值得探讨的地方，但幼猫的社会化和训练课程越来越受欢迎，即使是对于 3 ~ 8 月龄的幼猫[19]，这种社交课程也能提升猫的福利。

独居性还是社会性？

在大众媒体中，人们对于猫是否真的是社会性动物存在分歧。事实上，全世界数以百万计的猫生活在人类家庭中，并非离群索居。猫在社交方面表现出很大的灵活性。对户外自由活动的猫的研究表明，其社交行为在很大程度上受到重要资源（即食物、藏身处和配偶等）分布（包括位置和丰富性）的影响[12,20]。当这些重要资源聚集在某处时，如渔港或生活垃圾堆放区，猫就会形成社会群体。当这些资源分散时，猫大部分时间过着独居生活，就像典型的野生掠食者一样[20]。与犬相似[21]，猫似乎也是社交通才，其社交行为上表现出可塑性，可根据环境和生活经历选择独自生活还是群居[3]。

猫能够与同类组成社会群体，即猫群。正如 Macdonald 等所观察到的[20]，这些猫群通常由相互没有约束的猫随机组合而成，其在一起是为了谋取资源，而不是一个具有社会结构的团体。但是，随后人们逐渐发现"这些猫群中个体的行为远非社交上的随机行为"[20]。在猫群内部存在着"首选伙伴"或喜欢相互靠近并频繁相互示好的猫[3,20,22]。彼此更加熟悉或有亲属关系的猫更有可能长时间靠近彼此，并参与友好互动[3]。因此，建议领养同窝中或彼此已经熟悉的一对（或多只）猫。

猫群的结构是存在差异的。很多文献报道的典型猫群的结构是：核心成员由生育能力强的雌性猫（及其近亲）组成，雄性猫通常生活在猫群的外围[20]。然而，在以绝育猫为主体的猫群中，猫的结构发生了变化。作者在硕士论文中研究了一个由 17 只雄性猫和 10 只雌性猫组成的猫群，其中 83% 的猫已经绝育。由于猫群中雄性猫多于雌性猫（性别比为 1.7 ：1），该猫群的核心成员主要由绝育雄性猫（参阅未公开发表的文章，Shreve，2014）构成[23]。关于影响流浪猫组成社交群体及其行为的因素，还有很多问题亟待解决。不过，无论雌性猫还是雄性猫都有群居生活的能力，并且更喜欢跟某些同类相处[3]。对于生活在猫群中的猫而言，这些都实实在在地发生着，但对于生活在我们家中的宠物猫来说，其社会性又如何呢？

像生活在户外的猫一样，人类家中的猫也生活在各种社交环境中。一项研究调查了单猫和多猫家庭中猫的压力水平。研究发现，通过粪便皮质醇的检测，单猫的压力水平与多猫没有显著差异[24]。与其他猫一起生活的压力和独自生活的压力相差不大。相反，与猫不拘一格的社会性相一致的是，无论居住环境如何，猫与猫之间的差异巨大。有些猫的压力更大，而有些猫则较小，这与环境中社交伙伴的数量没有太大关系。

值得注意的是，猫的年龄是一个影响因素。两岁以下的年轻猫独自居住时更容易感到压力，而在多猫家庭中则压力较小。因此，群居或独居所表现出来的行为与猫的年龄高度相关。总之，猫是否喜欢社交伙伴取决于猫的个性以及生活经历。有些猫可能因为独居而承受压力，另一些猫则可能因为社交生活而感到压力。

Bernstein 和 Strack（1996）对家猫的研究表明，宠物猫能够生活在高度密集的社会群体中[25]。14 只宠物猫生活在一个面积约为 125 m^2（1340 ft^2）的单层住宅中，即大约每 9 m²（96 ft²）就有一只猫！这些猫选择在家中某些地方打发时光。在几只猫都喜欢的某个地方，人们观察到它们"分时"享用那个狭小的地方，而不是为了争夺位置直接采用攻击行为。总之，猫与猫之间倾向于进行亲和行为，而很少出现攻击行为。考虑到猫愿意与其他猫分享进入某个地点的途径，这是否意味着猫不会保卫领地，还是说它们会"分时共享"某些地点？

保卫领地还是共享空间？

即使是那些大部分时间独居的猫，它们的家园（与其他猫的领地）也可能有很大范围的重叠[20]。猫的许多行为，诸如喜欢在物体上摩擦或"做标记"、在人身上留下信息素和喷尿等都被称为领地行为[5]。如果猫使用这些行为来标记领地（即表示对某个地方的主动防御），那么气味标记应该是一种警告，提醒其他猫应该避开这个地方。然而，对生活在户外封闭环境中的猫所进行的研究，并未发现确凿的证据表明猫采用这种方式进行气味标记。相反，Feldman 指出，"这项研究中的气味标记行为支持这样一种观点，即猫不是在捍卫领地，而是在更大的范围内巡逻和加强标记。有人认为，不同形式的标记具有不同的信号功能"[26]。其他一些对户外非封闭环境中的猫的研究也支持了这一观点，即猫的领地范围经常发生重叠，但几乎没有证据表明猫会主动捍卫这些地方[27]。

考虑到猫社交的可塑性，可能在某些环境条件下会激发其领地行为，而在其他情况下则会促进其更为灵活的行为，容忍领地的重叠。迄今为止，大多数对猫的研究都表明，猫往往更能容忍空间共享，而不是被激发出领地行为。如果所言不虚，那么这些气味标记的目的又是什么呢？Feldman 指出，研究中的猫往往会对相同的路线以及停留最久的位置进行气味标记。如前文所述，对新生幼猫的研究表明，幼猫在很大程度上依赖气味来确定方向而不至于迷路[15]，往往越是靠近熟悉的气味就越能缓解幼猫的不适[16]。总之，这表明气味可能是一种掌控空间的工具，靠近熟悉的气味可以缓解猫的压力。

在为猫创造良好环境，培养正确的社交行为时，所有这些因素都应考虑再三。有些猫宠主可能会将猫不当的气味标记行为归咎于领地行为，但实际上，问题行为是由于圈养环境存在缺陷或丰容不足所导致的应激，而不是猫试图标记并主动捍卫自己的领地。如果猫宠主发现猫在家中进行不当的气味标记，就应当评估家中猫资源的布局。猫应该可以接触到标记气味的物体（通过抓挠、使用猫砂盆、在猫窝里摩擦 / 打滚），这些资源应分布在整个家中猫经常逗留的地方。猫将气味留在自己可利用的空间里，方便其巡检自己喜欢的地方。适当使用猫的气味标记物能减少如不当抓挠等问题行为，并有助于提升猫的福利 [4]。

人与猫的关系

许多典型的人 – 猫社交行为与猫 – 猫关系中所描述的行为无太大差异。猫经常在人类面前表现出亲和行为，如摩擦、舔舐人的头发或打滚（图 2.2）。与其他类型的欲望刺激相比，猫更喜欢与人互动。在一项针对宠物猫和收容所猫的偏好评估中，与其他形式的欲望刺激相比，50% 的猫（38 只中的 19 只）最喜欢与人互动（游戏、抚摸或交谈）[28]。而在另一项关于宠物猫和收容所猫社交能力的研究中，猫也表现出灵活的社交天性，而且反应不一而足。有些猫的社交能力很强，全程都与人在一起；而有些猫的社交能力较弱，全程都不与人接触；还有些猫介乎于两者之间 [13]。虽然猫的社交反应千差万别，但并未观察到抵抗社交行为（anti–social behavior）。收容所猫更是如此，当人不理睬猫时，整个过程中，猫平均会有 47% 的时间与人相处；而当人关注到猫时，整个过程中，猫会花费 75% 的时间与人相处。宠物猫与收容所猫的社交能力也存在显著差异，与宠物猫相比，收容所猫与那些并不关注它们的人待在一起的时间明显更长。这与宠物犬和收容所犬的研究结果类似，研究表明收容所动物更愿意寻求与人的互动，即使对方是无视它的陌生人 [29]。这可能是因为收容所猫没有固定的照护人，不像宠物猫那样一直都与人有社交互动，因此便更加渴望。在这种情况下，社交互动对于收容所猫而言可能是一种可资利用的丰容方式 [30]。总而言之，猫的社交能力表现出高度的个性化，这取决于猫的个性、人类的行为，以及猫生活的群体。

猫还能与人建立起保障性依恋关系（secure attachments）。保障性依恋关系的特点是因为依恋对象的存在而感到舒适，并将依恋对象当作"避风港"，在此基础上享受舒适并探索周围的世界 [31]。在对 108 只猫的研究中发现，大多数幼猫和成年猫都对宠主表现出保障性依恋关系 [19]。在这项研究中，猫与其宠主被带到一个陌生的地方，并经历了宠主在场（基线阶段）、宠主离开房间（独处阶段）和宠主返回房间（重聚阶段）3 个短暂的阶段。如果在重聚阶段，猫不再感到分离的痛苦，而是公开寻找和迎接宠主，然后再回到房间探索周边环境，那么宠主的回归起到了安抚猫情绪的作用，这只猫就被归类为保障性依恋型（图 2.6）。在 3 ~ 8 月龄的幼猫中，64% 被归类为保障性依恋型，36% 被归类为非保障性依恋型。非保障性依恋是指与宠主团聚时压力并未减少，要么过分依恋宠主，要么躲避宠主。在成年猫中，65.8% 被归类为保障性依恋型，34.2% 被归类为非保障性依恋型。这表明，对于大多数猫来说，宠主是其获得安慰和减轻压力的源泉。

在另一项研究中，研究人员采用了与前文类似的基础性保障方法，发现带有宠主特征的物品并不都能够有效减轻猫的压力[32]。在独处阶段后，如果向猫展示带着宠主气味的物品（如带有宠主气味的鞋或衬衫），猫的压力并未减轻，在某些情况下，还可能因为宠主的气味导致压力增加。只有宠主真正在场才能减轻猫的压力。此外，摩擦信息素已被认定为一种重要的团聚行为。研究发现，83% 的成年猫在与宠主分离后会摩擦宠主。与宠主离开房间前的基线阶段相比，当宠主回到房间时，猫对宠主的这类行为明显增加。这表明，除了表示友好的打招呼外，摩擦信息素还可以用于安抚猫并减轻其压力。

如果猫能够与人形成依恋关系，那么猫就有可能患上分离焦虑症（sepa-

图 2.6　一只感觉安全有保障的猫的典型行为。在与宠主短暂分离后，向宠主打招呼，然后又开始探索周围环境，几乎没有不安的表现。注意它竖起的尾巴、伸展的身体和向前的耳朵

ration anxiety syndrome，SAS）。事实上，研究表明，当与宠主分离时，猫会表现出许多分离焦虑症的典型症状[33]。这包括不恰当大小便、过度叫唤、破坏性表现以及过度理毛等行为。在这个领域还有许多研究要做，目前看来，与宠主分离猫会感到焦虑，并导致某些个体出现更为严重的行为问题。缺乏安全感的个体更容易患上分离焦虑症，因为这些猫在宠主回来时并未表现出压力减轻。然而，时至今日，研究人员尚未对此进行深入研究。

猫对于人类的一些社交暗示和行为也很敏感[13,34]。其中包括追随人类的指向性手势、人类的目光以及受到人类情绪的影响。但是，并非所有猫都具备这种能力。如前文所述，在猫的社会化的敏感期，如果猫早期缺乏与人类接触的重要经历，它们对人类的恐惧反应可能会增加，并且缺乏对人类的社交暗示做出反应或与人类形成依恋关系的能力。有一项研究探讨了与人类建立社交关系是否会影响猫的叫声[35]。研究比较了野猫（未经过社会化）和家猫的叫声。研究发现，野猫往往表现出极具攻击性/防御性的行为，并发出更加高亢的叫声。野猫发出咆哮和嘶嘶声的频率比家猫更高，持续时间更长。另一方面，家猫发出喵喵声的频率比野猫更高。总之，猫的社会化程度会在很大程度上影响猫成年后对人类的社交行为和叫声。

全世界有数以百万计的猫生活在室内或在户外流浪。猫与各物种共享家园，其中不仅有人类，还有其他猫、犬、鸟类、啮齿动物和爬行动物等。基于猫社交行为的可塑性、对人类社交暗示的反应能力、在各种社交环境中的生存能力，以及建立保障性依恋关系的能力，猫成为广受欢迎的伴侣动物也就不足为奇了。尽管关于猫社交行为和人与猫的关系还有许多知识有待学习，但现有证据表明，猫的社交行为丰富多彩，且能与社交伙伴建立牢固的关系。

参考资料

1 Jasso del Toro C, Nekaris KA-I. Affiliative behaviors. In: Vonk J, Shackelford T, eds. Encyclopedia of animal cognition and behavior. Cham, NY: Springer International Publishing; 2019:1–6. ISBN 978-3-319-47829-6.

2 Stanton LA, Sullivan MS, Fazio JM. A standardized ethogram for the felidae: A tool for behavioral researchers. Appl Anim Behav Sci. 2015;173:3–16. doi:10.1016/j.applanim.2015.04.001.

3 Vitale KR. The social lives of free-ranging cats. Animals. 2022;12(1):126. doi:10.3390/ani12010126.

4 Vitale KR. Tools for managing feline problem behaviors: Pheromone therapy. J Feline Med

Surg. 2018;20(11):1024–1032. doi:10.1177/1098612X18806759.

5 Spotte S. Free-ranging cats behavior, ecology, management. Wiley; 2014. http://public.eblib. com/choice/publicfullrecord.aspx?p=1742829.

6 Moelk M. Vocalizing in the house-cat: A phonetic and functional study. Am J Psychol. 1944;57(2):184. doi:10.2307/1416947.

7 Schötz S, van de Weijer J, Eklund R. Melody matters: An acoustic study of domestic cat meows in six contexts and four mental states [Preprint]. PeerJ Preprints. 2019. doi:10.7287/ peerj. preprints.27926v1.

8 McComb K, Taylor AM, Wilson C, Charlton BD. The cry embedded within the purr. Curr Biol. 2009;19(13):R507–R508. doi:10.1016/j.cub.2009.05.033.

9 Crowell-Davis SL, Curtis TM, Knowles RJ. Social organization in the cat: A modern understanding. J Feline Med Surg. 2004;6(1):19–28. doi:10.1016/j.jfms.2003.09.013.

10 Leyhausen P. Cat behaviour: The predatory and social behaviour of domestic and wild cats. (Tonkin B. A., trans.). New York, NY, USA: Garland STPM Press; 1979.

11 Bennett V, Gourkow N, Mills DS. Facial correlates of emotional behaviour in the domestic cat (Felis catus). Behav Process. 2017;141:342–350. doi:10.1016/j.beproc.2017.03.011.

12 Izawa M, Doi T. Flexibility of the social system of the feral cat, Felis catus. Physiol Ecol Jpn. 1993;29:237–247.

13 Vitale KR, Udell MAR. The quality of being sociable: The influence of human attentional state, population, and human familiarity on domestic cat sociability. Behav Process. 2019;158:11–17. doi:10.1016/j.beproc.2018.10.026.

14 Vitale Shreve KR, Udell MAR. Stress, security, and scent: The influence of chemical signals on the social lives of domestic cats and implications for applied settings. Appl Anim Behav Sci. 2017;187:69–76. doi:10.1016/j.applanim.2016.11.011.

15 Freeman N, Rosenblatt J. Specificity of litter odors in the control of home orientation among kittens. Dev Psychobiol. 1978a;11(5):459–468. doi:10.1002/dev.420110509.

16 Freeman NCG, Rosenblatt JS. The interrelationship between thermal and olfactory stimulation in the development of home orientation in newborn kittens. Dev Psychobiol. 1978b;11(5):437–457. doi:10.1002/dev.420110508.

17 Bradshaw JWS, Casey RA, Brown SL. The behaviour of the domestic cat, 2nd ed. Oxfordshire, OX, UK: CABI; 2012.

18 Karsh EB, Turner DC. The human–cat relationship. In: Turner DC, Bateson PPG, eds. The domestic cat: The biology of its behaviour, 1st ed. Cambridge, UK: Cambridge University Press; 1988;157–177.

19 Vitale KR, Behnke AC, Udell MAR. Attachment bonds between domestic cats and humans. Curr Biol. 2019;29(18):R864–R865. doi:10.1016/j.cub.2019.08.036.

20 Macdonald DW, Yamaguchi N, Kerby G. Group-living in the domestic cats: Its sociobiology and epidemiology. In: Turner DC, Bateson PPG, eds. The domestic cat: The biology of its behaviour, 2nd ed. Cambridge, UK: Cambridge University Press; 2000;95–115.

21 Udell MAR, Brubaker L. Are dogs social generalists? Canine social cognition,

attachment, and the dog-human bond. Curr Dir Psychol Sci. 2016;25(5):327–333. doi:10.1177/0963721416662647.

22 Curtis TM, Knowles RJ, Crowell-Davis SL. Influence of familiarity and relatedness on proximity and allogrooming in domestic cats (Felis catus). Am J Vet Res. 2003;64(9):1151–1154. doi:10.2460/ajvr.2003.64.1151.

23 Shreve (Vitale) KR. The influence of food distribution and relatedness on the social behaviours and proximities of free-roaming cats (Felis silvestris catus). Miami University; 2014. http://rave.ohiolink. edu/etdc/view?acc_num=miami1414773468 (accessed March 10, 2022).

24 Ramos D, Reche-Junior A, Fragoso PL, Palme R, Yanasse NK, Gouvêa VR, Beck A, Mills DS. Are cats (Felis catus) from multi-cat households more stressed? Evidence from assessment of fecal glucocorticoid metabolite analysis. Physiol Behav. 2013;122:72–75. doi:10.1016/j. physbeh.2013.08.028.

25 Bernstein PL, Strack M. A game of cat and house: Spatial patterns and behavior of 14 domestic cats (Felis catus) in the home. Anthrozoos. 1996;9(1):25–39.

26 Feldman HN. Methods of scent marking in the domestic cat. Can J Zool. 1994;72(6):1093–1099.

27 Liberg O, Sandell M, Pontier D, Natoli E. Density, space organisation and reproductive tactics in the domestic cat and other felids. In: Turner DC, Bateson PPG, eds. The domestic cat: The biology of its behaviour, 2nd ed. Cambridge, UK: Cambridge University Press; 2000;119–147.

28 Vitale Shreve KR, Mehrkam LR, Udell MAR. Social interaction, food, scent or toys? A formal assessment of domestic pet and shelter cat (Felis silvestris catus) preferences. Behav Process. 2017;141(3): 322-328. doi:10.1016/j.beproc.2017.03.016.

29 Barrera G, Jakovcevic A, Elgier AM, Mustaca A, and Bentosela M. Responses of shelter and pet dogs to an unknown human. J Vet Behav. 2010;5(6): 339–344. https://doi.org/10.1016/j. jveb.2010.08.012.

30 Houser B, Vitale K. Increasing shelter cat welfare through enrichment: A review. Appl Anim Behav Sci. 2022;248:105585.

31 Bowlby J. Attachment and loss: Attachment, 2nd ed., Vol. 1. New York, NY, USA: Basic Books; 1982.

32 Behnke AC, Vitale KR, Udell MAR. The effect of owner presence and scent on stress resilience in cats. Appl Anim Behav Sci. 2021;234:105444. doi:10.1016/j.applanim.2021.105444.

33 Schwartz S. Separation anxiety syndrome in cats: 136 cases (1991–2000). J Am Vet Med Assoc. 2002;220(7):1028–1033.

34 Vitale Shreve KR, Udell MAR. What's inside your cat's head? A review of cat (Felis silvestris catus) cognition research past, present and future. Anim Cogn. 2015;18(6):1195–1206. doi:10.1007/s10071-015-0897-6.

35 Yeon SC, Kim YK, Park SJ, Lee SS, Lee SY, Suh EH, Houpt KA, Chang HH, Lee HC, Yang BG, Lee HJ. Differences between vocalization evoked by social stimuli in feral cats and house cats. Behav Process. 2011;87(2):183–189. doi:10.1016/j.beproc.2011.03.003.

第3章 预防家猫的行为问题

Emma K. Grigg

概述

家猫在世界各地都是非常受欢迎的伴侣动物。例如，据美国宠物产品协会估计，美国拥有 9240 万只宠物猫，而超过 1/3 的美国人目前拥有一只猫 [1]。虽然养宠物对人类的健康有益 [2-3]，但与宠物关系并不总是对人类产生有益影响。与有行为问题的宠物生活在一起会让人感到压力，并对宠主的生活产生负面影响 [4-6]，行为问题是宠物被送到收容所和施行安乐死的主要原因 [7]。

在许多情况下，可以通过谨慎的环境管理和丰容以适应该物种的需求，来避免家猫的行为问题 [8-9]。环境应激源与家猫福利、健康和行为问题之间的关系在收容所猫和猫群 [10-13] 以及家猫中得到了充分证明 [14-15]。尽管还需要对宠物猫的生活进行更多的研究，但现有的信息表明，许多宠物猫都没有获得足够的资源来满足其最佳行为健康和福利 [13,16-19]。家庭资源供应不足可能是宠物猫承受压力的一个重要因素 [17,20]。宠主对猫的正常行为和环境需求的认知程度越低，宠物猫的行为问题就越多 [19]。有研究表明，许多宠主甚至缺乏对猫的行为和适当护理的基本知识的了解 [21-24]。对于多猫家庭，目前的建议是，在最初引入新猫时需要谨慎且循序渐进地进行，尽量减少或避免未来猫之间的社交冲突 [25-26]。

为帮助宠主确保宠物的身心需求得到满足，一个经常被提起的框架是"五大自由" [27]，或类似的框架，称为"五大支柱" [28] 或"动物福利的五大需求" [18]（专栏 3.1）。熟悉这些框架并向宠物猫提供这些资源有助于预防行为问题的发生，而行为问题是宠物福利欠佳的常见"副作用" [15,28-30]。

本章的目的是概括地对新晋和现有的宠主提供建议，以避免猫行为问题的发展，当然这些建议中的许多内容也可以用于治疗现有行为问题，正如其他章节所示。俗话说，一分预防胜似十分治疗，行为问题的预防比治疗容易得多。许多猫的行为问题可以通过下述方式避免，诸如谨慎的引入、良好的猫砂盆管理、为猫提供丰富的重要资源，以及管理／减轻应激源。

专栏 3.1　支持动物福利的流行框架

五大自由 [27]

　　五大自由的理念是在20世纪60年代对英国农场动物（次优）福利的调查后提出的，旨在体现动物获得良好福利的最低要求。这一概念后来被一些致力于动物福利的组织所采用，其中包括许多专注于伴侣动物福利的组织。关注这五大自由将有助于确保宠主和照护人能够满足他们所照顾的动物的基本需求。

　　1. 享有不受饥渴的自由：通过随时获得新鲜的水和食物来维持充分的健康和活力。

　　2. 享有生活舒适的自由：通过提供一个适当的环境，包括庇护所和舒适的休息区。

　　3. 享有不受疼痛、伤害和疾病的自由：通过快速诊断和治疗进行预防。

　　4. 享有表达天性的自由：通过提供足够的空间、适当的设施和同类的陪伴。

　　5. 享有生活无恐惧、无悲伤的自由：通过满足条件和治疗，避免精神痛苦。

猫健康环境的五大支柱 [8]

　　许多组织已经修改了五大自由，使其更具体地适用于特定物种；如美国猫科兽医协会（American Association of Feline Practitioners，AAFP）和国际猫科医学学会（International Society of Feline Medicine，ISFM）为猫宠主开发了五大支柱，以突出猫的生活环境中最重要的方面。熟悉并向宠物猫提供这些资源可以改善福利，并有助于预防行为问题。

　　支柱 1：提供安全的地方。

　　支柱 2：提供多种且分开的关键环境资源，如食物、水、抓挠区、猫砂盆、休息 / 睡眠区。

　　支柱 3：提供玩耍和练习自然行为（如捕猎）的机会。

　　支柱 4：提供积极的、一致的、可预测的人猫互动。

　　支柱 5：提供一个尊重猫的嗅觉的环境。

预防问题的最佳实践

对猫自然行为的实际预期与理解，以及猫"性格"的个体差异

　　通过了解家猫的起源，以及猫在驯化过程中可能发生的变化（或没有变化）有助于宠主与宠物猫之间的和谐关系。意识到我们对猫的普遍误解，并且更加理解猫的神秘行为，为实际预期奠定了基础。专栏 3.2 简要概述了目前与宠物猫生活密切相关的猫的自然史；你可以在 https://youtu.be/sI8NsYIyQ2A 上找到一个简短又有趣的视频，它讲述了许多猫自然行为的起源 [31]。有关猫正常社交行为的更多细节，请参阅本书第 2 章。

　　例如，猫作为"低维护"（或低成本）宠物的概念并不准确。猫在行为和性格上会表现出个体差异 [32-33]，虽然一些猫可能冷漠且独立，但很多猫还是

专栏 3.2 家猫的自然史——为理解和现实的期望奠定了基础

避免宠物猫行为问题的一个重要途径是了解这个物种的正常行为（以及相应的环境需求）。现代家猫是非洲野猫（*Felis silvestris lybica*）的后代，这种野猫的 DNA 与现代家猫的 DNA 几乎相同[34]。非洲野猫是一种独居的、具有高度领地意识的物种，是夜间捕食者，主要捕食小型哺乳动物、爬行动物和昆虫，体形类似于稍大的虎斑家养短毛猫[35]。

猫的驯化很可能始于大约 1 万年前的中东新月沃土地区[36]（Driscoll et al., 2007）。当人类开始在一个地方定居并种植作物时，谷物和其他类型的食物就需要储存起来。储存在集中区域的丰富食物吸引了啮齿动物（和其他害虫），这可能对人类的食物储备造成重大损害；反过来，猫开始利用这种密集的啮齿动物猎物作为食物资源，晚上来到粮食储存区捕猎。然而，为了更好地利用这一资源，每只猫不仅需要对人类的接近有一定的容忍度[37]，还需要对被丰富的食物资源吸引的其他猫的接近有一定的容忍度。因此，它们在被驯化的过程中，对人类变得更加宽容，不再那么警惕了，而且对接近的同类也更加宽容了[38]。虽然家猫的祖先是独居的、有领地意识的捕食者，但现代家猫的社会生活要灵活得多，它们经常能和另一只或多只熟悉的猫和平相处。尽管如此，猫通常不会像许多家养犬那样，天生就是高度群居性动物。为了让猫适应更社会化的生活方式，需要丰富的资源。记住这一点很重要，特别是在给家里引入一只新猫的时候，或者在有多只猫的家中。

如今，猫既是捕食者又是猎物；它们被吸引到高处和栖息之处（这是侦察附近环境、定位猎物和避开其他动物的有利位置），以及狭小而黑暗的藏身之处（有利于避开捕食者，或等待伏击粗心的猎物）。它们的小猎物通常躲在小洞和裂缝里，驱使猫去侦察环境中类似的地方，甚至钻进这些地方。猫主要在夜间活动，所以在昏暗、安静的地方，远离刺眼的灯光和巨大的噪声，尤其是在感到焦虑或受到威胁的时候，可能会更舒服。

它们这些方面的自然史可以为我们今天照顾家猫提供信息，它们的健康在一定程度上取决于表达自然行为的能力、充足的资源，以及一些控制自己周围环境的能力。

需要人类的悉心照料（图 3.1）。包括猫在内的所有宠物都需要宠主的终生照料（猫的寿命可能会超过 15 年）。撇开猫的独立性不谈，提供一个丰容的环境（包括玩具、互动游戏、人的正面关注）对猫的生活质量水平很重要，尤其是室内猫。虽然猫的体型比许多犬小，但它们确实需要足够的空间来探索，包括垂直空间、可供选择的休息空间，以及多种分开的资源，如食物、水和猫砂盆。枯燥乏味、一成不变的环境造成猫的无聊和应激会进而引发或加剧行为问题，忽视猫是残忍的。所有宠物猫都至少需要我们花费与食物、满足如厕需求、驱虫和医疗护理相关的费用。

图 3.1　猫的社交需求各不相同，但许多宠物猫寻求并重视人类的
关注和身体接触

（由 E. Grigg 提供）

如专栏 3.2 所述，现代家猫比其祖先非洲野猫具有更灵活的社交性。尽管如此，猫对于同伴非常挑剔（比绝大多数家养犬要挑剔得多），在家里引入不熟悉的猫前应考虑周全并制订相关计划，避免出现冲突和压力相关的行为（图 3.2）。关于这个话题的更多内容将在"选择一只新猫或幼猫"和接下来的"引入"部分中进行详细介绍。

选择一只新猫或幼猫

对于没有原住猫的家庭来说，把一只幼猫或成猫带到家里并了解认识新的猫家庭成员是非常棒的。一只新的幼猫可能非常有趣，充满活力、好奇心和魅力。把一只活泼、精力充沛的幼猫带回家也需要大量的环境调整和准备工作（例如，在家中做好防护、为新来的幼猫进行社会化、训练一些基本的生活技能，如进入猫包、修剪指甲，甚至"叫了就来"，见下文）。动物收容所和救助组织里到处都是寻找领养的成年猫和老年猫，许多家庭更喜欢收养一只年长的猫，它们可能更安静且独立。此外，成年猫可能是新晋猫宠主或陪伴老年人的完美选择。如果家里同时养犬，最好选择一只与犬有过友好相处经历的猫，因为这样的猫可能不那么害怕犬，而且更容易适应犬在新家的存在。

图 3.2　如果不细致耐心地进行引入，新猫和原住猫之间可能会发生社交冲突，导致与压力相关的行为和医疗问题。从肢体语言来看，这两只猫并不是好朋友
（由 E. Grigg 提供）

　　尽管一项研究报告称，波斯猫比其他品种更容易出现排泄问题，但关于家猫品种之间性格等差异的研究信息很少[15]。所以，想要购买品种猫的客户应该对该品种进行研究，并了解其特殊需求，如梳理方式，以及品种特有的疾病风险（国际爱猫组织提供了一份纯种猫的遗传疾病的清单，可在 https://icatcare.org/advice/inherited-disorders-in-cats 网站查询）。在当地的收容所或救助中心有很多性格好又漂亮的混种猫可供领养。

　　对于已经有一只猫（或一些猫）的家庭，潜在的宠主应该意识到，他们的原住猫可能因为多了一只猫更有压力，而不是从中受益。在选择新猫时，应考虑原住猫的年龄和性格。例如，成年猫更能容忍幼猫而不是成年猫，但老年猫可能不太能忍受过于吵闹的幼猫，因此，最好让年龄和性格相近的猫一起生活。如果猫已经绝育了，猫的性别可能对两只猫建立联系的影响不大，尽管有传闻说，绝育的雄性猫通常比雌性猫接受度更高[35]。鉴于可利用的资源对家猫行为的重要性，考虑再养一只猫的宠主应意识到有必要为猫提供更多的资源（如猫砂盆、进食和饮水点，以及休息区的数量），以避免猫之间的冲突[19,39]。对于那些希望养多只宠物猫的人来说，理想状态是同时收养同窝的猫、一对关系亲密的成年猫，或者两只不相关但同龄的幼猫（图 3.3）。猫非常重视自己的领地安全[33]，同时引入新猫可以最大限度地减少原住猫面对新猫进家时可能发生的冲突和应激。

图 3.3 （a，b）对于那些希望在家里养多只宠物猫的人来说，增加猫友好相处的机会的方法是同时收养同窝的猫、一对关系亲密的成年猫，或者两只不相关但相处融洽的同龄幼猫（由 M. Delgado 提供）

理解猫的肢体语言

防止猫的行为问题发展或恶化的重要方面是了解猫的肢体语言，特别是猫的压力表现。虽然许多宠主能识别到猫明显的压力迹象（如过度叫唤、耳朵贴向背侧的姿势和在家里随地排泄），但他们往往会忽视猫更细微的压力迹象[24]。英国猫保护组织有一个关于猫宠主如何理解猫肢体语言的视频（可以在 https://youtu.be/bvsfB7sf4QU 上获得），宠主可以在 https://www.doggiedrawings.net/freeposters 免费下载一个关于"猫的语言"的插图手册[40]。还可在 Kessler 和 Turner 的文章中查到一个更全面的猫压力量表，范围从 1 级（完全放松）到 7 级（恐惧）[41]。

引入（猫之间、猫和犬之间、猫和孩子之间）

如前所述，家猫可以与其他同类建立密切的联系，但当引入陌生猫时（如带一只新猫或幼猫回家时），必须相当小心，最大限度地提高原住猫接受新猫的可能性。社交压力在猫之间很常见[38]，经常导致猫出现行为问题，如不恰当的排泄和攻击行为[8,29]。基于这些原因，值得花时间和精力逐步和系统地引入猫。

关于猫之间的引入建议如下（例如，Overall 等[42]；Horwitz 和 Neilson[43]；Atkinson，2018）[35]。这个过程可以分为 3 个阶段：嗅觉适应、视觉适应、直接接触适应[15]。

1. 首先，为新猫建立一个私密的、安全的居住空间，同时原住猫习惯它们的存在（反之亦然）。理想情况下，这个空间应该是一个有可安全关闭房门的房间，并且应该配备猫所需的所有资源：食物、水、猫抓板、猫砂盆、一个柔软的休息区域、1 ~ 2 个猫爬架和一些玩具。新猫一回家，就应该把它带到这个房间里。在家里使用信息素扩散器（如费利威）可能有助于猫在这一过程中保持平静，尽管关于这些产品功效的研究结果好坏参半（例如，Griffith 等 [44]；Prior 和 Mills[45]；也见 Frank 等 [46]）。

2. 在安全的房间里，新猫应该被允许以自己的节奏探索和适应新的空间。强烈建议以友好的方式与新猫互动（饲喂、提供奖励和游戏时间），但如果猫躲藏，不要为了与它们互动试图将猫从它们隐藏的地方移出来。强迫与猫进行社交互动的尝试几乎没有帮助 [8]。

3. 把食碗和 / 或猫最喜欢的食物放在关着的门两侧，以鼓励猫接近门。确定新猫和原住猫最喜欢的食物，以便在引入过程中使用。

4. 考虑到气味对猫感知世界的重要性，在允许猫之间进行视觉或身体接触之前，应该进行"气味交换"。第一步，取常原住使用的窝垫，放在新猫的安全屋；同样，把新猫使用的窝垫，放在原住猫经常到访的地方。此外，如果猫喜欢这样的处理，可以用干净的毛巾或布轻轻在新猫身上擦拭（集中在头部的两侧），然后在原住猫的空间内的家具上擦拭（反之亦然），以促进两个区域之间的气味交换。我们的目标是让每只猫都有足够的时间来熟悉它们的新室友的气味，这样一旦它们"面对面"见面了，它们就更有可能接受对方成为它们的社交群体的一员。

5. 当两只猫感到放松时，你就可以开始让猫之间进行短暂的（3 ~ 5 min）视觉接触。可使用的方法包括：使用网眼或纱门；婴儿门（或 1 个以上的婴儿门放在门口）；或者小幅度打开门，足以让视线进入，但门缝宽度应确保猫无法穿过门（图 3.4）。通常不建议把其中一只猫或两只猫关在笼子里（如犬笼），因为它们不能随意逃跑，可能给关在里面的猫带来很大压力。一些专家对引入非常小的幼猫提出了例外，在引入之初，如果幼猫可以进入笼内的躲避盒，那么它们可能会在位于房间角落里的大笼子里待得很舒服。经过牵引绳训练的猫可以在这些互动过程中使用牵引绳。

允许原住猫在没有直接身体接触的情况下认识新来的猫，为避免猫变得过于害怕或兴奋，应从短时间的接触开始。每天这样做几次，至少连续几天。每次接触时都给两只猫提供它们喜欢的食物，让它们有积极的体验。如果发现猫有任何明显的攻击性行为或极度恐惧（嘶嘶声、拍打等），应该立即使用

图 3.4 在没有身体接触的情况下，允许视线接触的方法是在门上安装一个门闩或类似物，让门保持打开，刚好让猫看到对方，但不能通过缝隙进入。也可以安装更大的门闩／保留更宽的缝隙，为猫提供一个没有犬（或儿童）的房间，配有猫砂盆

（由 E. Grigg 提供）

玩具或食物转移猫的注意力；如果发生这种情况，不要惩罚猫，否则会增加猫对互动的厌恶感。在这些情况下，让新猫返回安全屋完全隔离几天，然后再试一次。

6. 一旦两只猫在对方存在时表现出放松，就可以开始让它们在监督下的直接互动了。在这些最初的"面对面"的会面中，持续给猫提供积极的体验（如奖励或玩猫最喜欢的玩具）。在会面期间，确保两只猫都有"逃跑路线"非常重要，如可接近的猫爬架，家具下面的空间，让任何一只猫都可以选择撤离。

7. 如果一切进展顺利，猫之间能接受彼此，你可以逐渐增加猫之间接触的时间，并放松对它们的看管。在新猫完全适应新家前，最好先保留着安全屋，可以用婴儿门或纱门与其他猫（还有犬、儿童等）分开。

请注意，如果两只共同生活的猫之间发生冲突，也可以遵循这些步骤；作为评估和处理冲突的整体计划的一部分，分开和逐步重新引入可能有助于恢复猫之间的和谐（见本书第 11 章或 Pachel[47] 解决猫之间冲突的指南）。

在引入猫和犬时，首要考虑的应该是猫的安全；犬可能会把猫视为猎物从而导致猫受伤或死亡。据说,和猫一起长大的犬更容易接受一只新猫（图3.5），但许多犬仍然需要逐渐认识新的（或熟悉的）猫。同样,和犬有友好生活经历的猫可能会更快地适应新家中的犬。上述引入猫的过程可以用来将一只新猫引入一个有犬的家庭,因为犬在评估社交互动时也严重依赖于嗅觉。在上述的步骤5中,最好给犬使用牵引绳,而不是把猫关在笼子里,让犬无限制地接近,因为这对猫非常有威胁性[35]（Atkinson, 2018）。在步骤5中犬的表现可以决定直接接触的进程,理想情况下,犬会对新来的猫感兴趣,但不是痴迷,没有咆哮或吠叫,并且很容易被食物或口令分散对猫的注意力。在犬和猫相处融洽前,对猫的看护以及给猫提供多条"逃跑路线"是必不可少的。保留一个"无犬区"（如步骤1中描述的安全屋,有婴儿门或猫门防止犬进入），是减少猫压力的好方法。有证据表明,使用犬镇静信息素扩散器（爱达恬™）可能有助于同时饲养猫和犬的家庭中的融洽[45]。

在向孩子介绍猫时,首先应关注双方的安全。在引入一只新猫之前,教孩子们温柔地接近猫和与猫互动（图3.6），识别猫应激的肢体语言,如摇尾巴和耳朵下压,并尊重猫试图逃跑或躲藏的举动。密切监督最初的互动,以避免给猫造成压力（或过度刺激孩子,对他们来说,一只新宠物可能是一个非常令人兴奋的经历）。继续监督互动,直到你确信双方都适应了新室友,并确保猫有一个"安全屋",在需要的时候远离孩子。

图3.5 （a，b）许多猫和犬,在晚年被引入,可以相对和平共处。如果涉及的个体在年轻时接触到平静、友好的成员,这通常更容易接受,而且犬和猫之间的引入应该始终注意双方的安全（详细信息见正文）

（由 E. Grigg 提供）

图 3.6 孩子和宠物可以是一对很好的组合，对双方都有潜在的好处。为了双方的安全和福利，需要教导孩子如何与宠物适当互动（由 E. Grigg 提供）

去爪术

去爪术（甲切除术，即切除第三指骨）在伦理上是有争议的；作为一种选择性手术，去爪术遭到 AAFP（美国猫科兽医协会）的强烈反对，AVMA（美国兽医协会）也不鼓励这样的做法[48]，在包括英国在内的一些国家施行该手术是违法的。抓挠物品表面和磨利爪子是猫的自然行为，去爪术会阻止猫进行物种特定的行为。有证据表明，去爪术会增加行为问题的风险[19,49]，因此如果目标是防止行为问题，则强烈不建议施行去爪术。相反，应该给猫提供适合的抓挠表面，如果它们抓挠其他物品表面（如家具），应该将它们引导到这些表面。更多关于适合的抓挠表面的信息可以在后文的"环境的准备"部分找到，而其他关于宠主防止不适当的抓挠的小贴士可以在 AAFP 的声明中找到（网址 https://catvets.com/guidelines/position-statements）[50]。

定期进行兽医护理

未被及时诊断和 / 或治疗的医疗问题（如外部寄生虫感染及相关的过敏、内分泌紊乱、胃肠道 / 泌尿系统问题、皮肤问题、外伤）往往会导致或加剧行为问题（例如，Carney 等[29]；Horwitz 和 Rodan[30]）。猫宠主应该意识到猫患病的常见的预警信号（又称疾病行为），如呕吐，随地便溺，恐惧、攻击或回避行为（包括躲藏），食物摄入量的改变，以及自我损伤或过度理毛[51]。定期拜访兽医和及时注意医疗问题是预防行为问题的重要组成部分。

环境的准备

也许对于目前和潜在的猫宠主来说，最重要的建议是确保猫的环境需求得到满足。猫之间对资源的竞争（真实的或感知上的），或无法轻易地获取重要资源，都会导致猫的压力增加[8]。对只在室内生活的猫来说，一个"丰容的环境"是很重要的。以下列出了对猫非常重要的资源，提供这些资源将有助于满足猫健康环境的五大支柱（专栏 3.1 ；Ellis 等[8]）。一只猫可能经常使用全部资源，或者可能只利用其中的一部分资源，但为了确保生活质量和减少行为问题发生的风险，需要让猫能够获得这些资源。为了防止行为问题的发生，猫宠主应该从猫进入家里就关注猫的环境需求，而不是等到问题出现（参见客户手册：猫的重要资源）。

- 猫砂盆：良好地维护猫砂盆，对避免不可接受的随地排泄行为至关重要。有大量关于猫更喜欢的猫砂类型、猫砂盆的形状、清洁度等偏好的研究（见 Carney 等[29]或 Atkinson[35]，获取更多细节）。一般建议如下。
  - 数量：家中的猫砂盆数量应等于家中猫的数量 +1。猫砂盆应该放在便于猫接近的独立位置（如在多层住宅中，每层至少有一个），但远离人经常经过的地点和饮食 / 饮水点。这样做的目的是最大限度地确保猫在需要的时候能使用干净的猫砂盆（在多猫家庭中，没有其他猫看守）。
  - 尺寸：猫砂盆应该足够大（如长度是从猫鼻子到尾巴根部的 1.5 倍），让猫容易转身，便于猫在选择如厕位置时，在猫砂盆的不同区域进行探索和挖掘，也便于猫进出。许多猫行为学专家建议使用底部光滑的塑料储物箱，更便于铲出猫砂，因为这些容器往往比市售的猫砂盆要大。储物箱的一边可以开一个较低的入口，以便猫进出（特别是对体型小的或年长的猫）。
  - 类型：使用有盖的和无盖的猫砂盆与猫的个性偏好有关，一些猫更喜欢其中一种，而一些猫可同样使用两种猫砂盆[52]。两种猫砂盆都同时给猫提供这两种类型的猫砂盆可能会有帮助，让它们根据自己的偏好去选择。对于有盖的猫砂盆，需要注意的是，这种类型的猫砂盆更难看到内部的情况，如果宠主不注意定期清洁，可能会导致清洁度不够（从而导致猫不使用猫砂盆）。

○ 猫砂类型：最常推荐的类型是细粒、无香、结团的黏土猫砂，深度保持在 3.8 ~ 5.1 cm（1.5 ~ 2 in）。低粉尘猫砂可以减少猫在猫砂盆内及附近吸入的粉尘量。浓香型猫砂或垃圾除臭剂可能会让猫反感，而在埋猫砂时，猫砂盆内衬可能会套住猫爪。提供猫砂供猫选择可能是有帮助的，让它们选择一个更喜欢的类型。一个商用的猫砂品牌含有一种草药来吸引猫进入猫砂盆（Cat Attract™），这可能有助于鼓励猫进入（或回到）猫砂盆。

○ 清洁度：猫砂盆的清洁度至关重要[53]。所有的猫砂盆应该每天至少清理一次，目的是保持猫砂盆内没有其他猫使用过的痕迹[28]。建议定期彻底更换猫砂并清洗猫砂盆，尽量减少异味。

• 饮食 / 饮水点：应该在不同的位置（即使是单猫家庭），提供多个食碗和干净的水碗，并远离猫砂盆；有些猫更喜欢流动的水，所以提供一个自动饮水机（图 3.7），可能会有所帮助[35]。

图3.7　猫喝自动饮水机中的水（Catit Flower Fountain; Rolf C. Hagen，Inc.；Quebec，CA）。**猫喷泉是为猫提供流动水的好方法，但必须定期清洁，并定期更换滤芯**

（由 E. Grigg 提供）

- 休息和躲避的区域：在猫的生活空间里，为猫提供舒适的睡眠场所，安静的、安全的、舒适的，或许较暗的藏身之处（图 3.8）。研究发现，与没有提供躲避盒的猫相比，添加一个躲避盒可以降低收容所猫的压力[54]。大多数猫希望在感到压力的时候有一条逃生路线，并偶尔能保持一定的社交距离（远离家中其他猫、犬、孩子或陌生访客）。当猫需要休息时，给它提供一个安全的空间。
- 抓挠的选择：如上所述，猫需要定期抓挠，这有助于磨利和保养它们的爪子，也是它们进行视觉和化学交流的方式。在空间允许的情况下，应该在不同的显眼位置，提供至少两种可供抓挠的选择，多猫家庭可能需要提供更多选择。没有合适的抓挠区域会造成不可避免的不适当

图 3.8 （a～d）提供各种舒适的休息区和藏身之处是照顾宠物猫的一个重要方面。如果没有提供这些区域（有时即使已经提供），许多猫会寻找自己最喜欢的地方

（由 E. Grigg 提供）

抓挠（抓挠家具、地毯等）。麻绳、硬纸板和地毯等材质均可用于商业化产品和自制的抓挠柱。最近的一项研究发现，猫更喜欢竖立的抓挠柱，而不是水平的抓挠板；更喜欢黄麻和瓦楞材质的表面，而不是布艺沙发或地毯[55]。猫在抓挠物表面类型和位置上会表现出个性偏好。在表面洒上猫薄荷或木天蓼可能有助于吸引猫使用抓挠柱。

- 垂直空间（休息区和猫爬架）：垂直空间可以增加猫的整体活动空间，使猫能够巡视周围的环境，在多猫家庭中拉近猫之间的社交距离。垂直空间包括商业化的猫爬架，或专门制作的坡道、墙架或搁板架子（图3.9）。

- 与熟悉的家庭成员进行积极和持续的互动并得到他们的关注：尽管人们普遍认为猫是冷漠和独立的宠物，但很多猫都会寻求与其人类同伴的亲近和社交互动，积极的人－猫互动（包括互动游戏）是维持猫福利的重要组成部分[13,16]。猫似乎更喜欢主动与人类进行社交互动，而且由猫发起的互动往往持续的时间更长[56-58]。每天多次与猫互动的宠主报

图3.9 （a，b）攀爬和休息的地方对猫来说是高价值的"房产"，是重要的资源（特别是对室内生活的猫和多猫家庭而言）

（由 E. Grigg 提供）

告的猫行为问题更少[59]。

- 丰容（人类、视觉和玩具）：Ellis 等[28] 将环境丰容定义为"对动物生活环境的任何补充，导致环境质量的提升，及随之而来的对动物福利的改善"。环境丰容之父 Hal Markowitz 指出，环境丰容"应该是'更像自然'的同义词"[60]，也就是说，尽可能接近于自然环境来满足动物的需求，"为了使它们能够以健康和适当的方式表达特定行为"[61]。猫进化为户外生活方式，特别是室内猫可能会因为（不相容的）同类、资源竞争、精神刺激不足和缺乏运动而表现出更大的压力[62]。丰容是减少压力的重要途径，并相应降低压力相关行为问题的风险[14,54]。丰容的建议通常分为 3 个方面：躲藏的机会、更高的休息区和玩具[28]，其中大部分都在前文中介绍过。其他一些建议包括：

  - 互动玩具（例如，需要人类参与，并允许猫进行自然捕猎行为的玩具，如魔法棒样的玩具）、像可捕捉猎物的小玩具（例如，自动的老鼠或毛绒老鼠；Hall 等[63]）（图 3.10）和 / 或能刺激猫的自然采食行为的食物益智玩具（Dantas 等[64]，http://foodpuzzlesforcats.com）。玩具应该定期轮换以让猫保持兴趣，选择时应考虑到玩具的安全性（例如，尽量降低猫误食玩具零件的风险）。但不鼓励针对手指和脚的玩耍和啃咬行为，因为这会让猫认为跟踪、扑咬宠主是值得奖励的[65]。另请参见本书第 4 章关于游戏行为的内容。

  - 应确保休息场所可以看到户外的野生动物和其活动[66]（图 3.11）。注意，虽然许多猫似乎喜欢眺望外面的世界，但如果有其他不熟悉的猫出现在视野中，有些猫可能会感到压力；如果是后者，则临时使用不透明窗膜或窗前的植物来降低入侵猫的能见度[35]。一些作者建议每天在"观察区"周围喷洒信息素产品（如费利威，Feliway™），或者经常使用人道的方法（如不要把食物留在屋子附近，使用温和的、运动激活式威慑装置）阻止不熟悉的猫经常光顾屋子附近。

  - 还有许多额外的关于丰容建议的相关信息；请参见本章末尾的"附加信息来源"。

- 安全（防护猫）：任何带猫回家的人都有责任确保消除对猫的明显威胁。例如，许多常见的室内植物对猫都是有毒的。有些猫喜欢咬电缆和电线，应将其固定并覆盖（如使用电缆套或盖子），以避免触电。同样，

图 3.10　猫，特别是完全室内饲养的猫，应该同时提供玩具和互动游戏。如果玩具像小猎物（如照片中的玩具老鼠），或者是填充（或"浸泡在"）猫薄荷或木天蓼的玩具，那么独立玩耍的玩具通常是首选；食物益智类玩具很受一些猫的欢迎。独立玩耍的玩具应该定期更换，以保持猫的兴趣，如果损坏了就扔掉。互动玩具包括魔法棒样玩具或"鱼竿式"玩具，模仿捕猎并且需要人参与游戏，通常对猫来说特别有价值

（由 E. Grigg 提供）

（a）　　　　　（b）

图 3.11　（a，b）栖息或休息的地方，可以让猫看到外面的世界，是为许多猫提供动态环境丰容的绝佳方式。相反，如果猫变得害怕（例如，通过在外面看其他邻居的猫），贴窗膜是一种在阻挡视觉访问的同时仍然允许自然光线进入的方法（更多方法请参见正文）

（由 E. Grigg 提供）

像绳子和橡皮筋等线性物体都对猫有吸引力，吃掉这些物品会导致危险的异物阻塞，应将这些物品从猫的居住环境中移除，放在猫够不到的地方。关于对猫有毒的家用产品的其他信息可以在美国防止虐待动物协会的毒物控制页面（https://www.aspca.org/pet-care/animal-poison-control）上找到。

室内还是户外

猫需要在户外活动才能快乐吗？不一定。不可否认，户外活动为猫提供了充足的机会来表达自然行为，如探索环境、捕猎和攀爬。然而，这也增加了猫受伤、患病、被捕食、摄入毒物甚至死亡的风险[67]。由于这些风险，以及猫的捕猎对鸟类、小型哺乳动物和其他野生动物造成的威胁，美国兽医协会（AVMA）建议告知猫宠主，并建议采用其他方法来满足猫的环境需求，不允许不受限制地进入户外[47]。细心关注猫的环境和行为需求可以为在室内生活的猫提供良好的生活质量。另外，有监督下的户外活动（戴上牵引绳或在专用的猫围栏里，图 3.12）既能让猫有户外活动时间，又能确保它们和当地野生动物的安全。如果允许外出，应该安装一个猫门（训练猫使用该猫门），

图 3.12　有监督的户外活动，如一个专门为猫建造的围栏或"猫露台"，可以为猫提供一个安全的方式，以受益于外界提供的许多环境丰容的机会（视觉、气味、声音）

（由 E. Grigg 提供）

让猫在需要时撤退到室内；对于不熟悉的猫，可使用电子猫门（由原住猫的项圈激活）限制其进入。不建议使用电子围栏系统（如"隐形围栏"系统）。

幼猫和年轻猫的社会化和处理方式

家猫健康环境的五大支柱之一（专栏 3.1）是提供积极的、一致的、可预测的人猫社交互动[8]。理想的做法是让幼猫从幼年时期开始与人互动，使它成长为一只与人相处舒适且友好的猫。如前所述，猫的社交偏好因个体而异，并受到基因、早期生活经历和终生学习的影响[68]。尽管如此，人类在幼猫社会化时期（2 ~ 7 周龄）的温柔照顾会使猫更容易适应且更好地与人类建立纽带[69]。在社会化过程中，应该注意避免让猫过度紧张或压力过大（见上文"理解猫的肢体语言"）。如果在此期间缺乏与人类的接触和积极的经历，或者更糟糕的是出现了负面经历，可能导致猫终身恐惧或躲避人类[68,70]。

作为幼猫或年轻猫的宠主应该逐步适应猫在以后的生活中会遇到的各种操作方式（剪指甲、梳毛等），使用猫喜欢的食物或玩具让猫愉快地经历这些操作并建立积极的联系[71]。同样，应该让幼猫接触伴侣动物生活的各个方面，如儿童、犬、其他猫、猫笼和兽医诊所，同样应细心地监护和利用经典的条件反射（专栏 3.3）来让猫平静地接受，并最大限度地减少恐惧的发展。考虑到许多猫宠主在带猫去兽医诊所就诊时都很难将猫放进猫包中，对猫进行笼内训练应是社会化过程的一部分。有关猫笼内训练的客户手册可参阅 Yin[72]。

绝育和行为问题的风险

给猫绝育的主要原因是防止意外生产，美国大多数（87%）的宠物猫都接受了绝育手术[73]。此外，未绝育或去势的猫可能会表现出某些很明显的与繁殖相关的行为，这些行为通常被猫宠主认为是非常不可接受的，如喷尿（领土和社交标记）、游荡、嚎叫和猫间的攻击行为（特别是雄性猫）[74-75]。未绝育的雌性猫每年会多次发情，从 4 月龄开始，在这段时间里，它们会频繁地大声"嚎叫"，可能会四处游荡，还会经常喷尿[76]。它们还可能会吸引未去势的雄性猫过来，这些雄性猫也会喷尿、嚎叫，并可能与居住在这里的雄性猫打斗。考虑推迟或拒绝绝育的猫宠主应该意识到与一只未绝育的猫共同生活的实际情况。由于绝育手术可能会给猫带来压力，一些专家建议将绝育手术的时间安排在不与其他压力事件同时进行的时候，如接种疫苗或领养等[35]。

专栏 3.3　猫是如何学习的——3 种学习形式与伴侣动物的生活密切相关

习惯化：习惯化被认为是最简单的学习形式之一，指的是动物在反复接触某种刺激（无关紧要的）后，对该刺激的反应减弱。与习惯化相反的是敏感化，即动物对重复刺激的反应越来越强烈；敏感化通常发生在刺激声音非常响亮、刺激事件可怕和 / 或不可预测的情况下。

现实中的例子：家里新来的幼猫最初可能会被洗碗机或电脑、打印机等家用电器的声音吓到，但经过反复暴露（没有任何与这些声音相关的负面经历），大多数猫会学会忽略（即习惯）这些声音。

经典条件反射：这是在动物的脑海中将两件以前不一定有关联的事物建立联系的过程；这是通过两个事件或其他刺激同时或近距离重复发生（有意或无意）来完成的。经典条件反射不需要动物做出决策，而是一种条件反射式的情绪反应。

现实中的例子：当猫粮罐头被打开的声音响起时，美味的罐头就会被立即（并反复）送到猫的嘴边。

操作性条件反射：在操作性条件反射中，动物的行为决定了结果，从而决定了该行为是否会继续和 / 或将来是否会重复；这是 "基于结果的学习"。获得奖励（强化）后的行为很可能会重复出现；获得不愉快结果（惩罚）后的行为则不太可能重复出现。

现实中的例子：一只猫跳到厨房的台面上，发现了一个没有盖子的黄油盘子（猫吃到了美味的零食），它以后很可能会重复这种行为，尤其是如果食物经常被放在台面上无人看管的话。

猫可以很容易地通过 "目标训练" 去触摸目标棒（或手、标记的位置等）——将目标放在猫的鼻子或爪子附近，这样就有可能向目标移动，嗅闻或研究它。当猫碰到目标时，就会有食物奖励。不断重复这个过程，直到猫知道触摸目标就会得到奖励。

训练与学习

值得庆幸的是，"猫无法被训练" 这一陈旧的错误观念，尽管在流行文化中经常出现，但近年来在猫宠主中已逐渐消失 [19]。猫可以（也应该）通过训练来减少行为问题的发生、提高猫的福利、加强猫与宠主的纽带，这是一种较新的建议 [77]，对家养犬的类似概念已被广泛接受。猫一生都在学习，与犬、人类和其他动物的学习方式相同，正如学习理论所描述的那样：操作性条件反射、经典条件反射、习惯化等（专栏 3.3）。Karen Pryor 编写的《猫的响片训练入门指南》（ *Getting Started: Clicker Training for Cats* ）（2003）和在线 "猫学校"（https://www.catschool.co）对于希望训练猫宠主和照护人来说，是两个很好的起点，更多信息请参见本章末尾的 "附加信息来源"。训练也可以帮助猫为拜访兽医、旅行和寄养做准备（见上文"幼猫和年轻猫的社会化和处理方式"）；在猫幼年期开始这种训练是非常有效的。

训练是确保猫行为得当、纠正不良行为的一个非常有用的部分，与其专注于如何阻止猫的不良行为，不如专注于我们希望猫做什么，并奖励这种理想的行为（如果必要的话，对这种行为进行训练），这通常更有效（也更少令人沮丧）。

所有猫宠主（不管他们是否打算训练猫）都应该意识到猫是终身学习的动物，人在塑造猫的行为过程中扮演着重要角色。猫会重复被奖励的行为；然而，一个没有得到奖励的行为，或者导致猫不愉快或痛苦后果的行为，不太可能被重复。例如，一只猫在黎明前跳到床上吵醒宠主讨要食物，如果宠主立即用早餐作为奖励，它还会继续这样做。一只猫抓挠关着的门想进去，如果没有把门打开作为对它的回应，它最终会停止这种行为。重要的是，宠主也应该意识到用正面惩罚来回应"不当行为"的风险（即通过添加一些让猫不愉快、可怕或痛苦的体验来回应猫的行为）。正面惩罚很难被有效地使用，这会增加猫恐惧和防御性攻击的可能性，并破坏人与动物的纽带[20,78]。

减压

鉴于压力与家猫的福利和行为之间存在既定的负相关关系（如 Amat 等）[15]，猫宠主就应该意识到猫的常见压力源（如变化的或不可预测的环境、对资源的竞争、噪声、强烈的气味、与其他猫的冲突，以及无法表达自然行为[11-12,42]），尽可能地减轻宠物的压力。提供本章前面列出的环境需求（见上文"环境的准备"）是减轻家猫压力的重要步骤。识别猫压力的最好方法是通过它们的肢体语言和叫声（见上文"理解猫的肢体语言"）。关于识别和减少宠物猫压力的其他指导方针可以在 Overall 等的文章中找到[42]。"五大自由"及"五大支柱"（专栏 3.1）可作为帮助宠主评估其猫所处环境的质量的指南，并可着重指出哪些方面的改善对猫的行为及福利有益。

在某些情况下，猫对压力特别敏感，仅靠环境管理可能不足以避免行为问题。这些猫可能需要进一步的干预措施，以减轻压力，干预措施（取决于猫个体和宠主的偏好）可能包括特殊饮食、营养保健品、精神类药物等。有关猫的诊断和治疗详情，请参阅本书中有关压力相关行为问题的章节。

Hammerle 等[79]和 Yin[72]，以及低压力操作大学（Low Stress Handling

University）或无恐惧（Fear Free®）兽医认证项目（https://fearfreepets.com）为兽医诊所工作人员如何减轻患猫的压力（从而避免在诊所中产生恐惧或攻击行为）提供了建议。

宠主的角色

确保猫的最佳福利（最佳身心健康）是预防猫行为问题的最佳方法之一。宠主的职责是在最初以及在猫的整个生命周期中提供必要的资源，采用"适应性管理"策略，找出最适合家中每只猫的方式。例如，有些猫可能非常依赖于进入垂直空间，以便拉开社交距离等；这些猫宠主需要确保猫能够持续、充分地进入喜欢的空间。其他猫可能很少或从不利用垂直空间，而是喜欢躲在壁橱、箱子、有盖的猫屋等地方。对于这些宠主来说，提供充足的垂直空间并不重要，重要的是确保猫能够轻松进入藏身之处。宠主有责任让自己熟悉猫的应激征兆（见上文"理解猫的肢体语言"），并在发现这些征兆后及时处理。

总结

适当的管理和环境丰容可以有效预防家猫行为问题的发生，并避免猫不恰当但天然的行为所造成的伤害。维持良好的人猫关系最重要的知识要素似乎包括：①为猫提供大量所需资源的重要性（尤其是在多猫家庭中），首要目标是降低原住猫的压力水平；②解读猫肢体语言的能力，尤其是猫的压力语言；③对宠物的身体健康保持警惕，因为医疗问题往往与猫的行为问题有关。

附加信息来源

书籍

Atkinson T. Practical feline behaviour: Understanding cat behaviour and improving welfare. Oxfordshire, UK: CABI; 2018:274.

Bradshaw J, Ellis S. The trainable cat: A practical guide to making life happier for you and your cat. New York: Basic Books; 2016:352.

Pryor K. Getting started: Clicker training for cats, 2nd ed. Waltham, MA: Karen Pryor Clicker Training/Sunshine Books; 2003:85.

Turner DC, Bateson P. The domestic cat: The biology of its behaviour, 3rd ed. Cambridge, UK: Cambridge University Press; 2013:288.

指南

Ellis SL, Rodan I, Carney HC, Heath S, Rochlitz I, Shearburn LD, Sundahl E, Westropp JL. AAFP and ISFM feline environmental needs guidelines. J Feline Med Surg. 2013;15 (3) : 219–230. doi:10.1177/10 98612x13477537.

Hammerle M, Horst C, Levine E, Overall KL, Radosta L, Rafter-Ritchie M, Yin S. 2015 AAHA canine and feline behavior management guidelines. J Am Anim Hosp Assoc. 2015;51:205–221.

Herron M, Buffington T. Environmental enrichment for indoor cats. Compend Contin Educ Vet. 2010;2010 Dec;32 (12) : E4.

Horwitz DF, Rodan I. Behavioral awareness in the feline consultation: Understanding physical and emotional health. J Feline Med Surg. 20 (5) : 423–436. doi:10.1177/1098612x18771204.

Monroe-Aldridge, et al.AAFP position statement: Environmental enrichment for indoor cats. JFMS Clinical Practice. 2011. Available at: https://catvets.com/public/PDFs/PositionStatements/EnviromentalEnhancement-.pdf (accessed July 2020).

Overall KL, Rodan I, Beaver B, Carney H, Crowell-Davis S, Hird N, Wexler-Mitchell E. Feline behavior guidelines from the American association of feline practitioners. 2004. Available at: https://catvets. com/guidelines/practice-guidelines/behavior-guidelines (accessed July 8, 2020).

Rodan I, Sundahl E, Carney H, Gagnon A-C, Heath S, Landsberg G, … Yin S. AAFP and ISFM feline friendly handling guidelines. J Feline Med Surg. 2011;13:364–375.

网站

Cat School https://www.catschool.co–Videos, product, and online courses for clicker-training your cat.

Food Puzzles for Cats http://foodpuzzlesforcats.com Great source for ideas for commercially available and DIY food dispensing toys for cats.

International Cat Care https://icatcare.org–Information on a wide variety of cat-related topics.

The Indoor Pet Initiative at The Ohio State University's School of Veterinary Medicine https://indoorpet.osu.edu/cats–Resources for pet owners on a number of cat care topics, particularly identifying and avoiding typical stressors, and enrichment for indoor cats. [Also available in Spanish https://indoorpet.osu.edu/pet-owners/cats-spanish]

视频

"Body language in cats" (2013) Cats Protection (UK). Available at: https://youtu.be/bvsfB7sf4QU

"Getting your cat in the carrier" Fundamentally Feline (2013). Available at: https://youtu.be/b1wDsJ5snFk

"How to make sure your cat isn't bored" Howcast.com (2013) with E'lise Christensen, DVM, DACVB https://youtu.be/-KlmRExaBRM

"Why do cats act so weird？" Buffington, T. (2016). Available at: https://youtu.be/sI8NsYIy-Q2A. [for the complete interactive TedEd lesson on this topic, see https://ed.ted.com/lessons/why-do-cats-act-so-weird-tony-buffington]

参考资料

1 American Pet Products Association (APPA) 2017-2018 American pet products association national pet owners survey. Greenwich, CT: American Pet Products Association; 2018.

2 Friedmann E, Thomas S. Pet ownership, social support, and one-year survival after acute myocardial infarction in the Cardiac Arrhythmia Suppression Trial (CAST). Am J Cardiol. 1995;76;1213–1217.

3 Kanat-Maymon Y, Antebi A, Zilcha-Mano S. Basic psychological need fulfillment in human-pet relationships and well-being. Pers Individ Differ. 2016;92:69–73.

4 Grigg EK. Helping clients facing behavior problems in their companion animals. Ch. 16 In: Kogan L, Blazina C, eds. Clinician's guide to treating companion animal issues (1st Ed.): Addressing human-animal interaction. Elsevier;San Diego, CA 2018:281–317.

5 Grigg EK, Donaldson TM. Helping clients cope with grief associated with euthanasia for behavior problems. Ch. 14 In: Kogan L, Erdman P, eds. Pet loss, grief, and therapeutic interventions: Practitioners navigating the human–animal bond. Milton Park, UK:Routledge; 2019:236–264.

6 Buller K, Ballantyne KC. Living with and loving a pet with behavioral problems: Pet owners' experiences. J Vet Behav. 2020;37:41–47.

7 Salman M, Hutchison J, Ruch-Gallie R, Kogan L, New J, Kass P, Scarlett J. Behavioral reasons for relinquishment of dogs and cats to 12 shelters. J Appl Anim Welf Sci. 2000;3(2):93–106.

8 Ellis SL, Rodan I, Carney HC, Heath S, Rochlitz I, Shearburn LD, … Westropp JL. AAFP and ISFM feline environmental needs guidelines. J Feline Med Surg. 2013;15(3):219–230. doi:10.1177/10986 12x13477537.

9 Buffington CT, Bain M. Stress and feline health. Vet Clin: Small Anim Pract. 2020;50(4):653–662.

10 Westropp JL, Kass PH, Buffington CA. Evaluation of the effects of stress in cats with idiopathic cystitis. Am J Vet Res. 2006;67:731–736.

11 Stella J, Croney C, Buffington T. Effect of stressors on the behavior and physiology of domestic cats. Appl Anim Behav Sci. 2013;143:157–163.

12 Stella J, Croney C, Buffington T. Environmental factors that affect the behavior and welfare of domestic cats (Felis silvestris catus) housed in cages. Appl Anim Behav Sci. 2014;160:94–105. doi:10.1016/j.applanim.2014.08.006.

13 Stella JL, Croney CC. Environmental aspects of domestic cat care and management: Implications for cat welfare. Sci World J. 2016;2016 6296315. doi:10.1155/2016/6296315.

14 Buffington CA, Chew DJ, Kendall MS et al. Clinical evaluation of multimodal environmental

modification (MEMO) in the management of cats with idiopathic cystitis. J Feline Med Surg. 2006;8(4):261–268.

15 Amat M, Camps T, Manteca X. Stress in owned cats: Behavioural changes and welfare implications. J Feline Med Surg. 2016;18(8);577–586. doi:10.1177/1098612x15590867.

16 Rochlitz I. A review of the housing requirements of domestic cats (Felis silvestris catus) kept in the home. Appl. Anim. Behav. Sci. 2005;93, 97–109.

17 Heath SE. Behaviour problems and welfare. In: Rochlitz I., ed. The welfare of cats. Dordrecht, The Netherlands: Springer; 2007;91–118.

18 People's Dispensary for Sick Animals (PDSA) (2013) The State of Our Pet Nation: Pet Animal Wellbeing (PAW) Report 2013 (UK). Available at: https://www.pdsa.org.uk/media/2579/paw_report_2013.pdf (accessed June 29, 2020).

19 Grigg EK, Kogan LR. Owners' attitudes, knowledge, and care practices: Exploring the implications for domestic cat behavior and welfare in the home. Animals. 2019;9(11). doi:10.3390/ani9110978.

20 Bain M, Stelow E Feline aggression toward family members: A guide for practitioners. Vet Clin North Am: Small Anim Pract. 2014;44(3):581–597. doi:10.1016/j.cvsm.2014.01.001.

21 Ramon ME, Slater MR, Ward MP Companion animal knowledge, attachment and pet cat care and their associations with household demographics for residents of a rural Texas town. Prev Vet Med. 2010;94:251–263.

22 Welsh CP, Gruffydd-Jones TJ, Roberts MA, Murray JK. Poor owner knowledge of feline reproduction contributes to the high proportion of accidental litters born to UK pet cats. Vet Rec. 2014;174:118, doi:10.1136/vr.101909.

23 Howell TJ, Mornement K, Bennett PC Pet cat management practices among a representative sample of owners in Victoria, Australia. J Vet Behav. 2016;11:42–49.

24 Mariti C, Guerrini F, Vallini V, Bowen JE, Fatjo J, Diverio S, Sighieri C, Gazzano A. The perception of cat stress by Italian owners. J Vet Behav. 2017;20:74–84.

25 Elzerman AL, DePorter TL, Beck A, Collin J-F. Conflict and affiliative behavior frequency between cats in multi-cat households: A survey-based study. J Feline Med Surg. 2020;22(8):705–717. doi:10. 1177/1098612X19877988.

26 Finke LR Conspecific and human sociality in the domestic cat: Consideration of proximate mechanisms, human selection and implications for cat welfare. Animals. 2022;12:298. doi:10.3390/ani12030298.

27 Farm Animal Welfare Council Farm animal welfare in Great Britain: Past, present and future. London, UK: Farm Animal Welfare Council (FAWC); 2009.

28 Ellis JJ, McGowan RTS, Martin F. Does previous use affect litter box appeal in multi-cat households? Behav Processes. 2017;141(Pt 3):284–290. doi:10.1016/j.beproc.2017.02.008.

29 Carney HC, Sadek TP, Curtis TM, Halls V, Heath S, Hutchison P, … Westropp JL. AAFP and

ISFM guidelines for diagnosing and solving house-soiling behavior in cats. J Feline Med Surg. 2014;16(7):579–598. doi:10.1177/1098612x14539092.

30 Horwitz DF, Rodan I. Behavioral awareness in the feline consultation: Understanding physical and emotional health. J Felin Med Surg. 2018;20(5):423–436. doi:10.1177/1098612x18771204.

31 Why do cats act so weird? https://youtu.be/sI8NsYIyQ2A (accessed October 3, 2022).

32 Bennett PC, Rutter NJ, Woodhead JK, Howell TJ. Assessment of domestic cat personality, as perceived by 416 owners, suggests six dimensions. Behav Processes. 2017;141:273–283. doi:10.1016/j.beproc.2017.02.020.

33 Bradshaw J. Normal feline behaviour: ... and why problem behaviours develop. J Feline Med Surg. 2018;20:411–421.

34 Lipinski MJ, Froenicke L, Baysac KC, Billings NC, Leutenegger CM, Levy AM, Longeri M, Niini T, Ozpinar H, Slater MR, Pedersen NC, Lyons LA.. The ascent of cat breeds: Genetic evaluations of breeds and worldwide random-bred populations. Genomics. 2008;91:12–21.

35 Atkinson T. Practical feline behaviour: Understanding cat behaviour and improving welfare. Oxfordshire, UK: CABI; 2018:274.

36 Driscoll CA, Menotti-Raymond M, Roca AL, Hupe K, Johnson WE, Geffen E, Harley EH, Delibes M, Pontier D, Kitchener AC, Yamaguchi N, O'Brien SJ, Macdonald DW. The near Eastern origin of cat domestication. Science. 2007;317:519–523.

37 Leyhausen P. The tame and the wild – Another just so story? In: Turner DC, Bateson P, eds. The domestic cat: The biology of its behavior. Cambridge, UK: Cambridge University Press; 1988;57–66.

38 Bradshaw J. Sociality in cats: A comparative review. J Vet Behav. 2016;11:113–124.

39 Ramos D, Reche-Junior A, Fragoso PL, et al. Are cats (Felis catus) from multi-cat households more stressed? Evidence from assessment of fecal glucocorticoid metabolite analysis. Physiol Behav. 2013;122:72–75.

40 Chin L. Cat language. 2015. Available from: DoggyDrawings.net (accessed July 8, 2020).

41 Kessler MR, Turner DC. Stress and adaptation of cats (felis silvestris catus) housed singly, in pairs and in groups in boarding catteries. Anim Welf. 1997;6(3):243–254.

42 Overall KL, Rodan I, Beaver B, Carney H, Crowell-Davis S, Hird N, ... Wexler-Mitchell E. Feline behavior guidelines from the American association of feline practitioners. 2004. Available at: https://catvets.com/guidelines/practice-guidelines/behavior-guidelines (accessed July 8, 2020).

43 Horwitz DF, Neilson JC. Blackwell's five-minute veterinary consult: Canine and feline behavior. Ames, IA: Blackwell Publishing; 2007;595.

44 Griffith C, Steigerwald E, Buffington C. Effects of a synthetic facial pheromone on behavior of cats. JAVMA. 2000;217(8):1154–1156.

45 Prior M, Mills D. Cats vs dogs: The efficacy of feliway friends™ and adaptil™ products in

multispecies homes. Front Vet Sci. 2020;10:July 2020. doi:10.3389/fvets.2020.00399.

46 Frank D, Beauchamp G, Palestrini C. Systematic review of the use of pheromones for treatment of undesirable behavior in cats and dogs. JAVMA. 2010;236(12):1308–1316.

47 Pachel CL. Intercat aggression: restoring harmony in the Home: A guide for practitioners. Vet Clin North Am: Small An Pract. 2014;44(3):565–579. doi:10.1016/j.cvsm.2014.01.007.

48 American Veterinary Medical Association (AVMA) Position statements. 2020. Available at: https://www.avma.org/resources-tools/avma-policies (accessed July 8, 2020).

49 Martell-Moran NK, Solano M, Townsend HGG. Pain and adverse behavior in declawed cats. J Feline Med Surg. 2018;20:280–288.

50 American Association of Feline Practitioners (AAFP) Position statement: Declawing. 2017. JFMS Clinical Practice NP1. doi:10.1177/1098612X17729246.

51 Stella J, Lord L, Buffington T. Sickness behaviors in response to unusual external events in healthy cats and cats with feline interstitial cystitis. J Am Vet Med Assoc. 2011;238(1):67–73. doi:10.2460/javma.238.1.67.

52 Grigg EK, Pick L, Nibblett B. Litter box preference in cats: Covered vs. uncovered. J Feline Med Surg. 2012;15:280–284.

53 Neilson J Thinking outside the box: Feline elimination. J Feline Med Surg. 2004;6:5–11.

54 Vinke CM, Godijn LM, van der Leij WJR. Will a hiding box provide stress reduction for shelter cats? Appl Anim Behav Sci. 2014;160:86–93. doi:10.1016/j.applanim.2014.09.002.

55 Zhang L, McGlone JJ. Scratcher preferences of adult in-home cats and effects of olfactory supplements on cat scratching. Appl Anim Behav Sci. 2020;227:104997.

56 Turner DC. The ethology of the human–cat relationship. Swiss Archive Vet Med.1991;133:63–70.

57 Turner DC. The mechanics of social interactions between cats and their owners. Front Vet Sci. 2021;8. doi:10.3389/fvets.2021.650143.

58 Mertens C. Human-cat interactions in the home setting. Anthrozoös. 1991;4:214–231. doi: 10.2752/089279391787057062.

59 Heidenberger E. Housing conditions and behavioural problems of indoor cats as assessed by their owners. Appl Anim Behav Sci. 1997;52:345–364.

60 Markowitz H. Enriching animal lives. Pacifica, CA: Mauka Press; 2011;246.

61 Bender A, Strong E. Canine enrichment for the real world. Wenatchee, WA: Dogwise Publishing. 2019;230.

62 Monroe-Aldridge, et al. AAFP position statement: Environmental enrichment for indoor cats. JFMS Clinical Practice. 2011. Available at: https://catvets.com/public/PDFs/PositionStatements/EnviromentalEnhancement-.pdf (accessed July 8, 2020).

63 Hall SL, Bradshaw JWS, Robinson IH. Object play in adult domestic cats: The roles of habituation and disinhibition. Appl Anim Behav Sci. 2002;79(3):263–271. doi:10.1016/S0168-1591(02)00153-3.

64 Dantas LM, Delgado MM, Johnson I, Buffington CT. Food puzzles for cats: Feeding for physical and emotional wellbeing. J Feline Med Surg. 2016;18(9);723–732. doi:10.1177/1098612x16643753.

65 Masserman JH. Experimental neuroses. Sci Am. 1950;182:38–43.

66 Herron M, Buffington T. Environmental enrichment for indoor cats. Compend Contin Educ Vet. 2010;Dec; 32(12): E4.

67 Tan SML, Stellato AC, Niel L. Uncontrolled outdoor access for cats: An assessment of risks and benefits. Animals. 2020;10(2):258.

68 Karsh E, Turner D. The human–cat relationship. In: Turner DC, Bateson P, eds. The domestic cat: The biology of its behavior. Cambridge, UK: Cambridge University Press; 1988:159–177.

69 Lowe S, Bradshaw JWS. Responses of pet cats to being held by an unfamiliar person from weaning to three years of age. Anthrozoös. 2002;15:69–79. doi: 10.2752/089279302786992702.

70 McMillan FD. Development of a mental wellness program for animals. J Am Vet Med Assoc. 2002;220(7):965–972. doi:10.2460/javma.2002.220.965.

71 Vogt AH, Rodan I, Brown M, Brown S, Buffington CA, Larue Forman MJ, … Sparkes A AAFPAAHA: Feline life stage guidelines. J Feline Med Surg. 2010;12(1):43–54. doi:10.1016/j. jfms.2009.12.006.

72 Yin S Low stress handling, restraint and behavior modification of dogs and cats. Davis, CA: Cattledog Publishing; 2009:469.

73 American Pet Products Association (APPA) 2019–2020 American pet products association national pet owners survey. Greenwich, CT: American Pet Products Association; 2020.

74 Hart BL, Barrrett RE. Effects of castration on fighting, roaming, and urine spraying in adult male cats. J Am Vet Med Assoc. 1973;163:290–292.

75 Kustritz MVR. Determining the optimal age for gonadectomy of dogs and cats. J Am Vet Med Assoc. 2007;231(11):1665–1675. doi:10.2460/javma.231.11.1665.

76 Bradshaw J. Cat sense: How the new feline science can make you a better friend to your pet. New York: Basic Books; 2013:307.

77 Bradshaw J, Ellis S. The trainable cat: A practical guide to making life happier for you and your cat. New York: Basic Books; 2016:352.

78 American Veterinary Society of Animal Behavior (AVSAB) Position statement: The use of punishment for behavior modification in animals. 2007. Available at: https://avsab.org/ resources/position-statements (Accessed June 1, 2013).

79 Hammerle M, Horst C, Levine E, Overall KL, Radosta L, Rafter-Ritchie M, Yin S. 2015 AAHA canine and feline behavior management guidelines. J Am Anim Hosp Assoc. 2015;51:205–221.

第4章 猫的游戏行为

Mikel Delgado

概述

猫是天生的捕食者，但它们经常被猫宠主形容为"懒惰"。不幸的是，这种描述可能是猫宠主没有为猫提供充足运动或猫本身不运动的结果造成的。肥胖和行为问题在家猫中非常普遍[1-3]，尤其是只在室内饲养的猫（然而，应该注意的是，户外活动的猫也会出现肥胖和行为问题）[4,5]。游戏可以作为猫环境丰容以及提供运动、精神刺激和社交互动的重要部分，有益于猫的健康和福利。本章将回顾家猫游戏的一些特征，重点关注实证依据。还将讨论猫宠主与猫玩耍时可能遇到的相关问题，并就如何为猫提供适当的玩耍互动提出建议。

什么是游戏，为什么游戏

动物行为学家对动物游戏的定义尚未达成共识。通常认为，游戏是一种令猫愉悦的活动，对个体没有直接的作用。游戏过程中表现出的动作可能与其他功能性行为（如捕猎、打斗或繁殖）相似，但这些行为可能会夸大、受抑制或不按常规顺序进行[6-7]。游戏行为通常根据表现分为社交类、物品导向类（图 4.1）或运动类。

尽管游戏经常被视为无目的的，但游戏可能蕴含多种功能和益处。游戏最显著的长期功能包括运动训练、社会化、认知提升和信息收集[6]。按照达尔文自然选择进化论的原则，为了使游戏行为得以延续需满足：个体之间应该存在游戏倾向差异；游戏行为具备遗传性；参与游戏为个体带来适应性优势[8]。有观点认为，动物必须为游戏付出"代价"（例如，能量消耗，或者放弃捕猎时间或警惕性来参与游戏），因此，游戏必须给动物带来好处。然而，至少对家猫来说，游戏的时间占比及其相关的能量代谢成本相对较低[9]。

尽管游戏所需的能量投入不高且回报不明确，但猫（尤其是幼猫）仍然热衷于此。我们可以从对其他物种（包括人类）的研究中推断出游戏的潜在

图 4.1　游戏是丰富猫生活的必要组成部分，对于只在室内生活的猫来说尤其如此

（由 radub85/Adobe Stock 提供）

好处。通常提到的游戏好处包括运动训练、认知训练、社会关系发展，以及学习和探索环境的能力 [10]。

人们通常认为，游戏行为是为了训练其他"真实生活"场景，如捕猎。虽然猫的游戏行为与捕猎行为极为相似，但一项研究发现，有机会玩弄小物件的幼猫与没有这种机会的幼猫相比，成年后与猎物有关的行为并无差异。这说明，游戏机会并不能提高成年猫成为合格猎手的能力，也不是必要条件。与实际猎物打交道的经历似乎更有利于提高日后的捕猎能力 [11-13]。

虽然玩耍对个体来说成本低廉，而且可能不会带来明显的好处（玩耍并非猫发展捕猎技能的必要条件）[11-14]，但我们仍建议猫宠主和猫玩耍，因为这种活动的好处包括锻炼、精神刺激和潜在的减压效果。我们将在本章中考虑的一个问题是，有关猫（尤其是成年猫）游戏行为的研究很少，而且关于如何在家中与猫玩耍的经验证据或共识也很少。

家猫的游戏是如何发展的

关于猫的游戏行为的研究大多数集中在幼猫身上。当猫 2 ~ 3 周龄开始与同窝幼猫或母猫互动时，游戏就出现了，此时视觉、听力和运动技能都在提高。虽然幼猫在 4 周龄就开始对移动物体感兴趣，但对它们来说同窝幼猫间的活动更有趣。社交游戏的高峰在 9 ~ 14 周龄，这也是幼猫在这个年龄段可能从同窝同伴的存在中受益的原因之一。

物体游戏和捕猎游戏在幼猫发育过程中出现并达到高峰。物体游戏大约在4周龄出现，这与母猫开始给幼猫带来猎物的时间相吻合。幼猫在4～6月龄时开始减少与同窝同伴的互动，转而更偏好无生命物体[15-16]。幼猫可能更喜欢玩小型的物件，如葡萄酒软木塞、乒乓球等，因为它们的移动性、大小和重量与猎物相似[17]。

关于成年猫的游戏行为的研究很少，但包括成年猫在内的游戏研究和猫宠主的个人观察表明，游戏贯穿猫的整个生命周期。猫宠主观察到友好相处的成年猫之间会进行社交游戏，但迄今为止还没有专门针对这种行为的研究。人们观察到捕猎的成年猫会"玩弄猎物"，通常是在它们不太饿或有些害怕猎物时。许多对人类来说看起来很有趣的行为，实际上对猫来说可能是策略性的——头部摆动和试探性地互动，如拍打，可能是避免被咬伤或抓伤的方法，也可以让捕猎的猫测试猎物的力量[18]。

尽管人们认为游戏行为会在整个生命周期中逐渐减少，但由于缺乏研究，这种减少的开始、速度或强度尚不清楚，可能存在许多个体差异和环境因素的影响。老年猫和高龄猫会继续玩耍，但游戏可能与幼猫和年轻的成年猫明显不同。游戏时间可能会更短，强度也会更低，而且让老年猫参与游戏可能更具挑战性，这将在本章后面讨论。

游戏过程中的肢体语言

玩耍时展现出的许多行为既像捕猎又像打斗。一篇广泛的文献回顾总结了猫用于区分物体游戏、捕猎游戏和社交游戏的行为[19]。猫会对物体或同类表现出许多行为，如咬、抱、抓挠、轻拍、搜索、后腿站立或追踪。有些行为仅针对玩具或猎物，包括击打、抓握、咬住、探索、踢、撕咬致死、舔舐、含住、嗅闻、挥起物体击打和轻拍[17,20]。一些行为似乎是幼猫社交游戏特有的。这些行为包括背部拱起、"肚皮向上"的姿势、慢跑、追逐、蹲伏、对峙、脚部接触、跳跃、猛扑、翻滚和摔跤[21]。"张大嘴巴"可能是幼猫之间游戏邀请的一种信号[21]。

已知影响猫玩耍的因素

猫的游戏行为受到几个因素的影响。没有同窝伙伴的幼猫会把它的游戏行为转向母猫。结果往往是，母猫会避开它的后代，可能是因为游戏激怒了它。

相反，没有母亲的幼猫与有母亲的幼猫相比更喜欢与同窝伙伴一起玩耍（图4.2）[22]。然而，游戏行为的转向可能具有不同的功能。没有玩伴的幼猫可能会将游戏行为转向到母猫身上。但没有母亲的幼猫可能会增加游戏行为，因为缺乏母爱可能表明幼猫需要在更小的年龄开始捕猎[23-24]。母爱的缺乏可能会加速幼猫与断奶相关的发育过程，而游戏的增加可能是其中的一个结果[25]。

成年后，猫在家中的游戏行为可能会受到家中其他动物（包括人类）的刺激或抑制。对其他动物的恐惧可能会增加躲藏或回避行为，并减少游戏行为，而与其他动物的友好关系可能会刺激更多的游戏和互动。人鼓励猫进行游戏（通过提供玩具和丰容的环境）有可能会使猫在一生中表现出更高水平的游戏行为。

游戏受到猫饥饿程度的影响；当猫饥饿时，它们更有可能进行游戏，并且对较大的"老鼠样"玩具更感兴趣；当它们不那么饥饿时，它们更有可能选择更小的玩具进行游戏[26]。食物充足的猫仍然会捕猎，因此尽管捕猎和游戏有着相似的动机，但饥饿并不是引发游戏欲望的唯一因素。但是猫对于捕猎和杀死更大的具有潜在威胁的猎物（大鼠与小鼠）的意愿会随着饥饿感的增加而增加[18]。

玩具或游戏中的物品的特性都会影响猫的游戏反应。毛茸茸的质地、表面纹理的复杂度、移动性和大小都会增强玩具对猫的吸引力（图4.3）[27-28]。

图 4.2　许多幼猫玩耍的行为类似于捕猎或打斗

（由 birgl/Pixabay 提供）

图 4.3　猫饥饿时，更有可能玩老鼠样玩具

（由 Michelle_Raponi/Pixabay 提供）

幼猫更喜欢玩小型物体，特别是那些容易移动的物品（如软木塞、乒乓球）[17]。在同一项研究中，幼猫最初会对新物体表现出探索行为（如嗅闻、触碰、接近或在物体周围移动），随后对物体越来越熟悉时，它们会对这些物体展现出更多的游戏行为。

相反，成年猫在反复接触物体后会减少互动（习惯化）。在一项研究中，3 次向猫展示同一个玩具（一根绳子上的人造毛绒物），每次展示的间隔为 5 min、15 min 和 25 min。猫在第 3 次展示时对玩具啃咬和抓握的行为明显减少，表明猫已经习惯了。在第 4 次试验中，向猫展示了一个外观相同，但颜色不同的玩具（上面没有猫的气味）。猫对新玩具的反应增加，尤其是在 5 min 间隔的情况下，对新玩具的反应大于第一次展示原始玩具时的反应[29]。这一发现表明，尽管猫对单个玩具的反应明显下降，但它们仍然有很高的游戏积极性。

因此，玩具的新颖和多变可能是维持猫游戏兴趣的两个关键特征。习惯于一成不变的猎物可能会阻碍猫长时间玩耍。猎物的变化，如出血、温度下降，或者皮肤、毛发或羽毛的断裂，都会成为猫捕猎成功的信号[28]。未能对物体造成物理损害，或者这些物体的物理特性没有发生变化，可能会向猫发出信号，表明该物体实际上不是猎物，或者猎物太强壮，并且正在尝试反抗。因此，猫会停止与形态没有变化的物体或猎物的互动来节省捕猎的尝试。

游戏与福利

在许多情况下，游戏被认为是积极动物福利的标志。例如，游戏通常表明没有威胁或长期的环境压力，如饥饿、受伤或被猎食的风险[30]。游戏已被确定为猫科动物福利的十大行为指标之一[31]。在有压力的情况下，包括密度过大[27]、被关在收容所内[32]，以及之前被断爪的情况[33]，猫的游戏行为出现频率较低或根本观察不到。然而，在一些被认为存在压力的情况下，如幼猫过早与母猫分离，游戏也会增加[22-24]。因此，游戏的存在不能成为评估福利水平的唯一指标。

游戏的潜在神经化学效应尚不明确。在某些动物中，社交游戏会激活或涉及多巴胺或大麻素系统[34]。运动、游戏和丰容的环境很可能都具有抗焦虑作用[35-36]，但处于高压力水平下的动物不太可能进行游戏[37]。压力水平较低的动物更容易从游戏和运动中获益，在这些情况下，游戏可能具有治疗作用。例如，游戏被推荐作为治疗慢性下泌尿道综合征患猫的多模式环境管理计划的一部分[38]。

由于缺乏研究，目前尚不清楚缺乏游戏是否会降低猫的福利，甚至不知道需要多少游戏才能让猫获得良好福利。至少在一些猫中，缺乏游戏可能导致攻击性增加和肥胖等各种问题[39]。因此，应该根据本章后面介绍的指南对游戏进行调整，以满足猫的不同需求。可以评估猫在游戏过程中的行为，有助于确定猫的偏好和鼓励猫积极进行游戏的方法。

虽然游戏可能不是所有猫的良好福利所必需的，但它可以让猫参与认知和身体互动，并可以刺激猫的捕猎天性。重要的是，游戏不应该降低猫的福利（例如，恐吓猫）。游戏还能带来其他的益处，如在行为矫正过程中作为强化手段。对于不喜欢被抚摸或不亲人的猫来说，游戏可以成为猫宠主与它们互动并建立纽带的有效方式。

猫的社交游戏

社交游戏对幼猫非常重要，尤其是 2 ~ 4 月龄时[15]。随着我们对猫社交行为不断加深了解，家庭在群体形成中的重要性变得更加明显[40]。许多猫，尤其在年幼时，受益于其他猫的陪伴。年幼时引入的陌生猫更有可能在它们以后的生活中建立友好的关系。

目前，对成年猫之间的游戏研究不足。一项研究发现，15% 的猫宠主称他们的猫会与其他猫一起玩[41]，但没有描述猫的年龄和这种游戏的性质。在某些情况下，社交游戏可以作为猫之间沟通的桥梁——例如，可以增强胆小但对其他猫友好的猫的自信心。在可能存在精力不匹配的家庭中（如一只老年猫与一只幼猫或青年猫），为精力旺盛的猫增加一个玩伴，可以减轻老年猫或较安静猫的压力。在本章后面的内容中，将讨论如何辨别猫之间的游戏和打斗，以及管理多猫家庭在游戏过程中出现的相关问题。

与宠主合作，帮助他们了解猫的玩耍需求

评估猫需要多少游戏时间并没有经验依据；在一项调查中，几乎所有参与的猫宠主都报告说他们每天都和他们的猫一起玩[2]。然而，从这项调查中无法清楚了解游戏的性质，只有 39% 的受访者报告使用"钓鱼竿玩具"。最常见的玩具是自助玩具，如毛绒老鼠、猫薄荷玩具和带铃铛的球[2]。另一项关于猫宠主的研究报告称 43% 的猫和人类一起游戏[41]，但从调查问题中同样无法清楚了解这种游戏的性质。

游戏应该被看作是为猫提供一种释放本能行为（捕猎）的机会。这可能有助于客户更好地理解为什么互动玩具对大多数猫而言比"死去的"自助玩具更具吸引力。由于缺乏关于猫对哪种游戏类型反应最好的经验研究，我们可以通过研究猫的捕猎行为来指导我们提供参考建议。然后，猫宠主可以安排游戏时间，模拟在大多数猫中观察到的自然捕猎顺序。

与猫玩耍的一般建议

- **猫是追踪和突袭型猎手**：与一些掠食者（如耐力型猎手）追逐猎物直至筋疲力尽不同，猫依靠自己的能力发现猎物和谨慎靠近。一旦足够接近，它们就会冲向猎物[42]。扑向猎物前，猫会观察并缓慢靠近玩具，然后再扑向它们。
- **短暂而频繁**：短暂的活动意味着有些猫更喜欢一天中进行几次短时间的游戏，而不是一次较长时间的游戏。
- **适当的节奏**：活动的节奏可能需要变化；宠主应该交替变换玩具的移动速度。最初非常缓慢地移动玩具可能会获得猫更多的反应。
- **游戏需求可能会因年龄而异**：与年长的猫相比，幼猫和年轻的猫可能需

要更频繁的游戏或更长的游戏时间。

- **客户应了解互动游戏和自助游戏之间的区别**：互动游戏需要人为猫移动玩具，并且可能由人或猫发起；自助游戏是纯粹由猫的活动 / 兴趣激发的游戏。
- **什么是"互动玩具"**？互动玩具包括带有附件的棒或杆，如绳子或金属线。这些玩具末端通常附有类似昆虫、鸟类、老鼠或蛇等猎物外观的附件（图 4.4）。这些玩具需要由人操纵才能以猎物的方式移动。
- **猎物偏好**：一些猫是捕猎行家，更喜欢某一种猎物类型，而另一些猫则是通才[43]。同样，猫可能偏爱类似于特定猎物类型的玩具，如鸟类、老鼠、蜥蜴和虫子[38]。
- **安全性**：互动玩具在不使用时应收起来；否则，绳子和金属线可能会造成勒颈或窒息危险。应定期检查玩具是否有损坏或有可能被吞下的小部件。

图 4.4　应该帮助客户理解互动玩具，如魔法棒玩具，可以满足猫的捕猎需求

（由 Liz Stelow 提供）

- **自动玩具和电子游戏**：其他可以刺激游戏的玩具类型包括激光玩具和自动（电池供电）玩具。还有一些平板电脑或屏幕中的电子游戏，一些猫可能会对此做出反应。一般来说，这些玩具应该是互动游戏的补充，而不是替代品（图 4.5）。

- **身体接触的需要**：应允许猫经常接触可移动的互动玩具。宠主不应"玩弄"猫或始终将玩具放在猫抓不到的地方，因为抓和啃咬玩具是猫游戏的常规特征。由于激光笔和其他形式的"电子游戏"使猫无法"捕捉"到猎物，一些人认为它们可能会导致猫的挫败感[44]。尽管"光痴迷"在猫身上尚未记载，并且有些猫对视频等其他形式的刺激反应良好[44]，但在接触了激光的犬中观察到这种现象[45]。

- **感官参与**：应鼓励客户在游戏过程中调动猫的多种感官（视觉、听觉、嗅觉、触觉等），就像猫在捕猎时一样。可以将互动玩具在一张薄纸下移动以产生沙沙声，据观察，这种声音会激发猫的捕猎行为[27]。猫薄荷或类似的嗅觉丰容（木天蓼、缬草、金银花）可能会刺激某些猫玩耍[46]。

- **像猎物一样移动玩具**：应鼓励宠主像猎物一样移动玩具，让猫偶尔接触到玩具[47]；模仿不同类型的猎物，改变其运动的速度和方向[48]。

- **旋转玩具以防止习惯和厌倦**：猫在玩腻之前会对同一种玩具产生习惯[29]，因此宠主应该在玩耍过程中和多次玩耍期间更换玩具。在互动

图 4.5　**自动玩具可以在宠主忙碌时提供游戏的方式，但它不能替代互动游戏**

（由 Liz Stelow 提供）

游戏中，猫应该有多种玩具可供选择。

- **空腹玩耍**：猫在饥饿时更有可能进行捕猎和玩耍[26]。猫宠主可以在进餐前安排游戏，以增加活动量 / 对玩具的反应。

- **食物游戏**：猫宠主可以通过食物益智玩具（图 4.6）鼓励猫"玩食物"[49]，将少量食物藏在家中不同的地方以鼓励猫的觅食 / 搜索行为，或者将单个食物扔给猫让其接住并吃掉，从而鼓励猫活动并给猫提供精神刺激。

与游戏行为有关的挑战

在诊所里，客户可能会提及与他们的猫的游戏行为有关的问题。因为客户可能不愿意主动提供有关猫游戏行为的信息，所有有关活动和游戏的问题都可以纳入现有的病史采集中。诸如"你的猫喜欢游戏吗"或"自上次就诊以来，你的猫的游戏行为是否发生了变化"之类的问题会促使客户提问，也

图 4.6　**可以鼓励猫使用食物玩具和益智玩具作为额外的智力锻炼**

（由 Liz Stelow 提供）

可能揭示出一些需要进一步询问的问题，如成年猫游戏行为的减少可能预示着关节退化等疼痛症状。

通常将常见的问题分为几类：猫对游戏缺乏兴趣或难以参与游戏、有特殊需求的猫面临的挑战、在游戏过程中出现对人的攻击性或粗鲁的行为，以及多猫家庭中与游戏相关的问题。要解决每种类型的问题都需要了解其背后的动机，在某些情况下可能需要转诊给兽医行为学家。猫行为的背景、宠主或其他猫的反应以及为猫提供的丰容 / 活动量都可能为适当的改造计划和解决方案提供线索。

缺乏游戏兴趣

许多猫宠主表示他们的猫对游戏兴趣不大（图 4.7）；这可能是更多成年猫或老年猫的宠主所担心的问题。在很多情况下，成年猫的游戏行为与幼猫或年轻猫的游戏行为不同，猫宠主可能会将这些游戏行为的变化误认为是猫缺乏兴趣。另外，许多猫宠主可能会发现，如果他们改变游戏方式，猫仍然会玩互动玩具。

成年猫的游戏主要是互动式的，即猫宠主在互动过程移动玩具。成年猫通常对自嗨玩具兴趣不大。猫宠主可能还需要改变移动玩具的方式，更多关注玩具如何慢慢移动，或将玩具部分藏在地毯、毛巾或纸巾的一角底下。猫天生就会被猎物的某些行为所吸引，这些行为会激发猫的捕猎行为，如快速移动以远离它们、发出沙沙声、在类似洞穴入口的猎物藏身处伺机而动[27]。

图 4.7 有时，猫对游戏缺乏兴趣。宠主可以改变游戏方式，尝试吸引猫

（由 Page Light Studios/ Adobe Stock 提供）

可以在与猫玩耍过程中模仿这些特征，提高成年猫的反应能力，否则就很难与它们玩耍。

特殊需求的猫

鼓励缺乏游戏兴趣的猫玩耍的方法同样适用于老年猫、慢性病患猫或身体有缺陷的猫。在任何情况下，猫宠主都可以根据需要改变环境：年长的猫、残疾或患有退行性关节疾病的猫使用斜坡或台阶会更好，它们可以爬到而不是跳到高处玩耍。游戏的节奏需要放慢，让猫更容易抓到玩具。与这些猫玩耍的原则应该是"较弱的猎手，较弱的猎物"。很多猫宠主会将有特殊需求的猫的低迷反应理解为猫对游戏缺乏兴趣。相反，猫宠主应该承认，对某些猫来说，只是看着或轻轻拍打玩具就是在玩耍。

敏感的猫可能更喜欢声音较小、类似小虫子的玩具，而不是大型玩具或带铃铛或发出其他声音的玩具。它们也可能对体积小、运动幅度不大的玩具反应更灵敏。谨慎的猫还可能更喜欢在有一定遮挡的地方玩耍，如小房间、纸箱或其他能给它们提供保护的藏身之处。

对人的攻击性或粗鲁的行为

与玩耍有关的攻击行为（咬、抓、扑）可能发生在玩耍过程中，也可能发生在其他时间（如猫宠主在家中散步、睡觉或试图以其他方式与猫互动时，如抚摸猫）。对于大多数猫宠主来说，这些行为可能是不可接受的，但对于有些猫宠主来说，这些行为却是被鼓励的。

在游戏过程中，猫的捕猎行为应针对玩具。互动玩具是最理想的选择，因为它们会自然地在猫啃咬、抓挠的物体与人身体之间拉开距离。将小玩具（如毛茸茸的老鼠）握在手中，同时鼓励猫以捕猎的方式追逐玩具，可能会导致被猫不小心咬伤或抓伤。应将小玩具扔给猫，或留给猫自己（单独）玩耍。有些猫可能会追随手的动作，而不是追随绳子 / 挂绳末端的玩具；手柄较长的玩具可以避免这种情况。否则，猫宠主可能需要戴上手套或将手藏在袖子里，同时引导猫随着玩具移动。最后，尝试各种互动玩具可以让猫宠主找到猫最喜欢的玩具。他们的手可能比目前提供给猫的玩具更有吸引力。

不鼓励用手当玩具、与猫打闹或以其他方式激怒猫，从而引起猫咬人或抓人的行为。当猫年纪尚幼，啃咬和抓挠造成的伤害可能很小时，许多猫宠主可能会鼓励这种行为。但是，这种互动方式对某些猫来说是有风险的[48]。它们可能会将咬人和抓人的行为指向家中的某些人，这在有儿童、免疫力低下的成人或服用抗凝血药物的人家庭中尤其容易出现问题。

在这种情况下，预防胜过治疗，但有些猫仍然会试图啃咬或抓挠人的身体，即使猫宠主并不鼓励这些行为。猫可能会扑向猫宠主的胳膊和腿，表现出追踪、伏击或追逐猫宠主的行为。有些猫还会抗拒过早结束游戏，结束游戏后也很难让它们安静下来。针对这些问题，有些猫宠主认为应该完全停止玩耍，而不是让猫过于兴奋。然而，如果猫没有足够的渠道来发泄捕猎和游戏的欲望，游戏的缺乏可能只会增加猫的挫败感和行为问题。

游戏性或掠夺性攻击行为的预防和行为矫正

以下是一些通用指南，可能对客户处理猫的游戏性或掠夺性攻击问题有所帮助。

- **将所有游戏行为指向玩具**：所有游戏和捕猎行为都应使用玩具应对，而不是人的身体（图4.8）。
- **处理方式的一致性很重要**：家中所有成员都必须始终尊重猫的行为界限，不得用手与猫玩耍。
- **接受猫可能不想被抚摸的事实**：当猫更喜欢其他类型的互动时，猫宠主往往会想要抚摸或摆弄幼猫和成年猫。重要的是要认识到，在猫不愿

图4.8　用手与猫玩耍是导致人类引导的游戏性攻击行为的一个危险因素

（由 Photosaint/Adobe Stock 提供）

意被抚摸的情况下强行抚摸猫是一种不恰当的做法，不仅会导致猫咬人或抓人，还会使猫日后更不喜欢人类的亲近[50]。

- **限制抚摸**：玩耍期间不应抚摸猫。

- **避免追逐 / 隐藏和搜寻游戏**：虽然猫可能会对追逐游戏或粗鲁的游戏做出反应，但这可能是因为它们没有接触过其他适当的游戏类型，而只是接受了它们能接触到的互动。

- **精力是无法"压制"的**：有些猫宠主担心游戏会让猫过于亢奋，可能会完全停止游戏。然而，游戏和捕猎行为需要一个发泄出口，缺乏游戏很可能只会让问题变得更糟[51]。

- **增加使用互动玩具**：增加游戏的机会与减少攻击行为之间有一定的关系（虽然尚未经过实证检验）[47]。

- **通过垂直空间增加有氧运动**：在互动游戏中加入垂直空间（猫别墅 / 猫爬架 / 猫搁板或人类家具），鼓励猫攀爬或跳跃，可以增加游戏的"强度"。

- **结束游戏**：结束游戏时，猫宠主可以慢慢移动玩具，来降低猫的心率和兴奋程度。这样可以减少猫因沮丧而转向攻击人身体的可能性。

- **用零食结束游戏**：就像捕猎通常以进餐结束一样，游戏结束时也可以用食物来安抚猫。以食物结束游戏还能帮助猫通过经典条件反射建立对游戏结束的积极关联。

- **尽量减少对攻击行为的反应，避免引起猫的兴奋或恐惧**：如果猫在玩耍中咬人或抓人，建议避免对此做出过激的肢体反应。尖叫、大喊或快速移动可能会增加猫的捕猎性反应，或使猫做出恐惧的防御性反应[48]。

- **"暂停"**：猫会安静下来，同时也会知道自己的行为会导致被关注度下降（操作性条件反射四象限中的负惩罚）[48,50]。这样做的目的是降低猫今后咬人和抓人的可能性。猫宠主应该离开房间，而不是试图将猫转移到另一个房间"暂停"，因为如果猫的情绪被唤醒，可能会导致进一步的啃咬或抓挠。

- **体罚无济于事**：抓后颈、打屁股、拍鼻子、喷水和其他类型的惩罚都不是解决任何行为问题的适当对策。这些类型的反应（操作性条件反射四象限中的正惩罚）可能会增加恐惧和情绪反应，同时破坏人与动物的纽带。

- **分散注意力**：将猫的游戏 / 捕猎动机引向其他物体，可以防止猫对人的

身体表现出游戏 / 捕猎行为（图 4.9）。猫宠主可以随身携带小玩具（毛茸茸的老鼠、铃铛球等），并在猫在室内走动时将其抛离身体。

- **对其他行为进行差别强化（DRO）**：除了追踪或扑咬其他猫之外，对其他行为进行训练和强化，可帮助猫宠主更关注于训练猫的理想行为（如坐下、走到垫子上、瞄准目标等），从而提高猫将来表现出这些行为的可能性。
- **幼猫 / 年轻猫可能与具有相似性格的玩伴相处得最好**：一些顽皮好斗的猫，尤其是幼猫或年轻成猫，如果它们有一运动量 / 能量水平相似的朋友并且与能够良好交往，它们的行为可能会表现出明显的改善。

多猫家庭中与游戏有关的冲突

猫宠主可能很难区分猫之间的玩耍和打斗[52]。猫之间的游戏，尤其是幼猫之间的游戏，有时可能显得相当粗鲁，但通常比猫打架时更加克制。玩耍中的猫通常会被房间里的噪声或其他活动分散注意力，所以极少受伤。它们经常轮流互相追逐，打斗往往是单方面的，一只猫始终追逐另一只猫。游戏通常很安静，偶尔会发出轻微的嘶嘶声或咆哮声，而非打架，打架通常涉及尖叫、嚎叫或大叫。最重要的是，互相游戏的猫会表现出"最佳盟友"的迹象[40]，如睡在一起或在同一个房间里，互相梳理和摩擦，以及在接近对方时"竖起尾巴"[40,53]。在没有出现友好行为的情况下，攻击行为意味着猫之间存在更

图 4.9 猫宠主可以通过扔玩具来分散猫的注意力，避免它们在玩耍时扑人

（由 Scaliger/Adobe Stock 提供）

严重的问题，可能需要寻求兽医行为学家的帮助或精神药物的干预。

当猫宠主试图同时与多只猫玩耍时，也会出现问题。一只猫可能会独占互动玩具，阻止其他猫玩耍。猫宠主可能会将此理解为其他猫对玩耍不感兴趣，而不是意识到这些猫被另一只猫在玩耍过程中表现出的行为所抑制。

解决多猫家庭的游戏问题

- **玩耍还是打架？** 客户可能需要被指导如何区分玩耍和打架（图 4.10）。有时，原本友好的猫也可能会有负面互动，因此可能需要对猫之间更广泛的关系模式进行评估[52]。关于猫之间的攻击问题，请参见第 11 章"猫对其他猫的攻击性"和第 14 章"猫的家庭关系"。

- **精力不匹配：**幼猫可能会惹恼高龄猫或老年猫，尤其是当它们试图与高龄猫玩耍或不尊重高龄猫的独立空间时。幼猫可能需要额外的精神刺激和运动机会；年长的猫可能需要一个专属的庇护所 / 休息区，让它们可以避开幼猫得到休息。

- **与猫在受限空间分开玩耍：**在一只猫独占玩具的情况下，可能有必要将猫分开在家中不同的区域玩耍，并用门将它们隔开。这样可以让被另一只猫的行为抑制的猫自由玩耍。

图 4.10　有时很难区分熟悉的猫之间的打架和玩耍。肢体语言和叫声有助于分辨这两者

（由 dimitrisvetsikas1969/Pixabay 提供）

- **增加并分开资源**：在家中分隔开的区域为猫提供多种资源可以缓解共同生活的猫之间的竞争和紧张关系。

- **必要时进行管理/隔离**：客户可能需要解决猫之间的问题，方法是暂时将猫分开、按计划每天将猫分开一段时间，或为一只或多只猫提供安全空间（如使用微芯片控制的猫门）。

- **经典对抗性条件反射**：通过让猫一起吃喜欢的食物，可以在猫之间建立积极的关联。

- **对其他行为进行差别强化（DRO）**：除了追踪或扑咬其他猫之外，对其他行为进行训练和强化，可帮助猫宠主更关注于训练猫的理想行为（如安静地坐在一起），从而提高猫将来表现出这些行为的可能性。

- **必要时打断粗鲁的玩耍**：猫宠主应该监督任何看似粗鲁的玩耍；可以通过将杂志扔在地板上或将玩具扔离猫来短暂中断玩耍。但应避免使用厌恶刺激的方式，如使用喷壶。如果猫很难被分开或似乎在打架，可以在猫中间放一条毯子、大枕头或硬纸板将它们分开。猫宠主应该考虑到，接触被唤醒的猫很不安全。频繁的粗鲁玩耍，尤其是当其中一只猫不愿意接受玩耍的试探时，可能需要兽医行为学家的帮助。

- **转移注意力/预防**：与对人的游戏/捕猎行为一样，可以通过转移注意力（如将玩具从被追踪的猫身边扔过）来避免某些猫对家中其他猫做出类似行为。

总结

总之，在对猫游戏行为的研究和理解方面还存在很大的差距。作为临床兽医，重要的是要尽可能根据家猫的天然行为和捕猎为猫宠主提出建议，同时也要认识到有些建议目前可能还没有实证依据。希望未来的研究能够弥补我们的知识空白。

游戏可能会给家猫带来很多好处，包括为捕猎等物种特有行为提供了一个重要的出口。互动游戏可以加强猫与人之间的联系，对猫有抗焦虑作用，同时还能锻炼身体，有益健康。游戏也可以作为压力相关疾病治疗计划的一部分。根据对其他动物的研究和现有的猫游戏行为研究，我们可以得出结论：游戏可以改善大多数猫的福利，但不是所有猫。

客户可通过多种方式为猫提供适当的游戏，并利用游戏对宠物猫进行行为矫正。本章还讨论了就客户可能遇到的猫游戏行为问题以及向客户提供咨询的具体方法。临床兽医可通过多种方式鼓励客户为猫提供适当的游戏，包括在询问病史和行为史时询问有关游戏的问题，向客户提供教育手册，以及在诊所销售适当的互动玩具。

参考资料

1 Amat M, de la Torre, JLR, Fatjó J, et al. Potential risk factors associated with feline behaviour problems. Appl Anim Behav Sci. 2009;121:134–139.

2 Strickler BL, Shull EA. An owner survey of toys, activities, and behavior problems in indoor cats. J Vet Behav. 2014;9:207–214.

3 Rowe E, Browne W, Casey R, et al. Risk factors identified for owner-reported feline obesity at around one year of age: Dry diet and indoor lifestyle. Prev Vet Med. 2015;121:273–281.

4 Levine E, Perry P, Scarlett J, et al. Intercat aggression in households following the introduction of a new cat. Appl Anim Behav Sci. 2005;90:325–336.

5 Colliard L, Paragon BM, Lemuet B, et al. Prevalence and risk factors of obesity in an urban population of healthy cats. J Feline Med Surg. 2009;11:135–140.

6 Burghardt GM. On the origins of play. In: Smith PK, ed. Play in animals and humans. New York, NY: Basil Blackwell Inc NY; 1984:5–42.

7 Bekoff M, Beyers JA. A critical reanalysis of the ontogeny and phylogeny of mammalian social and locomotor play: An ethological hornet's nest. In: Immelmann K, Barlow GW, Petrinovich L, Main M, eds. Behavioral development. Cambridge: Cambridge University Press; 1981:296–337.

8 Darwin C. The origin of species and the descent of man. NY, NY: Modern library; 1859.

9 Martin P. The time and energy costs of play behaviour in the cat. Zeitschrift für Tierpsychologie. 1984;64:298–312.

10 Bekoff M, Byers JA. Animal play. Cambridge, UK: Cambridge University Press; 1998.

11 Caro TM. Effects of the mother, object play, and adult experience on predation in cats. Behav and Neural Biol. 1980;29:29–51.

12 Caro TM. The effects of experience on the predatory patterns of cats. Behav and Neural Biol. 1980;29:1–28.

13 Caro TM. Relations between kitten behaviour and adult predation. Zeitschrift für Tierpsychologie. 1979;51:158–168.

14 Caro TM. Predatory behaviour and social play in kittens. Behaviour. 1981;76:1–24.

15 Mendoza DL, Ramirez JM. Play in kittens (Felis domesticus) and its association with cohesion and aggression. Bull Psychon Soc. 1987;25:27–30.

16 Barrett P, Bateson PP. The development of play in cats. Behaviour. 1978;66:106–120.

17 West MJ. Exploration and play with objects in domestic kittens. Dev Psychobiol. 1977;10:53–57.

18 Biben M. Predation and predatory play behaviour of domestic cats. Anim Behav. 1979;27:81–94.

19 Delgado M, Hecht J. A review of the development and functions of cat play, with future research considerations. Appl Anim Behav Sci. 2019;214:1–17.

20 Egan J. Object-play in cats. In: Bruner JS, Jolly A, Sylva K, eds. Play: Its role in development and evolution. NY, NY: Penguin; 1976:161–165.

21 West M. Social play in the domestic cat. Am Zool. 1974;14:427–436.

22 Bateson P, Young M. Separation from the mother and the development of play in cats. Anim Behav. 1981;29:173–180.

23 Bateson P, Martin P, Young M. Effects of interrupting cat mothers' lactation with bromocriptine on the subsequent play of their kittens. Physiol Behav. 1981;27:841–845.

24 Bateson P, Mendl M, Feaver J. Play in the domestic cat is enhanced by rationing of the mother during lactation. Anim Behav. 1990;40:514–525.

25 Martin P. An experimental study of weaning in the domestic cat. Behaviour. 1986;99:221–249.

26 Hall SL, Bradshaw JWS. The influence of hunger on object play by adult domestic cats. Appl Anim Behav Sci. 1998;58:143–150.

27 Leyhausen P. Cat behaviour. New York, NY: Garland; 1979.

28 Hall SL, Bekoff M, Byers JA. Object play by adult animals. In: Bekoff & Byers, ed. Animal play. Cambridge, UK: Cambridge University Press; 1998:45–60.

29 Hall SL, Bradshaw JWS, Robinson IH. Object play in adult domestic cats: The roles of habituation and disinhibition. Appl Anim Behav Sci. 2002;79:263–271.

30 Held SDE, Špinka M. Animal play and animal welfare. Anim Behav. 2011;81:891–899.

31 Fraser AF. Feline behaviour and welfare. Oxfordshire, UK: CABI; 2012.

32 Moore AM, Bain MJ. Evaluation of the addition of in-cage hiding structures and toys and timing of administration of behavioral assessments with newly relinquished shelter cats. J Vet Behav. 2013;8:450–457.

33 Duffy DL, de Moura RTD, Serpell JA. Development and evaluation of the Fe-BARQ: A new survey instrument for measuring behavior in domestic cats (Felis s. catus). Behav Process. 2017;141:329–341.

34 Trezza V, Vanderschuren LJ. Cannabinoid and opioid modulation of social play behavior in adolescent rats: Differential behavioral mechanisms. Eur Neuropsychopharmacol. 2008;18:519–530.

35 Guszkowska M. Effects of exercise on anxiety, depression and mood. Psychiatria Polska. 2004;38:611–620.

36 Haug LI. Canine aggression toward unfamiliar people and dogs. Vet Clin North Am: Small Anim Pract. 2008;38:1023–1041.

37 Klein ZA, Padow VA, Romeo RD. The effects of stress on play and home cage behaviors in adolescent male rats. Dev Psychobiol. 2010;52:62–70.

38 Westropp JL, Delgado M, Buffington CAT. Chronic lower urinary tract signs in cats: Current understanding of pathophysiology and management. Vet Clin: Small Anim Pract. 2019;49:187–209.

39 Heath SE. Behaviour problems and welfare. In: Rochlitz I ed. The welfare of cats. The Netherlands: Springer Dordrecht; 2007:91–118.

40 Crowell-Davis SL, Curtis TM, Knowles RJ. Social organization in the cat: A modern understanding. J Feline Med Surg. 2004;6:19–28.

41 Shyan-Norwalt MR. Caregiver perceptions of what indoor cats do "for fun". J Appl Anim Welf Sci. 2005;8:199–209.

42 Beaver BV. Feline behavior. St Louis, MO: Elsevier Health Sciences; 2003.

43 Dickman CR, Newsome TM. Individual hunting behaviour and prey specialisation in the house cat Felis catus: Implications for conservation and management. Appl Anim Behav Sci. 2015;173:76–87.

44 Ellis SLH, Wells DL. The influence of visual stimulation on the behaviour of cats housed in a rescue shelter. Appl Anim Behav Sci. 2008;113:166–174.

45 Luescher UA, McKeown DB, Halip J. Stereotypic or obsessive-compulsive disorders in dogs and cats. Vet Clin North Am: Small Anim Pract. 1991;21:401–413.

46 Bol S, Caspers J, Buckingham L, et al. Responsiveness of cats (Felidae) to silver vine (Actinidia polygama), Tatarian honeysuckle (Lonicera tatarica), valerian (Valeriana officinalis) and catnip (Nepeta cataria). BMC Vet Res. 2017;13:70.

47 Ellis SL, Rodan I, Carney HC, et al. AAFP and ISFM feline environmental needs guidelines. J Feline Med Surg. 2013;15:219–230.

48 Rodan I, Heath S. Feline behavioral health and welfare. St Louis, MO: Elsevier Health Sciences; 2015.

49 Dantas LM, Delgado MM, Johnson I, et al. Food puzzles for cats: Feeding for physical and emotional wellbeing. J Feline Med Surg. 2016;18:723–732.

50 Overall K. Manual of clinical behavioral medicine for dogs and cats. St Louis, MO: Elsevier Health Sciences; 2013.

51 Hetts S. Pet behavior protocols: What to say, what to do, when to refer. Lakewood, CO: AAHA press; 1999.

52 Elzerman AL, DePorter TL, Beck A, et al. Conflict and affiliative behavior frequency between cats in multi-cat households: A survey-based study. J Feline Med Surg. 2019. doi: 10.1177/1098612X19877988.

53 Cafazzo S, Natoli E. The social function of tail up in the domestic cat (Felis silvestris catus). Behav Process. 2009;80:60–66.

第5章 猫的采食行为

Katherine Albro Houpt VMD PhD

概述

喂猫通常是宠主和猫者共同的愉悦体验。本章深入探讨了猫正常采食的原因和方式，以及肥胖、异食癖、采食过量和厌食的临床问题。

了解采食的生理控制

早期的一些关于控制食物摄入量的实验是在猫身上进行的。下丘脑外侧发生病变的猫会停止进食，而下丘脑腹内侧发生病变的猫则变得肥胖。众所周知，猫的大脑中并没有特定的采食"中枢"，而是神经递质和身体信号之间

正常行为

许多猫都会根据运动量来调节食物摄入量。它们通常遵循游戏 / 运动—吃一小顿—睡觉 / 休息的循环。对于野猫或自由采食的猫来说，每天进食 8 ～ 20 次。

猫喜欢独自进食。

正常但不可接受的行为

由于猫昼夜不停地采食，有些猫养成了在夜间或清晨叫醒宠主喂食的习惯。虽然这是猫正常采食程序的一部分，但宠主可能会不太高兴。

猫对宠主提供的不同种类的食物不感兴趣会造成一些紧张气氛，并给猫贴上"挑食"的标签，其实这只是猫对新食物种类的典型抵触情绪。

如果它们会骚扰其他宠物或野生动物，宠主可能不能接受猫的捕猎行为。

异常但通常可接受的行为

无论是自由采食还是定时定量，摄入量都超过了维持能量的猫容易肥胖。

多只猫共用一只猫碗会造成竞争，竞争力弱的猫获得的食物资源较少。

宠主可能会忽略异食癖，除非它造成猫出现梗阻。

有些猫会表现出暴食的迹象——经常感到饥饿。他们可能会偷食物，或者对找到的食物有攻击性保护。通常情况下，在猫生命中的某个阶段曾有食物匮乏的经历。

肥胖是室内猫的常见问题，会导致许多健康问题。直到这些健康问题出现并且必须要解决之前，宠主都可以接受猫的肥胖。

复杂的相互作用，从而导致饥饿或饱腹感。

影响猫采食的因素有很多。抑制猫采食的葡萄糖受体似乎存在于肝脏中[1]。胃部因素，尤其是胃充盈可以抑制采食，胃饥饿素则可刺激采食。肠道内的变化，如渗透压升高和释放胆囊收缩素（CCK）、胆囊收缩素 - 胰酶肽（cholecystokin-pancreozymin），以及与 CCK 有关的一种肽——铃蟾肽（bombesin），会抑制猫的采食量[2-3]，这是因为它们会对大脑神经肽产生影响。所涉及的神经肽包括刺激采食的 NPY（神经肽 Y）、AGRP（刺鼠相关肽）、食欲素（下丘脑分泌素）和 MCH（黑素浓集激素），以及抑制采食的 α 促黑素细胞激素（MSH）、促肾上腺皮质激素释放激素（CRH）、促甲状腺激素释放激素（TRH）、可卡因和苯丙胺调节转录物（CART），以及白细胞介素 -1[4]。瘦素是脂肪细胞释放的一种激素，它通过上述系统作用于大脑，减少食物摄入量。

苏黎世大学有一群有肥胖的遗传倾向的猫。基因分型分析发现了 D3 染色体中含有黑素皮质激素受体 4（MC4R）和神经肽 Y 受体 1（NPY1R）区域的标记物。肥胖是由于像幼猫一样摄入了更多的能量造成的，而不是消耗了更少的能量[5]。

目前还没有关于温度对猫食物摄入量影响的完整研究，但一项研究表明，影响猫食物摄入的是寒冷的环境温度，而不是大脑或体温的变化。这项早期研究发现，喝牛奶的猫不仅会使大脑温度下降，而且还会停止采食[6]。如果大脑温度是影响采食的因素，人们则会认为随着大脑温度下降，猫会吃得更多。

生殖激素会影响体重。绝育和去势的猫的代谢率较低[7]，如果猫一直吃它喜爱的食物，而又不运动，就会导致肥胖。

体重控制

决定猫体重的最重要的因素是周期性的。猫在几个月内可以发生周期性减重和增重[8-10]。夏季的食物摄入量最低（6—8 月），在秋末和冬季的食物摄入量最大（10 月至来年 2 月）。春季（3—5 月）和初秋（9 月）的食物摄入量居中。因此，人们很难证明猫对体重的控制能力。有两项研究表明，当它们的食物被稀释时，猫吃得不多，因此体重减轻了[11-12]。在这两项研究中，日常干粮用干稀释剂（高岭土或纤维素）稀释。实际上，猫的摄入量比吃未稀释食物要少，这表明食物不可口。相反，当猫的食物被水稀释后，它们会通过增加摄入量来补充，并保持恒定的热量摄入[13]。因为用水稀释后，猫能摄入更多的食物，所以它们的饮水量也增加了。在有临床指征的情况下，如患有尿路结石或高钠血症的猫，可以使用含水猫粮来增加水的摄入量[14]。

猫会数数吗？

猫对非食物和食物都有计算能力。猫会选择 3 只老鼠而不是 1 只老鼠作为食物[15-17]。猫也可以区分数量[18]。猫的饱腹感不是通过消耗的能量来体现的。即使不饿，猫也会吃更多喜欢的食物，除非饿了，否则猫不会吃自己不喜欢的食物[19]。

猫也会表现出反叛行为，因为它们会选择较少的食物而不是较丰富的食物，据推测，这种进化而来的行为是为了增强它们获得所有必要营养的能力[20]。当猫在丰富的食物和少量的食物之间进行选择时，猫会选择更少的那个，即使这两种食物都是干粮。因为猫的猎物通常是小型啮齿类动物，它们每天少食多餐，即使食物可以自由供应，这种模式也会持续存在。

猫学会了避免吃那些会导致它们生病的食物[21]。这种能力被称为味觉厌恶，这可能是兽医发现诱哄患猫吃东西困难的原因。

唤醒宠主

有些猫的行为问题严重，如随地便溺和攻击人，但即使是不太严重的行为问题，依旧威胁着猫与人之间的关系。清晨吵醒宠主是猫最常见的轻度行为问题。如果猫可以进入卧室，它可能会用爪子抓宠主、舔宠主的头发，或者打翻梳妆台或床头柜上的东西。如果猫被禁止进入卧室，它们可能会抓门，或者最常见的是在门外"喵喵"叫。有些宠主会在卧室门外放一个喷壶，如果猫靠近就惩罚它。这通常只会让猫在离卧室门更远的地方"喵喵"叫。在解决任何行为问题时，最好先确定猫的动机。在大多数猫清晨唤醒宠主的案例中，都是饥饿引起的。野外的猫是昼伏夜出的动物，因此猫可能会在太阳即将升起时开始一天的活动，而在北纬地区的夏季，太阳升起的时间可能会很早。这种夜间"喵喵"叫应与患有认知功能障碍的老年猫的过度叫唤区分开来[22]。在睡前喂猫一顿大餐，让猫在宠主醒来之前是饱腹状态应该会有帮助。最后一餐后与猫玩耍（猫采食后很可能想玩耍），也有助于猫在夜间休息。这种餐后游戏似乎与它们捕食猎物的行为相似。猫会多次捕捉并释放猎物，甚至在猎物死后还会将其抛向空中并扑向猎物[23]。

对大多数宠主来说，有效的解决方案是提供一个自动喂食器，这样猫只有在 4 点后才能获得食物。理想状态下，猫会去厨房叫唤并试图通过叫声来"唤醒"自动喂食器。

采食过量

尽管肥胖猫的主人可能会说猫经常会感到饥饿，但经常感到饥饿的猫其实很少见。这些暴食的猫会四处寻找食物——从人类的盘子里偷食物，打开包装袋，甚至从热煎锅里捞培根。其中一些猫会在吃东西的时候低吼，并赶走任何其他试图接近食物的猫（甚至是人类）。详尽的生活史中可能会记录着，这些猫在生命的某个阶段营养不良——通常是幼年时期，或者出现其他极端饥饿的情况，如当一只猫被遗弃在家中，或者猫的数量很多但是食物很少。调整这些猫行为最简单的方法是让它们可以自由采食。逐渐增加碗里的猫粮，并提供高纤维饮食，以减少肥胖的风险。漏食玩具可以让猫在获得食物的同时进行学习[24]。可以利用特定的 5- 羟色胺再摄取抑制剂（specific serotonin reuptake inhibitors，SSRI）厌食的副作用，来降低贪食猫的食欲。

猫采食的时间

当猫可以自由采食时，它们每天会吃很多餐（12 顿），但与犬不同的是，猫在白天和黑夜都会采食[25]。有人可能会争辩说，这种采食模式不符合自然规律，但猫每餐摄入的热量大约只有一只老鼠所含的热量[26]。一只捕猎技巧高超的野猫每天可以轻松捕获 12 只小鼠（或 3 只大鼠）[27]。大多数宠主每天提供两餐。自由采食是让猫一天吃很多餐，但如果猫很肥胖，这种方式并不可取（见下文）。商品化的喂食玩具可以让猫"猎取"食物。一个非常简单但清理麻烦的办法是在房间里撒上猫粮，让猫寻找。一种被称为捕猎喂食器（无碗®）的商品化喂食器，由 6 只身体中空的塑料老鼠组成，里面可以放入猫粮。然后将老鼠藏在房间周围，猫将不得不消耗热量去寻找这些老鼠，并且消耗更多的热量吃到塑料老鼠中的猫粮（图 5.1、视频 5.1）。

猫采食的地点

大多数猫的饲喂地点都是厨房，因为靠近碗、开罐器和冰箱。在多猫家庭中这样的饲喂食地点会对弱势的猫采食造成影响。猫很少像犬那样争夺食

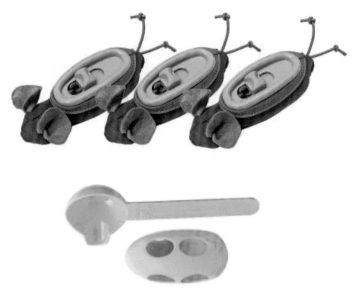

图 5.1　**捕猎喂食器（无碗）**®

（引自 https://docandphoebe.com/）

物，它们在自然环境中通常会独自进食。我们应该让猫在不同的房间或不同的高度（地板、桌子、架子）采食，让所有的猫都可以在没有紧张或焦虑的环境中采食。

碗的位置

几年前，有胃胀气风险的犬宠主被说服为它们购买可升高的喂食架，以预防这种疾病。这是无效的，事实上，这样的喂养方式反而成为引发犬胃胀气的一个危险因素。最近，人们又开始宣传给猫使用增高喂食碗，以防止猫的背部疼痛。因为在自然环境下猫会趴着吃掉猎物。宠主应该提供不妨碍猫触须的碗，浅口碟就很好用，盘子和碗的表面是干净的似乎也很重要。

确定猫的食物偏好：适口性

适口性是指采食时短暂的主观的口感舒适度。猫挑剔是出了名的。这反映出适口性对猫的食物摄入量有很大影响。猫有一个显著的特点：因为甜味受体基因的缺失，它们不像大多数动物那样偏爱蔗糖[28-29]。猫对糖水溶液中的蔗糖没有偏好，但它们确实更喜欢盐溶液中的蔗糖[30]。大多数猫宠主都意识到，猫认为冰激凌或南瓜派等脂肪性甜食非常美味。猫不会吃含有中链甘油三酯或氢化椰子油的食物 [31]。这可能是因为它们会在口腔里将甘油三酯分解为脂肪酸（猫拥有舌脂肪酶），而且猫对苦味特别敏感，哪怕仅仅是 0.1% 或 0.000 005 mol/L 的奎宁。氨基酸味觉单位对氯化钠（NaCl）敏感，但对盐的阈值比其他物种高得多（> 0.05 mol/L）。这也许解释了为什么即使在钠缺乏的情况下，猫对盐也没有特别的"饥饿感" [32]。作为食肉动物，在自然情况下不太可能发生钠缺乏症 [33]。

猫更喜欢鱼而不是肉，也更喜欢新奇的饮食而不是熟悉的饮食 [25]。猫粮制造商无疑利用了猫的这两种偏好。如果新的食物不是原本就比熟悉的食物更美味，猫在几天后就会开始选择食用熟悉的食物。相比兔肉味，猫更喜欢鱼肉味，但不管味道如何，这两种口味都优于橘子味，猫会选择蛋白质和脂肪比例为 70 ∶ 30 的食物 [34]。猫似乎更喜欢金枪鱼而不是牛肉的味道，并且会在操作性条件反射的训练过程中更加努力地获得它 [35]。还必须记住，日粮的制造过程比味道更能影响偏好顺序 [36]。

生活经历可能会改变猫对新食物的选择。农场猫不吃难以下咽的干粮，而宠物猫则不吃生牛肉 [37]。猫粮生产商对确定猫的食物偏好特别感兴趣。他们使用两种不同的方法：多种选择偏好测试和单选择喜好测试（在预设时间的单选择测试中测量食物消耗量）[38]。偏好取决于食物的香气、味道、温度、质地和稠度。干粮颗粒的形状——星形、立方体或球形，也可能很重要。喷雾干燥血浆、酵母产品、氯化胆碱和水解蛋白是猫饲粮中常用的提高适口性的食品添加剂。

外观、香气、质地和味道是决定猫粮可接受性的重要感官指标。有时人类会评估猫可能会喜欢哪些食物。人类的感官分析可以包括对感官属性的描述 [39]。更直接的测试可以评估宠主的接受度或偏好，以及通过问卷调查评估与食物或态度相关的测试。对宠物的分析通常集中在宠物的选择、食物消耗量或者是宠物的行为特征上，以及研究猫在进食前、进食期间和进食后的情况。

仪器分析，如气相色谱法、质谱法、高压液相色谱法、电子鼻和电子舌，测量挥发性化合物、酸、糖、多肽和蛋白质分析，以及仪器纹理分析可用于帮助感官研究。

感官分析的方法主要有两种类型：分析（描述和辨别）和摄入（接受、偏好、采食量和定性测试）。宠物食品的外观、香气、味道和质地可以通过人类感观和仪器来描述，而偏好或采食量可以通过动物或人类来测量。

总的来说，当评估一种食物时，宠物或宠主会对食物进行大量的特征评估：颜色或亮度、颗粒大小均匀性、油性、大小、表面粗糙度或外观光滑度；焦度、疏松度、焦糖风味、鸡肉、烹饪度、鱼、谷物、肝、肉、金属元素、蛋氨酸、内脏、氧化油或色素、对虾、刺激性、酸败或氧化、大豆、香料、蔬菜、维生素，以及苦、咸、酸、甜的气味和味道；黏度、坚实度、易碎性或脆性、砂砾度和硬度的质地属性。其他属性包括食物的黏结性、咀嚼性、纤维性、颗粒性、初始脆度、口腔触感、油性口感、粗糙度、粉状、弹性和黏度。还有加工的影响，如挤压和烘焙、包装、原料影响，以及感官特性的模式化。颗粒的形状和大小也是适口性的重要因素。

偏好意味着要在样本食物之间做出选择，这通常是通过双碗试验来进行的。双碗试验包括先嗅闻或品尝哪个样本，反映嗅觉感知和吸引力；食物消耗的数量；食物消耗的比例（A/B）；食物摄入量的百分比［A/（A+B）］；以及偏好比率（食物 A 消耗的数量占食物分配的总量）[38]。双碗试验通常在猫舍或实验室中进行，而单碗试验则更适合宠物猫在家庭环境中进行。还应考虑其他环境因素，如居住条件、家中人口数量和年龄、家中其他宠物等。

猫认为中链脂肪酸口味差[30]。Nijland 等（2009）的研究表明了食物质地的重要性[40]。这些作者发现，膨化后，含有蔬菜成分的日粮会变得更适口。

当考虑食物的主要类别时，应了解到猫是恐惧新事物的动物。如果一只猫一生中大部分时间只吃干粮，它可能就不吃罐头食品，反之亦然。这就是所谓的优先效应。猫吃干粮的时间越长，就越不愿意吃罐头食品[41]。幼猫的宠主应确保同时为幼猫提供罐头和干粮，以防止猫日后拒食。对新奇食物的偏好仅限于类似的食物——各种口味的猫罐头。显然，优先效应和新奇效应是不相容的，但两者都可以通过不同的先天味觉表现出来[35,42]。

观察猫的行为可以了解适口性。猫对不想吃的食物的反应可能是刨地板，好像要把它埋起来。猫在遇到不适口的食物后会舔鼻子，但在吃到适口的食物后会梳理脸部（舔爪子后梳理耳朵）[43]。猫在嗅闻适口性好的食物时花费的时间较少，但并不会更快地吃掉食物[44]。猫可以通过其行为影响采食时间、数量和食物种类[45]。

让猫服药是很困难的。一种方法是将药物"藏"在食物中。我们对猫在家吃三种食物其中一种时的行为进行了录像，这三种食物分别是：喜欢的食物

（FF）、无味食物（NFF）和含有小药片的有味食物（TFF）。有五种行为模式
将 FF 与 NFF 区分开来："向后背耳朵""舔鼻子，不吃""甩尾巴""舔嘴唇"
和"梳理身体"。"舔鼻子，不吃""梳理身体"在 NFF 中的频率更高，而在
FF 中，"舔嘴唇"的频率更高。有一个指标，即"食物掉落"，在 TFF 中比在
FF 中更频繁[46]（图 5.2 中猫的面部表情）。

图 5.2　猫在进食时的面部表情。从视频剪辑中捕获的静止图像中的 8 个行为
指标的例子。（a，b）"向后甩耳朵"，包括从（a）位置到（b）位置的快速移动。
（c）"舔鼻子"。（d）"食物掉落"，猫把食物和 / 或藏在里面的小药片从嘴里吐
出来。（e）"呕嘴"，这种行为模式包括在嘴巴部分张开的情况下"呃"舌头，
同时伴随着嘴巴的快速运动，而不是咀嚼。（f）"舔嘴唇"。（g）"甩头"。（h）"甩
尾巴"，这种行为模式包括快速、大范围地将尾巴侧向移动。（i）"梳理身体"

[转载自 Savolainen, S., Telkanranta, H.,Junnila, J., Hautala, J.,Airaksinen, S., Juppo, A., Raekallio,
M., Vainio, O., 2016. A novel set of behavioralindicators for measuringperception of food by cats. Vet J.
216, 53 –58. Reproduced from Savolainen et al.,（2016）,ELSEVIER. https://docandphoebe.com/]

捕猎

猫最初被驯化可能是因为它们的捕猎能力；它们可以保持谷仓周边没有啮齿动物，但这种行为可能非常不受欢迎。真正的野猫（野猫亚种）比野化的家猫（东亚猫）要大，前者可能偶尔会猎食后者，但两者都主要吃田鼠和其他小型啮齿动物。野化的家猫的饮食比野猫亚种更多样化，因为它们也会吃家庭食物[47]。

猫的捕食范围比最初认为的要大得多，因为早期的研究依赖于猫把猎物带回家。更新的技术，如在猫的项圈上安装摄像机，已经使评估变得更加准确。只有20%的猎物被带回家；其他猎物被吃掉，或只是留在捕杀地点。一般来说，猫主要捕杀啮齿动物，只有25%的被捕杀动物是鸟类。猫捕猎时，它们通常会走到一个地点，可能是沿着老鼠的尿液痕迹，等到老鼠出现，然后突袭。追踪时，猫会在猛扑过去之前停下来，老鼠不会注意到它后面的猫，但是鸟的视野更宽，看到猫就飞走了。这就是为什么猫试图抓鸟的次数是啮齿动物的3倍。在美国，猫每年杀死24亿只鸟和123亿只啮齿动物[48]。猫的捕猎是一个问题，特别是在澳大利亚和一些岛屿等猫不常见的地方，地面筑巢的鸟类特别容易成为猫猎物的岛屿上。野猫比家养猫对野生生物的影响更大，所以为这些猫提供食物将有助于降低它们的捕猎概率。

有几种方法可以减少家养猫的捕猎。给猫戴一个铃铛不是很有效，但在猫的项圈上系几个铃铛或给猫戴脖圈可以抑制猫的捕猎和杀戮能力。至少在猫的猎物活动的时候将猫留在室内是有效的。在同一个笼子里与老鼠一起饲养的幼猫不会杀死老鼠[49]，但很难以这种方式让一只幼猫接触到多种猎物。

肥胖

猫肥胖在上一个时代时还很罕见，当时大多数的猫被允许在户外活动，猫粮也不那么美味。猫的肥胖率从1972年的6% ~ 12%[50]增加到1994年的25%[33]再到2019年的40%[51]。因此，人们对那些使猫面临肥胖风险的因素产生了浓厚兴趣。据统计，与猫的肥胖相关的因素包括室内生活、饲喂处方粮或干粮，以及绝育[52-54]。雄性、15周龄左右的体重、出生在光照时间增加时期与9岁时的超重显著相关[55]。

绝育是一个风险因素，因为在绝育后，雄性猫和雌性猫的代谢率都会下降，应该警告宠主，这是仔细监测猫体重的关键时刻[7,52,56]。动物将需要更少的食物来满足其能量需求。

宠主的因素与猫的肥胖相关。Nijland 等（2009）[40] 研究了荷兰超重的犬和猫，并试图确定动物的肥胖是否与宠主的肥胖有关。这些作者发现，超重的犬很可能有超重的宠主。然而，这种联系在猫身上并没有得到证实。这可能取决于宠主的年龄，Heuberger 等进行的另一项研究（2011）[57] 确定，老年人的猫比年轻宠主的猫更有可能超重。

人类的个性特征包括：开放性、责任心、外向性、亲和性、神经质。性格随和的猫宠主对自己的猫的满意度较高，而且宠主报告自己的猫体重正常的可能性更大。猫宠主神经质与猫超重有关[58]。另一项研究发现，责任心能降低猫肥胖的风险，但令人惊讶的是，放纵也能降低猫肥胖的风险[51]。

解决猫的肥胖问题似乎很容易，少喂猫吃就行了。但兽医们发现很难说服宠主这样做。宠主们担心猫会不再喜欢他们，或者觉得在多猫家庭照顾一只肥猫太难了。不同肥胖程度的猫应在不同的地方饲喂。如较瘦的猫可以在笼子里或通过猫门自由选择食物，门的开口较小，肥胖的猫无法通过（图 5.3、视频 5.2）。在其他情况下，给一个高高的架子上体重较轻的猫喂食可以防止肥胖猫进入。人们甚至可以使用电子芯片，只有在项圈上佩戴合适芯片的猫才能打开门。

图 5.3　饲喂笼。小的开口可以让苗条的猫进入，但肥胖的猫无法进入。小型犬也会被阻止进入

　　市场上有几种控制体重的日粮，如果宠主能设置正确的喂食量，这些日粮可能会有效。当只喂食适量的食物时，肥胖猫可通过维持原有饮食和更换高纤维饮食减轻体重。为宠主提供一个 1/3 量杯可以帮助猫减肥。在同一项研究中，宠主报告说，限制饮食的猫显得更富有感情。他们显然把越来越多的"喵喵"声和磨蹭理解为喜爱，而不是痛苦[59]。早期的一项研究发现，给猫宠主提供单独包装的食物可以让肥胖的猫减轻更多重量，但提供量杯的则不会。

　　室内生活是肥胖的一个风险因素，但是户外生活会给猫带来更多的危险。这些危险包括被车撞到、被野生捕食者或犬袭击、被别的猫传染疾病或者和别的猫打架。我们可以做出一些妥协。其中一种方法是在晚上把猫关在室内。这也可以减少猫对夜间出现的野生动物的捕食，这种方法在澳大利亚被用来帮助拯救有袋动物，它们是没有进化出反捕食能力的动物，因为在人类登陆之前它们没有捕食者。只要围栏的顶部向内弯曲，猫就可以被关在围栏里，这样就可以防止猫爬上围栏逃跑。Purrfect® 围栏就是这种围栏的一个例子，也可以用铁丝网建造一个防猫的围栏。围栏上的鸟网是必要的，既能把猫关在里面，又能把鸟挡在外面。这种围栏的通用术语是"猫露台"（catio）。里面生长的植物可以帮助解决猫的异食癖问题（图 5.4、视频 5.3）。

图 5.4　自制猫围栏。猫通过隧道离开房子

另一种解决方案是电子围栏。使用电子围栏是有争议的，在这种围栏中，如果动物超过了发出警告声的警报线，它将受到电击。Kasbaoui 等[60]（2016）发现，让宠主们放心的是被这些"隐形"围栏约束的猫并没有生理压力。当然，电子围栏并不能阻止其他动物进入并攻击原住猫，一些猎物也可能会在围栏内徘徊。

异食癖

异食癖的定义是食用非食用物品。当对猫行为问题的诊断进行分析时，只有 4% 的猫存在异食癖问题，而最常见的诊断是不恰当排泄和攻击行为[61]。尽管异食癖罕见，但因为它可能会危及生命，所以能够诊断和治疗很重要。异食癖患猫主要有两种类型。一种是主要吃织物或优先吃羊毛的猫，另一种是吃塑料或木材等其他物品的猫。前者最常见于暹罗猫。这种行为通常被称为吮吸羊毛，一些猫可能吮吸织物，但大多数猫歪着头用臼齿咀嚼织物，这些猫表现出对针织物品的偏好，当找不到这些东西时，它们就会咀嚼羊毛衣服、棉质毛巾，甚至是室内装饰品。鞋子、鞋带、绳子和线也可能被吃掉。暹罗猫的繁育者试图通过将幼猫断奶推迟到 12 周龄来防止吮吸羊毛。断奶过早、产仔少和波斯猫吮吸羊毛相关，但和暹罗猫无关[62]（图 5.5、视频 5.4）。许多猫会咀嚼照片或硬纸板，但这些行为很少会导致梗阻或其他疾病（视频 5.4）。

异食癖危及生命的原因是猫吃下了难以消化的物品可能会出现梗阻，需要手术。不幸的是，同一只猫可能会再次出现梗阻，而且治疗成本可能超出了宠主的负担能力。推荐使用高剂量 SSRI 治疗，但成功率很低。接触草地是很有帮助的（图 5.6）。一些犬的异食癖病例与上消化道疾病有关，但猫的情况似乎并非如此。降低异食癖风险的管理方法是自由采食[63]。相比梗阻，肥胖对这些猫的健康风险要小得多。

厌食

厌食是许多猫科疾病的先兆之一，特别是在肾衰竭和肿瘤病例中[64]。肿瘤坏死因子是肿瘤生成的产物之一，会降低食欲。厌食的治疗很困难，但应该鼓励宠主提供美味的食物，如鸡肉和金枪鱼。肾病患猫的最佳饮食（低蛋白质）和实际上猫接受的食物之间经常会有冲突。宠物食品制造商已经通过提高产品的适口性来应对这个问题，但如果，即便提供了最美味的肾脏处方

图 5.5　在喜欢咀嚼羊毛的暹罗猫身边过夜后的毛衣

图 5.6　吃草

食品，猫还是不吃，那么就应该提供一种猫会吃的食物。

如果有喜欢的肉类但无法获得（密封罐内的金枪鱼），猫可能会改变它们的食物选择，它们会选择最靠近密封罐的食物。"幻想"食物的存在影响了它们的选择[65]。这可以用来引诱猫吃健康的饮食，因为不健康但美味的饮食在它附近。

米氮平可用于刺激食欲，并可制成透皮制剂使用。它的作用方式是拮抗中枢突触前 α_2 受体，抑制去甲肾上腺素释放。阻断这些受体会导致更多的去甲肾上腺素的释放，从而增加食欲[66]。另一种猫食欲兴奋剂卡莫瑞林已经被开发出来，它是一种选择性生长素释放肽激动剂[67]。

致谢

作者要感谢 Charles Houp 提供的大部分图片和视频。

参考资料

1 Russek M, Morgane PJ. Anorexic effect of intraperitoneal glucose in the hypothalamic hyperphagic cat. Nature. 1963;199:1004–1005.

2 Bado A, Rodriguez M, Lewin J, Martinez J, Dubrasquet M. Cholecystokinin suppresses food intake in cats: Structure-activity characterization. Pharmacol Biochem Behav. 1988;31:297–303.

3 Bado A, Lewin MJ, Dubrasquet M. Effects of bombesin on food intake and gastric acid secretion in cats. Am J Physiol. 1989;256:R181–R186.

4 Swartz MW, Woods SC, Porte D, Seeley RJ, Baskin DG. Central nervous system control of food intake. Nature. 2000;404:661–671.

5 Ghielmetti V, Wichert B, Rüegg S, Frey D, Liesegang A. Food intake and energy expenditure in growing cats with and without a predisposition to overweight. J Anim Physiol Anim Nutr. 2018;102:1401–1410. doi:10.1111/jpn.12928.

6 Adams T. Hypothalamic temperature in the cat during feeding and sleep. Science. 1963;139:609–610.

7 Root MV, Johnston SD, Olson PN. Effect of prepuberal and postpuberal gonadectomy on heat production measured by indirect calorimetry in male and female domestic cats. Am J Vet Res. 1996;57:371–37.

8 Randall W, Swenson R, Parsons V, Elbin J, Trulson M. The influence of seasonal changes in light on hormones in normal cats and in cats with lesions of the superior colliculi and pretectum. J Interdiscip Cycle Res. 1975;6:253–266.

9 Kappen KL, Garner LM, Kerr KR, Swanson KS. Effects of photoperiod on food intake, activity and metabolic rate in adult neutered male cats. J Anim Physiol Anim Nutr. 2014;98:958–967. doi:10.1111/jpn.12147.

10 Serisier S, Feugier A, Delmotte S, Biourge V, German AJ. Seasonal variation in the voluntary food intake of domesticated cats (Felis Catus). PLoS ONE. 2014;9(4):e96071. doi:10.1371/journal. pone.0096071.

11 Hirsch E, Dubose C, Jacobs HL. Dietary control of food intake in cats. Physiol Behav. 1978;20:287–295.

12 Kanarek RB. Availability and caloric density of the diet as determinants of meal patterns in cats. Physiol Behav. 1975;15:611–618.

13 Castonguay TW. Dietary dilution and intake in the cat. Physiol Behav. 1981;27:547–549.

14 Carver DS, Waterhouse HN. The variation in the water consumption of cats. Proc Anim Care Panel. 1962;12:267–270.

15 Uller C, Jaeger R, Guidry G, Martin C, Chacha J, Szenczi P, González D, et al. Revisiting more or less: Influence of numerosity and size on potential prey choice in the domestic cat. Anim

Cogn. 2003;19:879–888. doi:10.1007/s10071-020-01351-w.

16 Bánszegi O, Urrutia A, Szenczi P, Hudson R. More or less: Spontaneous quantity discrimination in the domestic cat. Anim Cogn. 2016;19:879–888. doi:10.1007/s10071-016-0985-2.

17 Chacha J, Szenczi P, González D., et al. Revisiting more or less: Influence of numerosity and size on potential prey choice in the domestic cat. Anim Cogn. 2020. doi:10.1007/s10071-020-01351-w.

18 Pisa PE, Agrillo C. Quantity discrimination in felines: A preliminary investigation of the domestic cat (Felis silvestris catus). J Ethol. 2009;27:289–293. doi:10.1007/s10164-008-0121-0.

19 Van den Bos R, Meijer MK, Spruijt BM Taste reactivity patterns in domestic cats (Felis silvestris catus). Appl Anim Behav Sci. 2000;69:149–168.

20 Church SC, Allen JA, Bradshaw JWS. Anti-apostatic food selection by the domestic cat. Anim Behav. 1994;48:747–749.

21 Fox RA, Corcoran M, Kenneth R, Brizzee KR. Conditioned taste aversion and motion sickness in cats and squirrel monkeys. Can J Physiol Pharm. 1990;68(2):269–278. doi:10.1139/y90-041.

22 Horwitz DF, Neilson JC. Blackwell's five-minute veterinary consult clinical companion: Canine and feline behavior. Oxford, UK: Blackwell Publishing; 2007.

23 Leyhausen P. Cat behaviour. New York, NY: Garland STPM Press; 1979.

24 Dantas L, Delgado MM, Johnson M, Buffington CA. Food puzzles for cats: Feeding for physical and emotional wellbeing. J Fel Med Surg. 2016;18:723–732. doi:10.1177/1098612X16643753.

25 Mugford RA. External influences on the feeding of carnivores. In: Kare MR, Maller O, eds. The chemical senses and nutrition. New York, NY: Academic Press; 1977:25–50.

26 Fitzgerald M, Turner DC. Hunting behavior of domestic cats and their impact on prey populations. In: Turner DC, Bateson P, eds. The domestic cat: The biology of its behaviour, 2nd ed. Cambridge, UK: Cambridge University Press; 2000:151–176.

27 Turner DC, Bateson P. The domestic cat. The biology of its behaviour. New York, NY: Cambridge University Press; 1988.

28 Li X, Li W, Wang H, Cao J, Maehashi K, Huang L, Bachmanov AA, Reed DR, Legrand-Defretin V, Beauchamp GK, Brand JG. Pseudogenization of a sweet-receptor gene accounts for cats' indifference toward sugar. PLoS ONE. 2005;1(1):e3.

29 Beauchamp GK, Maller O, Rogers JG. Flavor preferences in cats (Felis catus and Panthera sp.). J Comp Physiol Psychol. 1977;91:1118–1127. doi:10.1037/h0077380.

30 Bartoshuk LM, Harned MA, Parks LH. Taste of water in the cat: Effects on sucrose preference. Science. 1971;171:699–701.

31 MacDonald ML, Rogers QR, Morris JG. Aversion of the cat to dietary medium-chain triglycerides and caprylic acid. Physiol Behav. 1985;35(3):371–375.

32 Yu S, Rogers Q, Morris JG. Absence of a salt (NaCl) preference or appetite in sodium-replete or depleted Kittens. Appetite. 1997;29:1–10. doi:10.1006/appe.1996.0088.

33 Bradshaw JWS, Goodwin D, Legrand-Defrétin V, Nott HMR. Food selection by the domestic cat, an obligate carnivore. Comp Biochem Physiol Part A: Physiol. 1996;114(3):205–209. doi:10.1016/0300-9629(95)02133-7.

34 Hewson-Hughes AK, Colyer A, Simpson SJ, Raubenheimer D. Balancing macronutrient intake in a mammalian carnivore: Disentangling the influences of flavour and nutrition. R Soc Open Sci. 2016;3. doi:10.1098/rsos.160081.

35 Stasiak M. The effect of early specific feeding on food conditioning in cats. Dev Psychobiol. 2001;39:207–215. doi:10.1002/dev.1046.

36 Hullar I, Fekete S, Andrasofszky E, Szocs Z, Berkenyi T. Factors influencing the food preference of cats. J Anim Physiol Anim Nutr. 2001;85:205–211. doi:10.1046/j.1439-0396.2001.00333.x.

37 Bradshaw JWS, Healey LM, Thorne CJ, Macdonald CD, Arden-Clark C. Differences in food preferences between individuals and populations of domestic cats Felis silvestris catus. Appl Anim Behav Sci. 2000;68:257–268.

38 Tobie C, Péron F, Larose C. Assessing food preferences in dogs and cats: A review of the current methods. Animals. 2015;5(1):126–137. doi:10.3390/ani5010126.

39 Pickering GJ. Optimizing the sensory characteristics and acceptance of canned cat food: Use of a human taste panel. J Anim Physiol Anim Nutr. 2009;93:52–60. doi:10.1111/j.1439-0396. 2007.00778.x.

40 Nijland ML, Stam F, Seidell JC. Overweight in dogs, but not in cats, is related to overweight in their owners. Public Health Nutr. 2009;13(1):102–106. doi:10.1017/S136898000999022X. Epub 2009 Jun 23. PubMed PMID: 19545467.

41 Hamper BA, Rohrbach B, Kirk CA, Lusby A, Bartges J. Effects of early experience on food acceptance in a colony of adult research cats: A preliminary study. J Vet Behav. 2012;7:27–32.

42 Stasiak M. The development of food preferences in cats: The new direction. Nutr Neurosci. 2002;5:221–228. doi:10.1080/1028415021000001799.

43 Hanson M, Jojola SM, Rawson NE, Crowe M, Laska M. Facial expressions and other behavioral responses to pleasant and unpleasant tastes in cats (Felis silvestris catus). Appl Anim Behav Sci. 2016;181:129–136. doi:10.1016/j.applanim.2016.05.031.

44 Becques A, Larose C, Baron C, Niceron C, Feron C, Gouat P. Behaviour in order to evaluate the palatability of pet food in domestic cats. Appl Anim Behav Sci. 2014;216:53–58. doi:10.1016/j. tvjl.2016.06.012.

45 Salaun F, Le Paih L, Roberti F, Niceron C, Blanchard G. Impact of macronutrient composition and palatability in wet diets on food selection in cats. J Anim Physiol Anim Nutr. 2017;101:320–328. doi:10.1111/jpn.12542.

46 Savolainen S, Telkänranta H, Junnila J, Hautala J, Airaksinen S, Juppo A, Raekallio M, Vainio O. A novel set of behavioural indicators for measuring perception of food by cats. Vet J. 2016;216:53–58. doi:10.1016/j.tvjl.2016.06.012.

47 Biró Z, Lanszki J, Szemethy L, Heltai M, Randi E. Feeding habits of feral domestic cats (Felis catus), wild cats (Felis silvestris) and their hybrids: Trophic niche overlap among cat groups in Hungary. J Zool. 2005;266:187–196. doi:10.1017/S0952836905006771.

48 Loss SR, Wil T, Marra PP. The impact of free-ranging domestic cats on wildlife of the United States. Nature Commun. 2013;4:1396. doi:10.1038/ncomms2380rch.

49 Kuo ZY. The genesis of the cat's responses to the rat. J Comp Psychol. 1930;11:1–35.

50 Anderson RS. Obesity in the dog and cat. Vet Annu. 1973;14:182–186.

51 Wall M, Cave NJ, Vallee E. Owner and cat-related risk factors for feline overweight or obesity. Front Vet Sci. 2019;19(6):266. doi:10.3389/fvets.2019.00266. eCollection 2019.

52 Rowe E, Browne W, Casey R, Gruffydd-Jones T, Murray J. Risk factors identified for ownerreported feline obesity at around one year of age: Dry diet and indoor lifestyle. Prev Vet Med. 2015;121(3–4):273–281. doi:10.1016/j.prevetmed.2015.07.011. Epub 2015 Jul 31.

53 Scarlett JM, Donoghue S, Saidla J, Wills J. Overweight cats: Prevalence and risk factors. Int J Obes Relat Metab Disord. 1994;18(Suppl 1):S22–S28.

54 Larsen JA. Risk of obesity in the neutered cat. J Fel Med Surg. 2017;19(8):779–783.

55 Cave NJ, Bridges JP, Weidgraaf K, Thomas DG. Nonlinear mixed models of growth curves from domestic shorthair cats in a breeding colony, housed in a seasonal facility to predict obesity. Anim Physiol Anim Nutr. 2018;102:1390–1400. doi:10.1111/jpn.12930.

56 Hoenig M, Ferguson DC. Effects of neutering on hormonal concentrations and energy requirements in male and female cats. Am J Vet Res. 2002;63:634–639. doi:10.2460/ajvr.2002.63.634.

57 Heuberger R, Wakshlag J. Characteristics of ageing pets and their owners: Dogs v. cats. Brit J Nutr. 2011;106:S150–S153.

58 Finka LR, Ward J, Farnworth MJ, Mills DS. Owner personality and the wellbeing of their cats share parallels with the parent–child relationship. PLoS ONE. 2019;14(2):e0211862. doi:10.1371/journal.pone.0211862. eCollection 2019.

59 Levine ED, Erb HN, Houpt KA. Owner's perception of changes in behaviors associated with dieting in fat cats. J Vet Behav. 2016;11:37–41.

60 Kasbaoui N, Cooper J, Mills DS, Burman O. Effects of long-term exposure i.e. an electronic containment system on the behaviour and welfare of domestic cats. PLoS ONE. 2016;11(9):e0162073. doi:10.1371/journal.pone.0162073.

61 Bamberger M, Houpt KA. Signalment factors, comorbidity, and trends in behavior diagnoses in cats: 736 cases (1991–2001). JAVMA. 2006;229:1602–1606.

62 Borns-Weil S, Emmanuel C, Longo J, Kini N, Barton B, Smith A, Dodman NH. A case-control study of compulsive wool-sucking in Siamese and Birman cats (n = 204). J Vet Behav. 2015;10:543–548. doi:10.1016/j.jveb.2015.07.038.

63 Demontigny-Bédard I, Beauchamp G, Belanger MC, Frank D. Characterization of pica and chewing behaviors in privately owned cats: A case-control study. J Fel Med Surg. 2015;18:652–657.

64 Johnson LN, Freeman LM. Recognizing, describing, and managing reduced food intake in dogs and cats. J Am Vet Med Assoc. 2017;251(11):1260–1266. doi:10.2460/javma.251.11.1260.

65 Scarpi D. The impact of phantom decoys on choices in cats. Anim Cogn. 2011;14(1):127–136.

66 Quimby JM, Lunn KF. Mirtazapine as an appetite stimulant and anti-emetic in cats with chronic kidney disease: A masked placebo-controlled crossover clinical trial. Vet J. 2013;197:651–655.

67 Wofford JA, Zollers B, Rhodes L, et al. Evaluation of the safety of daily administration of capromorelin in cats [published online ahead of print Oct 22, 2017]. J Vet Pharm Ther. 2018;41:324–333. doi:10.1111/jvp.12459.

第6章 猫的排泄行为

Jeannine Berger 和 Wailani Sung

概述

在美国，大约有 3200 万只猫被安置在动物收容所。每年大约有 86 万只收容所的猫会被安乐死[1]。最容易被遗弃的是那些表现出不恰当排泄行为的猫[2]。另一篇涵盖 12 个收容所的研究报道称，有 37.7% 的猫是由于不恰当的排泄行为把家里弄脏而遭到遗弃的[3]。在很多收容所中，在没有得到进一步医学评估或被领养的情况下，被归类为"把家里弄脏的猫"可能是猫被安乐死的直接原因。旧金山动物保护协会的一项研究表明，被诊断为异常排泄的猫被领养的概率为 91.8%，而没有排泄问题的猫被领养的概率为 94.9%[4]。这就表明了存在不良排泄行为而把家里弄脏的猫通过合适的医学检查和行为干预是可以被成功领养的。为了解决家养猫的不良排泄行为，必须清楚地了解生活在没有人类干预的条件下的猫的排泄行为模式。利用这些信息，我们可以将其应用于已经适应了这种排泄行为模式的室内猫身上。临床兽医需要诊断行为的性质（标记行为还是不良的排尿 / 排便行为），然后排除病理性原因。一旦能够正确地识别问题，那么在大多数情况下这个问题可以被成功地解决。

本章节介绍了正常的猫的排泄行为，以及那些需要带去兽医诊所就诊、制订诊断计划和治疗方案的行为。这些行为的总结如表 6.1 所示。

家猫的正常行为是什么

猫的排泄行为是一种与生俱来的行为。有记录表明幼猫在 5 ~ 6 周龄出现自主排泄行为。当这些 5 ~ 6 周龄的幼猫被放置到松散的基质上时，它们就会自动表现出与成年猫相似的排泄行为[5]。室内生活的幼猫会离开它们的窝，并选择一个地点进行排泄。如果没有提供一个合适基质的猫砂盆，它们就会在所在房间的其他地方进行排泄[6]。幼猫天生喜欢质地松散的基质作为猫砂。当给猫提供合适的基质作为猫砂时，它们就会在这种合适的猫砂上面进行排泄。

对于家养猫而言，典型的排泄顺序是从接近猫所选择的排泄用基质所在

表 6.1　排泄行为

正常行为	正常但不可接受的行为	异常但通常可接受的行为	异常且通常不可接受的行为
在可控的基质上进行先天性的排泄行为	在猫砂盆外所喜欢的基质上排泄	少尿、排尿用力、血尿。在猫砂盆内无挖掘或掩埋排泄物的行为	尿痛、喊叫、排尿时躺下
挖掘，蹲在所选基质的凹陷处，然后排泄并掩埋排泄物	在房间内无猫砂盆的区域排泄	数天不排便、有点便秘	无尿
每个个体对排泄用的基质和猫砂盆的清洁度选择会有所不同		幼猫在猫砂盆外排泄，或使用其他的基质进行排泄	多尿 / 多饮
使用房间内的公共厕所区域（猫砂盆）		在排泄的前、中、后期大叫	血尿
			便秘 / 顽固性便秘
			在家里用尿液做标记
			在房间里猫砂盆外猫经常活动的区域排泄

的区域开始。猫在用两个前爪挖掘这些基质之前可能会也可能不会嗅闻这些基质，它们会挖掘出一个浅的凹陷（图 6.1）。猫随后会在这些基质上蹲下来并开始排尿。尿液会以强有力的水流的形式排出，同时猫的尾巴会僵硬地朝向尾部的方向[7]。当它们排尿结束后，猫会转过身来并使用其中一个前爪，把周围的基质扒过来掩埋排泄的尿液，然后离开。猫可以交替使用不同的前爪从不同的方向对排泄物进行掩埋。在幼猫、青年猫和成年的雌性猫中都可以看到这种下蹲排尿的行为。然后，猫会使用泥土或猫砂掩埋排出的尿液。研究发现，在室内生活的猫中，与有在猫砂盆外排泄病史的猫相比，没有排泄行为问题的猫在猫砂盆里面掩埋猫砂的时间会更长[8]。

排便时也会重复类似的排泄动作，但猫在排便时，蹲下的姿势会随着粪

图 6.1　**猫在舒适时会在排泄前花费更多的时间挖猫砂，并且排泄后会掩埋排泄物**

（由 ELENA/Adobe Stock 提供）

便的堆积而抬高。室内生活的猫在猫砂盆中排泄时可能会受到空间的限制，或者当它们伸出前爪来掩埋排泄物的时候会缺乏排泄用的基质。因此，宠主可能会看到猫在猫砂盆附近的墙或地板上抓挠。

野外生活的猫或者允许外出的猫在排泄之后不一定会掩埋排泄物。猫在远离它们的核心活动区域排泄时，可能更常会出现不掩埋排泄物的行为。核心活动区域就是猫大部分时间都停留的区域；它们会在那里进食、睡觉和社交。群居的猫会使用核心活动区域内的公共排泄区，并且会掩埋粪便。猜测猫掩埋粪便其实是为了降低接触寄生虫的风险。而暴露在外的粪便通常是在远离猫核心活动区域的地方发现的[9]。

室外生活的猫的标记行为

在水平或垂直的表面排尿表明猫在这个领地内的存在。在领地内的未被绝育的雄性猫通常会使用喷射性标记。猫会背对着一个物体，然后尿液被强制向后和向上喷射到垂直的表面上（图 6.2）[7,10]。尾巴垂直向上且僵硬，在排尿的时候可能会抖动。猫在做这个行为的时候可能伴随或不伴随双后肢踏步。排出尿液的力度通常可以掩埋高于地面 30.5 ～ 61.0 cm（1 ～ 2 ft）的表面区域[7]。喷射性标记的物品往往是不同的，如栅栏的柱子、干草捆、建筑物的侧面或一片高的草丛。

图 6.2　用尿液做标记是室外生活的猫常见的典型行为。这在室内是不太被接受的

（由 ELENA/Adobe Stock 提供）

雄性猫在向雌性猫求爱的时候会比捕猎时更常出现喷尿的行为。当它们在其他猫附近的时候较少出现喷尿行为[10-11]。成熟的雄性猫往往会比雌性猫更常出现喷尿行为[11]。喷尿标记的目的是向该地区的雌性猫宣布雄性猫的存在，以安抚自己，并向附近其他的雄性猫发出信号。然而，喷尿对其他猫来说并不是一种威胁。这是一种社交，伴随的信息包括潜在的年龄和身体健康状况，以及雄性猫最近在此处停留的时间。它们通过尿液中的挥发性化合物进行沟通，因此，如果排出的这些尿液是新鲜的，则后来的猫就有机会通过调查尿液而离开该区域来避免潜在的冲突。

有一种假设支持相邻领地的雄性猫之间存在竞争关系时会使用喷尿标记的说法，认为这是雄性猫捕猎能力的"诚实信号"。雄性猫的尿味是由于猫尿氨酸中存在含硫分解物质。猫尿氨酸是由半胱氨酸和蛋氨酸生物合成的。肌肉是半胱氨酸和蛋氨酸的主要膳食来源。因此，气味越浓烈，就越能说明这只雄性猫是一个好的捕猎者。

雌性猫也会有喷尿的行为，绝育的猫也一样。在野外的群落中，雄性猫和雌性猫在发情期喷尿的概率都会增加，表明这个行为具有季节性[10]。喷尿是猫求偶行为的一部分。无论是雄性猫还是雌性猫，嗅闻垂直面标记的尿痕的时间会比水平面标记尿痕的时间要长。

使用粪便进行标记

农场里生活的猫会在它们的核心活动区域内使用松散的基质（如翻过的土壤、砾石、沙子或干草）作为公共厕所。猫会把它们的粪便掩埋在核心活动区域内[11]。然而，有些粪便可能会暴露在核心区域里面，因为有些猫根本没有掩埋粪便，或者被另一只试图掩埋的猫暴露出来。一项研究表明，与体重较轻的猫相比，群体中体重较重的雄性猫更倾向于将粪便掩埋在更靠近核心活动区域的地方[12]。猫会嗅闻它们掩埋粪便的区域，但粪便暴露在外之后就不会再嗅闻了。

在远离农场范围的地方，可以在暴露的、显眼的地方发现有成堆的粪便[10]。有人猜测，未掩埋的粪便可能是被用作领地标志[11]。这是一个有趣的理论，因为与嗅闻自己的粪便或熟悉猫的粪便相比，家猫确实会花更多时间去嗅闻不熟悉猫的粪便[13]。因此，粪便确实为附近的其他猫提供了一些信息。几项不同的猫群体的研究报告了不同的数据。然而，没有明确的证据表明猫通常会使用粪便进行标记。如果在猫砂盆外发现粪便，如图 6.3 所示，则可能是由于猫砂盆容量不足而意外将其推出猫砂盆外。

图 6.3　有时，在最近没有铲过的猫砂盆外会发现有粪便（或结块的尿液）。当猫试图掩埋它们的排泄物时，就会发生这种情况，不应将其与猫故意在猫砂盆外排便混淆

正常但不可接受的行为

猫是理想的室内饲养宠物，因为它们天生喜欢在核心活动区域的厕所内排泄。对猫而言，在容易处理的松散的基质中排泄是正常的。这些基质可以包括土壤、沙子、树叶和猫砂（在家里）。当由于家里多只猫共同使用猫砂盆、不经常清洁和／或可用的猫砂盆数量不足而导致猫砂盆已满时，一些猫可能更愿意在其选择的区域内排泄。记住，在野外，猫在它的整个领地上排泄是很正常的。

通常，宠主更喜欢把猫砂盆放在不显眼的地方，他们认为猫砂盆既难看又有臭味。当把猫砂盆放置在远离猫大部分时间所处的区域（核心活动区域），或者猫砂盆内含有猫不喜欢的猫砂，猫就可能会选择其他区域或基质进行排泄。为了方便上厕所，它可能会选择在其核心活动区域或更靠近核心活动区域的地方排泄。去这些地方上厕所比去放置在房间不同楼层、地下室或黑暗的壁橱里的猫砂盆更方便。

把猫砂盆放置在一个不合适的地方，如放在可能会意外开门的位置或靠近嘈杂的电器或通风口的位置，会让猫去选择使用另一个在猫看起来更适合的位置排泄。通常人类会认为这些位置是不适合的排泄位置，因此他们会立即清理，这与"隐藏"的猫砂盆本身不同；无意中就促使猫进一步使用这个新选择的区域排泄了。

一些猫会对使用特定基质或在家里特定位置排泄有或者会发展出自己的偏好。可能会在特定的物品上（如垫子、地毯、床上用品、洗衣篮）或遗留在地板上的物品上发现排泄物。有些猫可能会更喜欢在盆栽植物的土壤中排泄。这可能表明猫对土壤的自然偏好。另一个使猫会选择在其他区域排泄的原因是猫砂盆中提供的猫砂并非猫的首选基质，如有香味的猫砂或者大颗粒的基质（球状基质或水晶砂）。有些猫会因为自己的喜好而在猫砂盆外排泄。它们可能会喜欢不同类型的排泄物对应单独的猫砂盆。如果没有提供两个不同的猫砂盆，它们可能会选择在一种物质上面排尿，然后在另一种物质上面排便，不管这些物质是否在猫砂盆内。

猫可以在垂直面或水平面排尿以向家里的其他成员传递信息，这称为标记。对于室内生活的猫而言，排尿标记与压力有关，这种压力可能是自身的压力或与其他的家庭成员发生冲突而引起的。与在猫砂盆中排出的尿量相比，在水平面上排出的尿量通常较小。在垂直面上排出的尿量也比较小。通常它们会在出入口以及家具或其他突出位置的物体上排尿。可以在家里具有社交意义的区域发现尿液[14]。当与外面的猫发生冲突时，它们通常会在房子的边缘排尿。Hart 和 Cooper 的一项研究发现，对有喷尿行为的猫进行绝育并不能解决所有猫的喷尿行为，但相当多的喷尿行为是通过绝育解决的[15]。

异常但通常可接受的行为

在很多情况下猫可能会表现出意料之外的排泄行为，但宠主是能容忍的。尽管对幼猫而言在可控的基质或在厕所空间排泄的行为是天生的，但是很多宠主能忍受这种"意外"。宠主能忍受是因为幼猫年龄小，他们认为幼猫无法长时间待在猫砂盆内排尿或排便。他们可能也会认为幼猫只是还没有找到合适的物质排泄。然而，当一只幼猫坚持要在猫砂盆外排泄时，就意味着这是一个需要立即解决的问题。

有些宠主偶然会在洗手池或者浴缸中发现有尿液或粪便。宠主可能会感到厌恶，但是由于这是一个很容易清洁的区域，他们可能不会试图弄清楚为什么他们的猫没有坚持在猫砂盆内排泄。

猫宠主可能会认为猫花很多时间蹲在猫砂盆内是正常的行为。猫可能会只排出少量尿液或用力大小便。猫会不停地挖猫砂或者转身，因为它感觉到有继续排尿的冲动，但它可能只能排出少量尿液或无法排尿。猫在猫砂盆内或其他地方排出的少量尿液往往会被宠主忽略。尤其是当宠主没有使用结团的猫砂时。宠主在清理猫砂盆时可能不会注意到猫只排出了少量的尿液。不结团的猫砂是不会形成可移除的团块的，而这些团块代表的是排泄物的量。

当猫砂盆内没有足够猫砂的时候，猫会用爪子扒猫砂盆旁边的墙或地板。宠主可能认为他们的猫在猫砂盆内的行为是因为它们爱整洁。虽然他们处理猫砂的时间各不相同，但很多宠主可能没有意识到这可能表明猫砂盆中猫砂的数量不足[16]。

当猫在猫砂盆排尿时很难发现有血尿，除非尿液中有明显的血红色才会在猫砂中被发现。当猫在浅色的布料或者坚硬的表面排尿时，或者当尿液中存在血块时，就更容易注意到有血尿了。

有些宠主不知道猫应该每天排便。它们可能认为每周排便 1 ~ 2 次是正常的。猫宠主可能会注意到猫在排泄前、中、后出现叫唤的情况，但可能不会觉得这是不正常的。他们没有想到叫唤可能是猫在"呼救"。对猫来说排泄的时候叫唤是不正常的，这可能说明它们存在疼痛。

很多宠主也不知道一只猫排泄后从猫砂盆里跑出来的意义。或者，对于长毛猫而言，在猫砂盆外发现一条线状粪便的重要性。通常是当大便粘到肛周的毛发上的时候出现。当猫移动的时候，它可能会感觉到有大便悬挂在毛发上或者毛发在摇晃。这可能会吓到猫。它们可能会从猫砂盆里跑出来，后面的粪便会掉下来。当猫用力排便并且在排便过程中感到疼痛时，也可能会出现这种现象。由于跑出猫砂盆时有额外用力，沿途可能会有粪便掉落下来。之后，当它们把疼痛与那个位置或那些排便用的物质联系在一起的时候，它们通常就会避免使用猫砂盆。

异常且通常不可接受的行为

猫宠主对于猫在猫砂盆外或家里某些地方排泄会感到不开心。很多猫宠主很少能忍受猫在床、床上用品、家具、垫子/地毯、鞋子或衣服等私人物品上排泄。患有导致多饮/多尿疾病的猫经常会在猫砂盆内排出大量尿液。当猫砂盆没有保持干净时，猫就会在家里的其他地方排泄。如果猫很急，而猫砂盆的位置太远或者在房子里的另一层，猫可能会选择更方便的位置排泄。这通常发生在患有糖尿病、慢性肾病或老年猫身上。

猫在排尿或者排便的时候，无论是在猫砂盆内还是猫砂盆外都感到紧张的话，这肯定是不正常的，也是猫无法接受的。紧张表示与自然身体功能有关的困难和/或不适。我们必须要教育宠主，要告诉他们为什么当他们的雄性猫在 24 h 内无法排尿时会出现危及生命的情况。宠主需要知道雄性猫可能会因为膀胱结石（图 6.4）而出现尿路阻塞。雌性猫也会因为尿路结石而引起尿路阻塞，但是由于雌性猫的泌尿道解剖结构不同，这种问题对雌性猫来说并不常见。无法排便的猫可能会出现便秘，需要灌肠，或者需要完全镇静之后才能手动掏出粪便。反复发作的便秘/顽固性便秘可能会发展为更严重的疾病，如巨结肠。

如何诊断：问题的病史/背景。

全面了解病史的目的是让临床兽医能够制订一份完整的行为学和医疗相关的问题列表。沟通技巧、在预约时如何询问，以及询问的内容是至关重要的，因为如果不针对具体的问题进行讨论，行为学的预约可能会非常冗长。完整

正常行为

　　在可操作性的基质上进行先天性的排泄行为。

　　挖掘，蹲在排泄基质的凹陷处，然后排泄并掩埋排泄物。

　　对排泄用的基质和猫砂盆的清洁度有自己的偏好。

　　使用家里的公共厕所区域（猫砂盆）排泄。

正常但不可接受的行为

　　在猫砂盆外的物质上进行排泄。

　　在家里没有猫砂盆的区域进行排泄。

　　在家里用尿液做标记。

异常但通常可接受的行为

　　排尿量少、排尿用力、血尿。

　　几天不排便、轻度便秘。

　　幼猫在猫砂盆外排泄或使用其他的基质排泄。

　　在排泄前、中、后叫唤。

异常且通常不可接受的行为

　　尿淋沥。

　　无尿。

　　多饮/多尿。

　　血尿。

　　便秘/顽固性便秘。

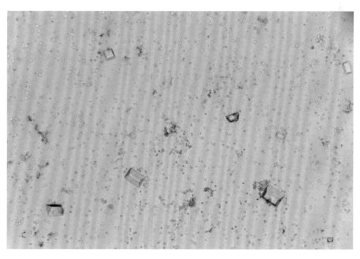

图 6.4　之前有尿路炎症和排尿时疼痛病史的猫可能会对猫砂盆产生厌恶感

的病史可以让临床兽医了解所有的问题并创建鉴别诊断列表。掌握所有的信息后，临床兽医就可以决定需要做哪些进一步的检查才能做出诊断。所提问题会根据将要解决的问题类型而异；然而，这里会提供一个常规的框架，让临床兽医为在房间内不恰当排泄创建一个完整的问题列表。

基本信息

病史记录对所有执业兽医而言是一项基本的、必要的技能。具体而言，在行为医学中，编写完整的病史并详细说明观察到的异常行为是做出诊断的主要方面。因此，任何行为学的预约很大一部分都致力于获取完整的病史记录。为了简化病史记录的过程，许多兽医行为学家会要求客户填写病史记录表，并在与客户及患猫会面之前或期间检查这些信息。这个过程很有帮助，因为它可以提出更多与主诉相关的具体问题。

基本信息与医疗预约类似，是指关于患猫的信息。它是通过年龄、性别、品种和体重来识别患猫的。这些数据可以影响诊断、鉴别诊断甚至是预后。

基本信息还包括患猫的身体健康、目前和过去的医疗状况，以及患猫的饮食等任何信息。它还可能包括任何最近的变化、目前和过去使用的药物（包括草药或其他补充剂）、旅行史，以及家庭成员和家中动物的数量。通过完整的体格检查和根据病史进行的任何辅助诊断或实验室测试来完成数据收集是非常重要的。

环境信息

在病史的探索阶段，通常的做法是从主诉开始。应该让客户描述与患病动物相关的感知问题。尽可能多地收集与主诉相关的信息是有用的。这有助于确定引起不良行为的触发因素。鼓励客户描述问题时尽可能具体（如当使用过的衣服遗留在地板上，猫就会在上面排尿，或者当宠主离开超过 3 d，他们回来之后就会在壁橱的地板上发现有尿液）通常是有帮助的。这也能帮助确定什么时候不会出现这些不良行为。例如，客户可能会说"我的猫在我买新猫砂回来之前经常会使用猫砂盆。"我们的目标就是提出一些以帮助确定可能导致猫行为改变的情境或情况。在接诊的最初阶段，开放式问题是首选，以免"引导"客户朝着特定的方向前进，并且能获得与问题相关的更有价值的信息。

　　收集与患病动物相关的信息以及家人的日程安排，如喂食时间、睡眠地点和运动习惯，非常有用。甚至对患猫而言，任何与训练背景相关的问题都是有用的。例如，猫知道什么技巧或提示，以及用什么样的方式去训练猫或者当发现猫出现不良行为时怎样去阻止它？使用以前使用过的对抗性技巧会直接影响临床兽医的鉴别和诊断。

　　环境信息还包括生活空间的类型和大小、休息场所的类型和位置、喂食和饮水的位置、室内和室外花费的时间，以及猫砂和猫砂盆的类型、大小、位置以及清洁的时间。如图 6.5 所示，并不是所有类型的猫砂盆对猫来说都有同样的吸引力。当没有办法登门拜访时，由宠主提供居住空间的布局图、房屋视频导览或任何相关区域的照片等信息是最方便的方法。

　　对于排泄问题，重要的是需要收集所有关于家里其他动物（尤其是那些直接共享猫砂盆的动物或者是可以去到猫砂盆位置的动物）的信息。任何患病动物与家里其他动物或人类的正面或负面的互动都应被记录下来，任何有压力的社交交流都可能导致排泄行为的改变。

图 6.5　猫砂盆的大小、类型和位置，以及排泄用基质的类型都应该是全面的病史中的一部分。不是所有的猫都能适应所有类型的猫砂盆

（由 Designer 提供）

事件信息

宠主不一定会立刻意识到排泄问题。他们可能永远不会观察患病动物排泄的过程，只会在事情发生之后找到"证据"，尤其是在多猫家庭中。因此，视频观察非常有助于临床兽医了解更多在猫砂盆内和猫砂盆外的排泄行为，以及找到罪魁祸首。

在这个阶段，临床兽医会提出与猫排泄前、中、后的肢体语言相关的问题。这些信息可能是客户直接观察到的情况，或者通过视频和/或图片观察到而进行的口头描述。在大多数情况下，将相机放在猫砂盆附近是有帮助的，这样就不会打扰猫排泄。观察排泄的姿势或行为通常有助于确定诊断并排除一些鉴别诊断。需要收集更多的信息，其中包括排尿量、排尿的位置，以及排泄物出现在什么样的物质上。了解患病动物是否使用猫砂盆是至关重要的。排泄的频率以及与使用猫砂盆时或出现不良行为时相关的任何其他事实，将有助于做出诊断。

病史总结

应通过与客户一起检查信息来完成病史记录。向宠主复述让临床兽医建立问题列表的要点有助于消除任何误解或遗漏的项目。回顾客户就诊的目标和期望。许多问题已经持续多年，而环境的改变、日常或社交事件可能会导致宠主带患病动物前来就诊。当问题列表很长的时候这一点尤为重要，因为在最初的就诊中可能无法解决所有的问题。但它可以让临床兽医讨论需要解决的问题的优先级。通常客户心中的优先级与临床兽医对问题严重性的评估可能有所不同。通过总结问题要点，临床兽医就能够发现两者的差异，避免客户的不依从或治疗失败。无论是在病史记录期间还是之后，鼓励客户提出任何问题都是有用的。这能帮助我们认识并了解到客户在执行建议的治疗计划时的局限性（如情感、环境、经济和时间限制、其他家庭成员的观点）。为了更全面地了解预后，应认识和了解客户的依从性。与客户探讨的问题汇总如表 6.2 所示。

在临床兽医确诊之前，确保已经排除任何可能导致猫避开或无视猫砂盆的潜在医疗问题。

表 6.2 全面的排泄史需要记录的信息总结

基本信息	宠物的名字、年龄、繁殖状况、品种、体重
	家庭成员（人和动物）
	病史，包括之前的行为评估
	采集：年龄、来源、之前家中的已知情况
环境信息	日常活动
	喂食习惯：饮食、喂饲方式 / 地点、食欲、其他猫出现时的行为
	猫砂盆及卫生信息：数量、位置、排泄用基质、日常清理的时间表
	使用同一猫砂盆或能够进入猫砂盆区域的家庭成员
	丰容：玩具、互动游戏时间、窗台、猫树 / 猫爬架、室外游玩时间、衬垫、猫砂类型
事件信息	排泄的频率、排尿量、位置（水平和 / 或垂直）
	在猫砂盆内和猫砂盆外排泄前、中、后的行为，包括肢体语言、姿势（站立或蹲下）、叫唤、进出猫砂盆的行为
	宠主尝试过的管理方式的结果（改变猫砂、猫砂盆位置等）
	制作房屋地图并标记以前被排泄物污染过的位置
宠主信息	与猫的亲密程度
	治疗目标以及对治疗成功的定义
	宠主执行治疗 / 管理方案的意愿和能力，有时需要终身执行
	进行进一步医疗检查的资源和意愿
	风险 / 容忍度评估（宠主认为情况有多严重？）

医学鉴别诊断

退行性疾病：失明、骨关节炎。

发育性疾病：无脑回畸形、脑积水、小脑发育不全。

结构异常：输尿管异位。

代谢性疾病：尿毒症性脑病、肝性脑病、甲状腺功能亢进。

肿瘤性疾病：颅内肿瘤、脑梗死。

神经性疾病：意识性或部分性癫痫发作、外周神经病变。

营养性疾病：肾结石、膀胱结石。

传染性疾病：细菌性膀胱炎。

炎症 / 疼痛：猫间质性膀胱炎、关节炎。

毒素：摄入百合花、吸食大麻。

创伤：脑损伤、疼痛原因、下脊髓或骨盆损伤。

一旦排除了潜在的医疗问题，请参考决策树。

潜在的行为动机

在已经确定猫没有明确的厌恶或偏好的情况下，需要探索影响猫使用猫砂盆的其他原因。重要的是要确定猫的行为动机，以便为这种情况提供最佳的治疗计划和预后。首先需要检查的是内在因素和外在因素。

内在因素包括猫的自然偏好和经历。猫天生就有使用颗粒状基质来排泄的行为。有些猫会使用我们在猫砂盆中为它们提供的任何基质，如颗粒状猫砂、球状猫砂、水晶砂等。有些猫对猫砂盆内使用的基质比较挑剔。猫可能会在一段不连续的时间内使用某种基质排泄，但这种基质可能是位于猫砂盆外的用于排泄的替代方案。通常，猫反应的不是一个因素的影响，而是其他因素的累积影响，如不喜欢排泄用的基质、不经常清理猫砂盆、猫砂盆位置很远或处于交通要道或猫砂盆太小（图6.6），或者腹泻或未确诊的尿路感染。这些因素中的任何一个，或者这些因素的组合，加上猫对排泄用基质的偏好，都会让猫决定在新的、优选的基质上进行排泄。

当我们研究外在因素的时候，会观察猫和其他家庭成员之间的互动，如人、其他猫和其他饲养的物种。我们还需要检查猫无法控制的因素，如猫砂盆的

图6.6　猫砂盆太小的例子。猫砂盆可能太小了，猫无法舒适地使用，并可能导致猫在其他地方排泄。大而浅的储物箱通常是最舒适的猫砂盆

位置、提供的排泄用基质、猫砂盆的大小和类型（有盖还是无盖），以及猫砂盆的清洁频率。我们需要提供理想的条件来鼓励猫继续使用猫砂盆。我们还需要解决所有的负面问题，如当猫在猫砂盆内时会被犬打扰、猫在排泄时人们从猫身边走过或者要防止猫室友进入猫砂盆内。

宠主需要注意的一个因素是，多猫家庭中的猫可能更容易出现不恰当的排泄问题。一项研究发现，据报道，有更多的雄性猫和多猫家庭的猫会用尿液做标记。在这项特殊的研究中，宠主称致病因素是与家内外其他猫的对抗性互动。一项新的研究发现，家里有两只猫会导致出现乱尿的概率升高。宠主在给家里添一只猫之前应仔细考虑。需要建议多猫家庭的宠主密切观察家中猫之间的互动，以确保每只猫都相处融洽。他们需要为猫提供足够的地方让它们可以互相躲避，这些地方可以让它们藏身或者跳跃，以避免与其他猫互动。多猫家庭需要多个猫砂盆且要放在不同的地方，这样猫就不会竞争同一个猫砂盆。

Barcelos 等还发现，在多猫环境中标记的风险增加 6 倍，不恰当排尿问题增加 2 倍，不恰当排尿行为也称为如厕行为（图 6.7）[17]。在猫可以外出的家庭中，猫的标记行为发生率较高，但在家中出现如厕行为的概率比较低。宠主允许他们的猫外出可以降低猫在室内非宠主期待的排泄位置进行排泄的风险，但是可能会增加猫在家里做标记的风险。宠主需要知道让猫只待在室内或者允许外出的利弊。室内居住的猫需要一个丰富多彩的环境。可以外出的猫需要仔细监控，以确保它们不会在房子里做标记。

与已绝育的猫相比，未绝育的猫更可能会出现喷尿行为。给猫做绝育或去势能够减少性行为的表现，如游荡、打架、交配和喷尿。然而，绝育并不能避免所有的猫出现喷尿行为。Hart 和 Cooper 确定，在 134 只雄性猫中有 10%，在 152 只雌性猫中有 5% 在青春期前就做了绝育，但是成年后仍然有喷尿行为[15]。但是绝育还是很重要的，因为它能够减少 90% 的雄性猫和 95% 的雌性猫出现喷尿行为。

Bamberger 和 Houpt 的回顾性研究回顾了 736 只猫在 10 年内进行的行为学的诊疗，并指出有 128 只猫进行了标记行为，128 只猫有喷尿行为[18]。目前尚不清楚这些猫是否被分成了相互排斥的群体，但发现有 75% 的病例是雄性猫。Barcelos 等的研究（2018）没有发现性别差异，但指出有标记行为病史的猫平均年龄（中位年龄为 9 岁半）比有如厕行为（中位年龄为 5 岁）或没

图 6.7　多猫家庭中的猫更容易出现不恰当的排泄问题，尤其是猫砂盆清洁不干净的情况下

有排尿困难（中位年龄为 4 岁）的猫大 [17]。这些信息表明，雄性猫可能更容易出现喷尿的行为，应该密切监测，尤其是随着年龄的增长。

　　Barcelos 等（2018）还发现，当猫在猫砂盆外排便时，那么在家中猫砂盆外排尿的概率要高出 5 倍 [17]。这清楚地表明，需要立即解决不恰当的排便行为，以防止猫的不恰当排尿行为升级。

如何治疗排泄问题

　　根据宠主提供的病史和 / 或任何视频证据，清楚地区分猫是不恰当的排尿行为 / 如厕行为。通常，排尿标记是在垂直表面排出少量尿液。做标记的猫会继续使用猫砂盆来排空膀胱。排尿标记的猫也会表现出背对垂直面排尿或喷尿的独特方式。不良的排尿行为或如厕行为包括在水平面上排出大量尿液（请参考决策树）。

标记

　　通常在未绝育的猫和可以外出活动的猫身上更常出现标记行为 [17]。排尿标记通常出现在房子的显著位置。如果与邻居的猫发生冲突，那么标记行为也可能在出入口（如门窗）等地方出现。通常在房子内用尿液做标记。没有确凿的证据表明粪便可以用来做标记。标记行为可能与未绝育的猫、多猫家庭、焦虑、攻击性和被监禁相关。

对于这个问题的治疗应包括以下基本计划：

1. 改造一只未绝育的猫。给一只未绝育的猫进行绝育可以减少90% ~ 95% 的标记行为 [15]。

2. 禁止外出或限制活动范围（如仅能到后院）。

3. 禁止猫去到以前标记过的位置。

4. 解决家庭中猫之间的冲突。

5. 使用远程威胁措施，让附近的猫远离你的院子或阻止它们进入你的家。

6. 提供更多的资源，如喂食 / 喂水点、休息点和猫砂盆，以避免潜在的冲突。

7. 在实施行为学治疗之前，要将"交战"的猫分开。

要处理乱排的粪便 / 如厕行为以及标记行为，你需要确定导致该行为的主要诱因。根据宠主提供的病史记录，你应该能够使用下面的表格来帮助你确定猫在猫砂盆外排泄的潜在动机。这种表格也可以用于不良排便行为。

排便 / 如厕行为的诊断

	厌恶	偏好
排泄用基质	Q1：从来不在猫砂盆内？	Q2：常在什么样的基质上排泄？
位置	Q3：从来不用在某个特定位置的猫砂盆？	Q4：通常会在特定位置排泄？

说明

厌恶：从来或很少使用该基质或位置进行排泄。

偏好：对某个位置或物质有偏好（可能没有提供这种物质）。

位置：你在哪里发现有尿液 / 大便？一直都在同一个地方发现吗？还是由于社交意义不同而有所不同？

基质：在什么样的基质中发现有尿液 / 粪便？一直都用同一种基质排泄？还是每次都不一样？

避免使用猫砂盆（在猫砂盆外排泄）

当猫在排尿或排便的时候感到疼痛或者恐惧，它们可能就会对猫砂的材质、猫砂盆，甚至会对猫砂盆所处的位置产生负面联系。这会导致猫对其中一个因素、全部因素或这些因素的组合产生厌恶。可能需要时间来确定哪种因素（或多种因素的组合）会影响猫的行为。

为了确定猫厌恶的类型，把新的基质放在之前使用的猫砂盆内并把猫砂盆放在之前放置的位置。如果猫开始使用新的猫砂，那么我们就可以确定之前使用的猫砂是问题所在。然而，如果猫继续不用猫砂盆，那么就要继续排除其他的原因了。

在以前的猫砂盆内放置之前使用的猫砂，但把猫砂盆放置在新的位置。如果猫开始使用猫砂盆，那么我们就知道既不是猫砂的问题，也不是猫砂盆形状的问题，而是猫砂盆位置的问题。

如果在与之前猫砂盆形状相似的猫砂盆内放置新材质的猫砂，并把猫砂盆放置在新的位置，猫仍不愿意使用，则用不同形状的猫砂盆，盆内放置新材质的猫砂，并把猫砂盆放置在新的位置。如果猫对猫砂盆本身产生厌恶的感觉，那么猫仍然不会使用那个猫砂盆，即使已经更换了新材质的猫砂并放置到新的位置。

一旦你认为可能已经发现了猫厌恶的原因，就可以对其进行测试，然后把这个因素列出来，看假设是否成立。然而，宠主通常不愿意在解决问题之后对猫进行"再挑战"试验。还要记住，猫因为负面联想而产生多重厌恶并不罕见。

通常治疗这种情况应包括以下基本计划：

1. 提供足够数量的猫砂盆，猫砂盆的数量是家养猫的数量再加一。

2. 保持猫砂盆内的整洁。有些家庭每天多次清理猫砂盆可能会有帮助。每周要清空猫砂盆并用温和的清洁剂清洗猫砂盆。

3. 把猫砂盆放在安静的、便于猫接近的地方。

4. 对于复式结构的家庭，每层都要放置猫砂盆。

5. 设置猫门，确保猫在试图排泄的时候不会受到其他动物的干扰。

6. 提供舒适的大的猫砂盆。

治疗 Q1：厌恶的猫砂

治疗这种情况应包括以下基本计划：

猫砂试验

1. 将两个相同的猫砂盆并排放置。在一个猫砂盆中放置目前用的猫砂，在另一个猫砂盆中放置新的猫砂（图 6.8）。

2. 通过摄像机拍摄或记录每个猫砂盆中的尿液或粪便，观察猫砂盆的使用情况（图 6.9）。

3. 一周后，把装有第二种猫砂的猫砂盆切换为装有第一种猫砂的猫砂盆。

4. 如果猫喜欢新的猫砂，那么在新的猫砂盆内会有更多的排泄物。即使猫砂盆的位置发生了改变，猫也会使用带有特定猫砂的猫砂盆。

5. 把之前的猫砂拿掉，并在所有的猫砂盆内提供猫喜欢的猫砂。

6. 你可能需要用第二种新的选项来重复这个过程，将新的猫砂和这个更好的猫砂进行对比。见 Q2。

治疗 Q2：偏好的猫砂

治疗这种情况应包括以下基本计划：

猫砂试验

图 6.8　为了检测猫对猫砂的偏好，将两个相同的猫砂盆并排放置，将原来用的猫砂放在一个猫砂盆里面，另一个猫砂盆放新的（但可能是宠主想要的）猫砂。监测猫会使用哪一个

图 6.9　如果一只猫不愿意去猫砂盆，就需要找出猫砂盆有哪些方面让猫感到不愉快

（由 Designer 提供）

1. 限制猫进入。猫应该被限制在一个无法接触到它喜欢的猫砂的区域，只允许接触到宠主想要的猫砂。或者，把它们更喜欢的排泄基质全部移除，如收起地毯或不要把衣服留在地板上。

2. 将两个相同的猫砂盆并排放置。将新的猫砂放在一个猫砂盆里，第二个猫砂盆放原来的猫砂。

3. 通过摄像机拍摄或记录每个猫砂盆内的尿液或粪便，观察猫砂盆的使用情况。

4. 一周之后，用装有猫首选的猫砂的猫砂盆切换到原来猫砂盆的位置。

5. 猫选择的猫砂盆中会有更多的排泄物。如果分布相等，继续使用第三种猫砂。

6. 如果你已经用过所有的传统猫砂，而猫仍然喜欢在违禁基质（即地毯、区域地毯、衣服等）上排泄，那么你需要提供猫首选的违禁基质进行猫砂转换。

7. 猫砂转换是在几周的过程中进行的，猫砂盆中提供的是首选猫砂。每周往猫砂盆内添加 10% 试验用的猫砂。

治疗 Q3 : 厌恶的位置

治疗这种情况应包括以下基本计划：

移动猫砂盆的位置

通常，需要把猫砂盆移动到另一个地方，猫会立即使用猫砂盆。不需要进行猫砂偏好的试验。当宠主把猫砂盆从喜欢的地方移回去后，排泄问题经常会复发。

治疗 Q4 : 偏好的位置

治疗这种情况应包括以下基本计划：

在首选的位置提供猫砂盆

一旦在猫首选的位置提供了猫砂盆，猫就会一直在猫砂盆中排泄。当宠主把猫砂盆从猫首选的位置移回去，排泄问题经常会复发。

在多猫家庭中，还需要考虑其他因素。我们需要准确地找出罪魁祸首。把可疑的猫关起来可改变社交动态，彻底解决排泄问题。如果在 2 只或 2 只以上的猫之间存在冲突或竞争，那么限制其中一只猫可以充分减少冲突，从而减少或阻止标记行为或排尿困难。过去，有人建议给猫皮下注射或口服给予荧光素染色剂，然后在黑暗中确定哪只猫的尿液会发出绿色荧光。然而，对于如何使用这项技术，目前还没有明确的指导方针。缺点包括不清楚染色剂的半衰期和代谢 / 排泄率。对于有不良排便行为的猫而言，另一种选择是喂食色彩鲜艳的无毒的蜡笔屑。然后需要仔细检查排出的粪便，以寻找彩色蜡笔屑。缺点是不清楚猫是否偶然使用猫砂盆排便，以及蜡笔屑通过胃肠道的清除时间。在现代社会，有很多的远程摄像机可供选择，让我们可以观看到猫的现场直播，或者记录并下载摄像内容，以确定罪魁祸首。

手术、药物和其他相关治疗

对于所有出现喷尿行为的未绝育的猫都应该进行绝育手术。绝育手术可以有效减少 90% 的雄性猫和 95% 的雌性猫的喷尿行为[15]。

膀胱结石应该尽可能通过手术切除（译者注：有些情况下，内科溶石会作为首选治疗方案）。如果无法进行手术，则应该为猫提供适当的处方粮，以溶解结石，防止未来再次出现这种情况。特殊的饮食也可以用来解决结晶尿。

管理

玩具和家庭丰容

室内居住的猫会逐步发展为户外生活的方式，由于过度拥挤、精神刺激不足和缺乏体育活动，它们的压力会增加。研究表明，增加活动水平和为室内居住的猫提供环境丰容可以减轻它们的压力[22]。有一些简单的方法可以丰富猫的室内居住环境。玩具是一种简单的方法，既有自助玩具（猫可以在没有宠主参与的情况下玩的玩具），也有互动玩具（通常至少部分需要由宠主参与的玩具）。与猫的任何积极的互动都是一种丰容；使用不合适的玩具或物体（如手或脚趾）逗猫或与之玩耍是例外。

宠主在预防排泄问题中的作用

如果给猫提供以下环境，它们更可能会在猫砂盆中排泄[19]：

- 定期清理猫砂盆。
- 为家里的猫提供足够的猫砂盆。
- 将猫砂盆放置在猫容易接近的位置。
- 提供大小合适的猫砂盆（86 cm × 39 cm）[20]。

由于我们将猫上厕所的区域限制在我们提供的猫砂盆中，因此保持猫砂盆的干净是非常重要的。一只猫每天平均要排尿 2.1 次，这就意味着至少每天要清理一次猫砂盆。一只有异常排尿模式的猫每天要排尿 2.9 次[21]。理想情况下，家里的猫越多，猫砂盆就应该清理得越频繁。有些猫可能会更加喜欢干净的和特定的猫砂盆。如果另一只猫使用了这个首选的猫砂盆，那么这只挑剔的猫就可能会选择在另一个宠主不能接受的地方排泄了。

通常的建议是，提供的猫砂盆数量应该是家里的猫的数量再加一个。这就意味着，如果你有 4 只猫，家里就应该有 5 个猫砂盆。猫砂盆应该放置在交通繁忙区域以外的安静位置。猫不仅是小型猎物的捕食者，也是许多大型捕食者的猎物。因此，猫也会表现出被捕食动物的行为。它们是脆弱的，尤其是在排泄过程中，在这 10 ~ 20 s 的时间里，如果他们发现或受到捕食者的威胁，它们可能没有那么警惕，也无法快速移动。因此，它们在排泄时可能对运动和噪声很敏感。猫砂盆应间隔开，这样相处不好的猫可以选择位于房子其他区域的猫砂盆，以避免冲突。这也限制了需要争夺一个猫砂盆的情况发生。

研究发现，与常规尺寸（56 cm × 8 cm）的猫砂盆相比，猫更喜欢较大（86 cm × 39 cm）的猫砂盆[20]。重要的是要提供一个空间足够的猫砂盆，让猫可以进入并在排泄后转身、挖掘和掩埋排泄物。猫有自己的喜好；有些猫可能喜欢有盖的猫砂盆，而另一些猫则更喜欢开放式的猫砂盆[21]。为猫提供不同的猫砂盆并允许它们选择是很重要的。

很多自助玩具会漏食，这会激发猫玩玩具的兴趣，也许会把注意力从家里另一只猫或其他压力来源上转移开。基本原理是，玩具里面装满了干粮或零食，猫学会操纵玩具并把食物从洞里释放出来。对很多猫而言，不漏食的自助玩具并没有那么大的吸引力。以下是一些简单的漏食玩具的例子：装满干粮的卫生纸筒，且两端是折叠的；在没有水的瓶子中装满干粮；或者在干净的塑料酸奶容器的盖子上打一个洞，里面装满了食物。也可以买一些商用的漏食玩具。

互动性玩具有助于加强宠主和猫之间的联系。玩带有绳子、羽毛和编织物的魔法棒类玩具能让双方都很开心。这些逗猫棒类玩具为猫提供了一个对人安全的方式进行追逐、猛扑和咬等活动的机会，因为这时猫的爪子和牙齿是远离宠主的。有些猫喜欢玩激光笔，在房子周围追逐光点。便宜的（或免费的）玩具通常是猫的首选玩具。有一些建议是把纸、锡箔纸或牛奶瓶上的塑料环揉成团。不是所有的玩具都适合每只猫，如吞食塑料会导致肠道梗阻，

引起猫排泄问题医疗诊断的发生率

大多数有喷尿行为或存在不良排泄行为的猫都会接受最基本的检查，包括体格检查、尿液检查和尿液细菌培养或者粪便检查（如果猫有不良的排便行为）。Tynes 等的病例对照研究评估了绝育后存在喷尿行为的猫的尿路疾病[23]。这项研究包括 58 只绝育的猫（47 只雄性猫和 11 只雌性猫），它们有排尿标记行为（如在垂直表面上标记），其中 39 只（26 只雄性猫和 13 只雌性猫）没有不良排尿问题。对所有猫进行膀胱镜检查和尿液检查。两组之间的比较没有发现与排尿标记相关的差异。根据这项研究，尿液检查被确定为排除下泌尿道疾病的合适检查。

Frank 等对 34 只存在喷尿行为的猫进行了更彻底的医学检查，包括体格检查、全血细胞计数、生化分析、血液分析、尿液细菌培养、尿液可的松与肌酐比和腹部 X 线检查[24]。在 Frank 等的研究中，13 只患病动物（38%）出现异常或结晶尿[24]。

Ramos 等发现，在 23 只表现出与不良排泄行为相关的健康猫中，有 9 只（39.1%）有潜在疾病[25]。6 只（26.1%）对照组的猫也发现有疾病。实验组猫和对照组猫之间的差异不显著（皮尔森卡方检验，P=0.365）。在有不良排尿行为的猫身上发现的疾病包括肾功能不全、白细胞增多、白细胞增多伴膀胱栓塞、膀胱结石、膀胱栓塞和肝脏疾病。在对照组的猫身上发现的疾病有白血病、膀胱憩室、肾功能不全、膀胱结石、腹腔积液、肝脏疾病伴泌尿道感染。

大多数表现出标记行为或不良排尿行为的猫没有尿路疾病的证据。但请记住，可能需要更多的诊断性检查来排除难治性疾病。

绳子很容易成为线性异物。必须小心确保玩具的安全性和丰富性。

在多猫家庭中，为猫提供大量的物资是很重要的，应有多个猫砂盆遍布整个房子，多个供猫休息的楼层，多个玩具、床和喂食的地方。提供多种选择将有助于减少竞争和冲突。猫更容易撤退到另一个没有冲突风险的地方。

更多有关的详细信息，请参阅关于压力管理和环境丰容章节。

监禁（避免）

通过对某些排泄用基质或房子里的某些位置进行评估后猫可能需要被短暂或者永久地关起来。猫在严密的监督下可以在限制区域内活动。作为行为矫正练习的一部分，猫可以在短时间内出来活动。

行为矫正

行为矫正练习可以用来解决导致猫出现不良行为的潜在动机。猫行为矫正的重要概念是响片训练、脱敏和对抗性条件反射。响片训练或基于标记的训练是捕捉和强化猫行为的一种简单技巧。它被用来强化猫已经表现出的行为，但也可以用来教授新的行为。响片，也被称为标记，会产生点击的声音，并与高级别的食物配对。其他可以使用的奖励包括口头表扬和身体接触，如抚摸或给猫挠痒。在使用响片之前，首先要重复把响片和奖励相关联。一旦猫学会了响片和奖励之间的关联，你就可以使用响片来标记和强化想要的行为。

脱敏（desensitization，DS）和对抗性条件反射（counter-conditioning，CC）是大多数行为矫正计划的标志。脱敏是逐渐暴露触发行为问题的刺激，这个刺激要低于动物的回避水平，即阈值。对抗性条件反射是指将特定的刺激与对动物有益的东西进行配对，从而使以前的负面诱导刺激转化为现在积极的情绪反应。我们可以强化与当前建立的不良行为模式不相容的行为。对于喷尿的猫，我们会用酶清洁剂清洗喷尿区域，以去除所有的尿液痕迹。然后，擦上猫薄荷或者喷猫薄荷喷雾，以诱导喷尿的猫进行异标记行为，而不是喷尿标记。另一种方法就是将高级别的零食或食物放在之前喷尿的区域，以强化不相容的行为。这将会让猫形成该区域为喂食区域的关联，而不是应该做排尿标记的区域。

脱敏/对抗性条件反射可以用于治疗几种猫的行为问题，包括猫之间定向攻击和厌恶猫砂盆。如果喷尿或如厕行为是由猫与猫之间的冲突引起的，那么解决这个问题很重要。对共同生活的猫有攻击性的猫通常对这个过程反应良好。我们首先要教猫在有响片的情况下，做出替换不良行为的行为。我们使用响片训练来强化适当的行为。给猫提供一个安全的躲藏空间，在那里它能更放松且感到安全。教育宠主在脱敏 / 对抗性条件反射过程中要缓慢进行，并设定合理的目标。当另一只猫在舒适的距离内时，要么给猫提供食物，要么提供玩具。使用可操作性的玩具（如纸团或装满食物的玩具）和魔法棒类玩具与猫玩耍，为宠主提供了一种与猫积极互动的方式，同时在与猫发生冲突的另一只猫在场的情况下建立积极的联系（对抗性条件反射）。目标是随着后续的训练，猫与猫之间的距离逐渐减小，猫学会容忍彼此的存在。

对于与猫砂盆形成负面关联的猫，响片训练可以进行脱敏处理。当猫靠近猫砂盆附近的指定位置时，就会有响声 / 标记。这只猫靠近猫砂盆的动作被多次强化。然后，让猫离猫砂盆更近一步，直到经过多次训练，猫自愿进入猫砂盆内。另一种方法就是结合建立的目标，提供一个猫可以完成的目标。在多次训练中，目标离猫砂盆越来越近，直到猫愿意进入猫砂盆内。基于标记的训练也可以用于捕捉猫何时独自进入猫砂盆，以及捕捉猫砂盆中的排泄行为。

药物和其他相关治疗

药物治疗可能是治疗有标记行为或不恰当排尿行为的重要组成部分。选择性 5- 羟色胺再摄取抑制剂（SSRI）和三环类抗抑郁药（tricyclic antidepressant，TCA）已被用于减少焦虑和喷尿或如厕行为的频率。

盐酸氟西汀是 5- 羟色胺再摄取的强抑制剂。主要代谢产物是去氟西汀。可能的副作用包括镇静、呕吐、腹泻、排尿频率的改变、兴奋和食欲的改变[26]。氟西汀抑制细胞色素肝酶：CYP2C9、CYP2D6、CYP2C19 和 CYP3A4。这就意味着任何通过这些酶被排出的药物都可能保持在较高的水平。Pryor 等[27] 研究了氟西汀对有喷尿行为的猫的影响。研究中使用的氟西汀剂量范围为从 1 mg/kg（0.45 mg/lb），口服，每 24 h 一次至 1.5 mg/kg（0.68 mg/lb），口服，每 24 h 一次。在 8 周结束时，治疗组的猫喷尿行为减少 70% 以上。

盐酸氯米帕明是 5- 羟色胺能特异性最强的三环类抗抑郁药。主要作用机制是防止中枢神经系统中 5- 羟色胺的再摄取。其活性代谢产物去甲基氯米帕明可以抑制去甲肾上腺素的再摄取[26,28]。可能的副作用包括尿潴留、便秘、镇静、食欲改变和散瞳[26,28]。

King 等进行了一项猫喷尿行为的研究[29]。这组 67 只已绝育的猫被随机分配接受安慰剂或盐酸氯米帕明治疗，剂量为 0.125 ~ 0.25 mg/kg（0.057 ~ 0.11 mg/lb），0.25 ~ 0.5 mg/kg（0.11 ~ 0.23 mg/lb），或 0.5 ~ 1 mg/kg（0.23 ~ 0.45 mg/lb），口服，每 24 h 一次，持续 12 周。结果表明，盐酸氯米帕明显著降低了猫喷尿行为的发生频率。该研究建议对于有喷尿行为的猫开始的时候使用盐酸氯米帕明的初始剂量为 0.25 ~ 0.5 mg/kg，口服，每 24 h 一次。

在 Landsberg 和 Wilson 进行的一项研究中[27]，有喷尿行为的猫每天口服一次 0.30 ~ 0.83 mg/kg（平均 0.54 mg/kg）的盐酸氯米帕明。结果是 25 只猫中有 23 只喷尿行为减少，20 只猫喷尿行为减少 75% 以上。几项研究也表明，每 24 h 使用 0.25 ~ 1.3 mg/kg 的盐酸氯米帕明是有效的[27–28]。

氟西汀和盐酸氯米帕明也可能对有不良排尿行为或如厕行为的猫起到减少焦虑的作用。接受这两种药物的猫喷尿行为也有所减少[30]。

丁螺环酮是一种 5- 羟色胺 -1A 部分激动剂。其作用机制是阻断突触前和突触后 5- 羟色胺 -1A（5-HT_{1A}）受体。它还对 D2- 多巴胺受体具有亲和力[26]。抗焦虑作用是由于中脑背侧缝神经元的作用。Hart 等发现，给予丁螺环酮时，接受治疗的猫有 55% 其喷尿行为或标记行为会降低 75% 以上[31]。在这项特殊的研究中，当丁螺环酮治疗两个月后停药观察时，只有一半接受了丁螺环酮治疗的猫再次出现喷尿行为。

虽然临床试验解决了喷尿行为 / 标记行为问题，但抗焦虑药物已经被用于有效治疗那些可能因为焦虑而导致的不良排泄问题。

信息素治疗

使用商用的猫面部信息素类似物治疗喷尿行为和不恰当排泄行为也是有效的。Frank 等（1999）指出，在 24 个养猫家庭中有 14 个家庭报告称，使用信息素时，喷尿频率会降低[24]。在一项研究中，在治疗后的第 4 周猫的喷尿行为出现的频率从平均 14.2 次 / 周减少到 4.2 次 / 周[32]。

何时向专家寻求帮助

在进行彻底的病史调查和医学检查，并治疗或排除任何潜在疾病后，请参阅诊断表格以帮助指导治疗。当出现疑难病例时，应将其转介给委员会认证的兽医行为专家（DACVB.org）。

预防

见其他章节。

常规兽医护理。

总结

先排除医疗问题。

预防——提供理想的猫砂和猫砂盆，让在猫砂盆外排泄的可能性降到最低。

适当的管理——在大多数情况下，简单的解决方法是给猫提供它需要的东西。

没有理由放弃。

猫的排泄行为正常，但是在宠主不希望的位置进行排泄，对宠主来说是个挑战。

参考资料

1 ASPCA. Pet Statistics. Pet Statistics; 2018.

2 Patronek GJ, Glickman LT, Beck AM, McCabe GP, Ecker C. Risk factors for relinquishment of cats to an animal shelter. J Am Vet Med Assoc. 1996;209(3):582–588.

3 Salman MD, Hutchison J, Ruch-Gallie R, Kogan L, New JC, Kass PH, Scarlett JM. Behavioral reasons for relinquishment of dogs and cats to 12 shelters. J Appl Anim Welf Sci. 2000;3(2):93–106. doi:10.1207/s15327604jaws0302_2.

4 Liu S, Sung W, Welsh S, Berger JM. A six-year retrospective study of outcomes of surrendered cats (Felis catus) with periuria in a no-kill shelter. J Vet Behav. 2021;42:75–80. doi:10.1016/j.jveb.2020.12.002.

5 Bateson P. Behavioural development in the cat. In: Turner DC, Bateson P, eds. The domestic cat: The biology of its behaviour, 3rd ed. Cambridge: Cambridge University Press; 2014:11–26.

6 Hart BL, Hart LA. Normal and problematic reproductive behaviour in the domestic cat. In: Turner DC, Bateson P, eds. The domestic cat: The biology of its behaviour, 3rd ed. Cambridge: Cambridge University Press; 2014:27–36.

7 Beaver BV. Feline behavior: A guide for veterinarian, second edition. St. Louis, MO: W.B. Saunders Company; 2003.

8 Sung W, Crowell-Davis SL. Elimination behavior patterns of domestic cats (Felis catus) with and without elimination behavior problems. Am J Vet Res. 2006;67(9). doi:10.2460/

ajvr.67.9.1500.

9 Macdonald DW, Apps PJ, Carr GM, Kerby G. Social dynamics, nursing coalitions and infanticide among farm cats, Felis catus. Ethology. 1987;28(Suppl):66.

10 Bradshaw JWS, Casey RA, Brown SL. The behaviour of the domestic cat, 2nd ed. Boston, MA: CABI Publishing; 2012.

11 Feldman HN. Methods of scent marking in the domestic cat. Can J Zool. 1994;72(6):1093–1099. doi:10.1139/z94-147.

12 Ishida Y, Shimizu M. Influence of social rank on defecating behaviors in feral cats. J Ethol. 1998;16(1):15–21. doi:10.1007/BF02896349.

13 Nakabayashi M, Yamaoka R, Nakashima Y. Do faecal odours enable domestic cats (Felis catus) to distinguish familiarity of the donors? J Ethol. 2012;30(2):325–329. doi:10.1007/s10164-011-0321-x.

14 Herron ME. Advances in understanding and treatment of feline inappropriate elimination. Top Companion Anim Med. 2010;25(4):195–202. doi:10.1053/j.tcam.2010.09.005.

15 Hart BL, Cooper L. Factors relating to urine spraying and fighting in prepubertally gonadectomized cats. J Am Vet Med Assoc. 1984;184(10):1255–1258.

16 McGowan RTS, Ellis JJ, Bensky MK, Martin F. The ins and outs of the litter box: A detailed ethogram of cat elimination behavior in two contrasting environments. Appl Anim Behav Sci. 2017;194(November 2016):67–78. doi:10.1016/j.applanim.2017.05.009.

17 Barcelos AM, McPeake K, Affenzeller N, Mills DS. Common risk factors for urinary house soiling (periuria) in cats and its differentiation: The sensitivity and specificity of common diagnostic signs. Front Vet Sci. 2018;5(May):1–12. doi:10.3389/fvets.2018.00108.

18 Bamberger M, Houpt KA. Signalment factors, comorbidity, and trends in behavior diagnoses in cats: 736 cases (1991–2001). J Am Vet Med Assoc. 2006;229(10):1602–1606.

19 Guy NC, Hopson M, Vanderstichel R. Litter box size preference in domestic cats (Felis catus). J Vet Behav: Clin Appl Res. 2014;9(2):78–82. doi:10.1016/j.jveb.2013.11.001.

20 Dulaney DR, Hopfensperger M, Malinowski R, Hauptman J, Kruger JM. Quantification of urine elimination behaviors in cats with a video recording system. J Vet Intern Med. 2017;31(2):486–491. doi:10.1111/jvim.14680.

21 Beugnet VV, Beugnet F. Field assessment in single-housed cats of litter box type (covered/uncovered) preferences for defecation. J Vet Behav. 2020;36:65–69. doi:10.1016/j.jveb.2019.05.002.

22 Buffington CAT, Westropp JL, Chew DJ, Bolus RR. Clinical evaluation of multimodal environmental modification (MEMO) in the management of cats with idiopathic cystitis. J Feline Med Surg. 2006;8(4):261–268. doi:10.1016/j.jfms.2006.02.002.

23 Tynes VV, Hart BL, Pryor PA, Bain MJ, Messam LLM. Evaluation of the role of lower urinary tract disease in cats with urine-marking behavior. J Am Vet Med Assoc. 2003;223(4):457–461.

doi: 10.2460/javma.2003.223.457.

24 Frank DF, Erb HN, Houpt KA. Urine spraying in cats: Presence of concurrent disease and effects of a pheromone treatment. Appl Anim Behav Sci. 1999;61:263–272.

25 Ramos D, Reche-Junior A, Mills DS, Fragoso PL, Daniel AGT, Freitas MF, Cortopassi SG, Patricio G. A closer look at the health of cats showing urinary house-soiling (periuria): A case-control study. J Feline Med Surg. 2018;1–8. doi:10.1177/1098612X18801034.

26 Crowell-Davis SL, Murray TF, de Souza Dantas LM. Veterinary psychopharmacology. Hoboken, NJ: John Wiley & Sons; 2019;103–128.

27 Pryor PA, Hart BL, Bain MJ, Cliff KD. Causes of urine marking in cats and effects of environmental management on frequency of marking. J Am Vet Med Assoc. 2001;219(12):1709–1713. doi:10.2460/javma.2001.219.1709.

28 Landsberg GM, Wilson AL. Effects of clomipramine on cats presented for urine marking. J Am Anim Hosp Assoc. 2005;41(1):3–11. doi:10.5326/0410003.

29 King JN, Steffan J, Heath SE, Simpson BS, Crowell-Davis SL, Harrington LJM, Weiss A-B, Seewald W. Determination of the dosage of clomipramine for the treatment of urine spraying in cats. J Am Vet Med Assoc. 2004;225(6):881–887. doi:10.2460/javma.2004.225.881.

30 Hart BL, Cliff KD, Tynes VV, Bergman L. Control of urine marking by use of long-term treatment with fluoxetine or clomipramine in cats. J Am Vet Med Assoc. 2005;226(3):378–382. doi:10.2460/javma.2005.226.378.

31 Hart BL, Eckstein RA, Powell KL, Dodman NH. Effectiveness of buspirone on urine spraying and inappropriate urination in cats. J Am Vet Med Assoc. 1993;203(2):254–258.

32 Ogata N, Takeuchi Y. Clinical trial of a feline pheromone analogue for feline urine marking. J Vet Med Sci. 2001;63(2):157–161. doi:10.1292/jvms.63.157.

第7章 猫的疼痛和疾病行为

J. L. Stella 和 C. A. Tony Buffington

在诊断和治疗猫的疼痛和疾病行为之前需要了解的事项。

- 我们对所有哺乳动物的急性和慢性疼痛的理解正迅速发展,可用的治疗方法也在不断进步。
- 疼痛、疾病、焦虑和恐惧可能表现出类似的症状:
  - 抵抗触摸或移动。
  - 心率和呼吸频率增加。
  - 瞳孔扩张。
  - 特定身体部位的舔舐 / 理毛行为。
  - 叫唤增加。
  - 藏匿行为增加。
  - 在猫砂盆外排泄。
  - 食物摄入量减少。
  - 与家庭成员互动减少。
- 疼痛的诊断基于病史、全面的体格检查和诊断可能存在疼痛成分的疾病过程。
  - 病史:
    ○ 寻找突然或渐进的行为或"性格"变化的病史,这些变化可能表明存在疼痛或疾病。每只猫都是独一无二的,所以"变化"比一张现有能力或行为倾向的清单更能反映疼痛情况。
    ○ 询问过去的受伤经历和在其他地方进行的手术,这些信息可能有助于理解猫当前的表现。
  - 体格检查(如果怀疑有疼痛或疾病):
    ○ 观察肢体语言和面部表情。
    ○ 在中老年猫中,应进行全面的骨科和神经学检查,记住,影像学异常可能并不等同于疼痛。
  - 已知具有疼痛成分的疾病包括 FIC、骨关节炎、口面部疼痛、炎性胃肠道疾病(包括口炎)、晚期牙科疾病、尿石症等。
- 在猫中治疗疼痛既重要又具有挑战。
  - 改变环境以改善疼痛或患猫的舒适度(见下文"帮助表现出急性疼痛或疾病行为的猫的行为疗法")。
  - 由于猫的代谢特性,药物控制疼痛的选择有限。
  - 使用肢体语言和面部表情评分来评估治疗的有效性。

概述

本章描述了急性疼痛、慢性疼痛和疾病行为的行为评估和管理方法。这类章节通常以定义开始。然而，关于疼痛，国际疼痛研究协会（International Association for the Study of Pain，IASP）[1]最近对其定义的讨论达到了 6700 字 a，几乎和本章的篇幅一样。就我们的目的而言，传统的 IASP 对急性疼痛的定义是"一种不愉快的感觉和情感体验，与实际或潜在的组织损伤相关，或以此类损伤的术语来描述" b。我们可以将"描述"定义为"根据患病动物的病史、行为[2-3]和评估背景推断"，因为我们照顾宠物"就好像"它们是基于我们的观察处于疼痛之中，即使它们无法自述其状态。当然，许多人类（婴儿、意识模糊的人等）也不能自述其状态，即使对于那些能够自述其状态的人来说，也只能选择相信他们的报告，而不能通过任何特定的"生物标记物"独立验证，因此不同物种的情况真的没有那么大的区别。下文将介绍不同类型慢性疼痛的定义。

急性疼痛

自 Lascelles 等[5]的早期研究以来，近期的许多出版物（包括一本书在内[4]），都涉及猫的急性疼痛识别和管理。临床兽医被建议在每次体格检查中寻找疼痛（以及恐惧和焦虑[6]）的存在[7-9]。Robertson[8]提出了 3 个问题来指导评估猫手术或受伤后的急性疼痛：

1.（在何种程度上）猫表现出正常的行为吗？

2. 猫所有的正常行为都消失了吗？

3. 猫是否产生了任何新的行为？

任何接触到住院猫的人都应该能够回答这些问题，以确保没有猫"被漏掉"，导致用未被识别出疼痛并进行适当护理而遭受痛苦。对于那些缺乏培训和经验较少的人来说，提醒临床兽医或技术人员"某件事看起来不对劲"可能就足够了，直到他们可以接受疼痛评估培训。

评估急性疼痛通常包括确定疼痛的位置、相关症状和行为的持续时间，以及强度[7]。猫的急性疼痛行为可以用一系列的行为（表 7.1）和生理变量（表

a 感兴趣的读者可查阅相关资料。
b 此处由 IASP 提供。

表 7.1　提示急性疼痛 / 威胁的行为参数 / 身体姿势

行为	正常	急性疼痛 / 威胁
姿势	放松	固定不动——蜷缩或紧张
态度 / 举止	在笼子前面好奇，被周围环境吸引	退缩、冷漠
面部表情	放松	眼睑间隙变窄，耳朵平贴，胡须紧贴面部并摊平
自理	正常进食、饮水、梳理、排泄	不进食、饮水、梳理或排泄
叫唤	发出呼噜声、无	哀号、呻吟、防御性攻击（嘶嘶声、咆哮、吐口水、尾巴抽动、耳朵抖动、抓挠、咬人）、发出呼噜声、无
活动	起床时伸展、探索笼子、发出呼噜声、揉捏、磨蹭等	活动迟缓或犹豫、尝试避开处理者
对食物 / 水的偏好	有	无
排泄	有	无
关注伤口	忽略	观察和 / 或舔伤口
与人的互动	对护理员感兴趣，友好接近	避免
对触摸、压力和触诊的反应	欢迎或至少不回避	避免、防御性攻击

7.2）进行评估[7,10-12]。然而，生理参数的变化既不一致，也不是疼痛所特有的[8]。它们也可能在恐惧和焦虑的情况下发生，这当然也意味着要实施适当的护理来解决这些情绪状态，以尽可能地使猫的生理状态正常化。

有两种经过验证的猫急性疼痛评估量表（表 7.3）可供使用：UNESP-Botucatu 多维综合疼痛量表（UNESP-Botucatu Multidimensional Composite Pain Scale，UNESP-Botu-catuMCPS）[13-15] 和格拉斯哥综合测量疼痛量表——猫（Glasgow Composite Measures Pain Scale-Feline，CMPS-Feline）[16]。可以使用这些量表记录基线数据，以便尽可能地与干预后的行为进行比较；已发布了此

表 7.2　可以评估的提示急性疼痛 / 威胁的生理参数

增加：	存在：
● 瞳孔直径	● "出汗"的爪子
● 呼吸频率	● 过度脱毛
● 体温	● 潮红
● 心率	● 焦虑时舔嘴唇
● 血压	

表 7.3 经验证的不同类别的疼痛评估量表

UNESP–Botucatu 多维综合疼痛量表 [13]	格拉斯哥综合测量疼痛量表——猫 [16]
子量表 1：疼痛表达	
各种行为：	观察者对猫的印象
A. 安静地躺着，摆动尾巴	
B. 收缩与伸展后肢 ± 躯干肌肉	
C. 眼睛半闭	
D. 舔舐或啃咬伤口	
对手术伤口触诊的反应	关注伤口
对腹部 / 侧腹触诊的反应	对伤口或疼痛区域触诊的反应
叫唤	叫唤
子量表 2: 心理运动变化	
姿势	姿势
舒适	面部表情：耳朵和胡须的位置（图 7.1）
活动	被抚摸时对评估者的反应
态度：	
A. 满意	
B. 不感兴趣	
C. 冷漠	
D. 焦虑	
E. 攻击性	
子量表 3：生理变量	
动脉血压	
食欲	

问题 4

a）对比以下示意图，选择与评估对象耳朵位置最接近的选项

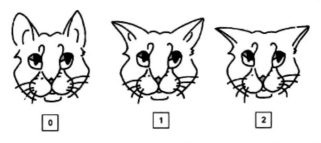

b）对比以下示意图，选择与评估对象上唇形状最接近的选项

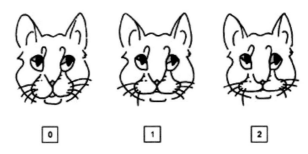

图 7.1 面部表情；耳朵和触须的位置。格拉斯哥综合测量疼痛量表——猫 [16]

（由 John Wiley & Sons 提供）

过程的表格可供使用 [17]。

急性疼痛评估的局限性

每种经过验证的工具都有其局限性。它们完成起来可能需要花费大量时间，而且这两种工具都是在猫进行卵巢子宫切除术后（推测）且身体其他部分健康的情况下进行验证的，因此它们对其他疼痛状态的实用性还有待证明。同时，急性疼痛的猫展现出的行为也与那些感知到威胁存在的猫的行为发生重叠，如被送到收容所 [18] 或兽医诊所 [17] 等，因此必须考虑到患病动物的个体病史和主述症状的整体背景。此外，年龄、性格 [19]、任何存在的疾病过程、必要干预措施（包括药物治疗）的性质和程度的差异都可能出现，因此需要对患病动物进行个体评估和重新评估。疼痛量表也可作为一种工具提供信息，但不能取代对猫的状态和治疗决策的临床判断。

为了应对这些限制，Evangelista 等最近报道了猫鬼脸量表（Feline Grimace Scale，FGS）的开发和验证，用于检测猫自然发生的急性疼痛[20]。35 只患有急性疼痛症状的有主宠物猫（排除那些可能影响面部表情的疾病或病症，或者在 24 h 内接受过药物或镇痛药治疗，过于害羞或野性，或者需要立即治疗的猫），以及 20 只来自研究人员所在大学教学养殖场的健康对照猫，作为前瞻性病例对照研究的一部分，在笼子里不受干扰地进行了录像。疼痛猫随后接受镇痛治疗，并在 1 h 后再次录像。4 位对组别和获取图像的时间一无所知的观察者，对疼痛猫和对照猫的 110 张面部特征图像进行了独立评分，包括头部位置、耳朵位置、眼睛紧闭程度、口鼻紧张程度和胡须的位置变化。疼痛猫的 FGS 评分比对照猫高，这与另一种经验证的工具强烈相关[21]。报告还显示，总体上评估者之间和内部具有良好的可靠性，且内部一致性极佳。FGS 还检测到了猫对镇痛治疗的反应（镇痛后的评分低于镇痛前）。作者们得出结论，尽管样本数量小并且是具有多年猫研究经验的专家进行验证，但 FGS 仍是猫急性疼痛评估有效且可靠的工具。他们承认，新手评估者的评分会如何影响可靠性尚未知晓，但值得进一步研究，并为此制作了猫鬼脸量表培训手册。

在最近的一项研究中，Shipley 等[22]考察了"科罗拉多州立大学猫急性疼痛量表"的可靠性和有效性。该量表采用疼痛的心理和行为迹象、面部表情、身体姿势和触诊反应来计算疼痛分数。当被经验丰富的兽医用来评估猫在卵巢切除手术后的疼痛强度或者是否需要重新评估镇痛计划时，该量表显示出中等至良好的评估者间可靠性。不幸的是，其有效性未能达到当前相关系数指南的要求，需要进一步完善和测试以提高其性能，然后再进一步实施。

McLennan 等[23]最近也讨论了一些关于疼痛评估的概念和方法问题，包括疼痛面部表情量表的开发和使用（图 7.2）。他们为开发有效、可靠的面部表情量表，以及如何在临床实践中使用它们提供了指导；他们的临床建议见表 7.4。

图 7.2　疼痛等级，包括面部表情，可能有助于识别疼痛的猫并评估其疼痛程度

（由 Andriy Blokhin/Adobe Stock 提供）

表 7.4　在临床实践中使用面部表情量表的最佳做法[23]

- 使用详细的流程来培训人员。
- 将流程放置在需要进行疼痛评估的关键区域。
- 考虑持续的培训以及观察者之间和观察者内部的测试，以确保量表实施的一致性。
- 随着时间的推移，结合其他行为和生理测量进行多次观察。
- 记录分数，并在患猫附近展示，以监测治疗的进展和效果。
- 与其他经过验证的指标联合使用。
- 禁用于头部损伤 / 创伤的患猫。

已获得 Elsevier 的许可。

帮助表现出急性疼痛或疾病行为的猫的行为疗法[24-26]

（其他地方也有帮助猫缓解急性疼痛的药理学方法[4,27-29]。）

猫倾向于与某个地方产生依恋，而不是与其他动物产生依恋，因此将猫限制在不安全的地方会对它们的行为、生理和恢复产生不利影响。幸运的是，有效地对这些空间丰容可以减轻对猫的影响[18,24,30]。丰容的条件使猫能够应对周围的环境，并在"空间"中感到"更安全"。笼子内外的因素都会影响住院猫的福利[25,30]。

在笼子里，猫需要以下资源来应对（图 7.3）。

a. 躲藏的地方： 猫躲藏是为了逃避威胁和取暖；将它们放在笼子的后部，让猫感到更安全。供猫抓挠和栖息的物品也很有帮助[31]。

b. 垫料： 完全覆盖笼子的底部，光秃秃的表面可能寒冷且不舒服。带有猫和宠主气味的垫料也可能让猫感到更舒适。只有当垫料被弄脏时才更换（而不是每天更换）；多数猫更喜欢熟悉的垫料。

c. 食物和水： 如果可能的话，提供猫平时的食物，并将食物和水放在笼子的后部，尽可能靠近其躲藏的地点，以让猫感到更安全。

d. 猫砂盆： 放置在笼子的前部，因为猫使用猫砂盆的频率比使用食碗和水碗的频率低（并且只有在使用食碗和水碗之后才用）。尽可能使用猫常用的猫砂。

e. 门： 尽可能大面积地覆盖笼门以减少不必要的刺激。

笼子外部的因素也可能给被限制在笼子里的猫带来压力[18,32]；以下是这些因素及如何优化它们。

a. 灯光： 如果没有自然光，请设置定时器以确保每天提供规律的灯光，

减轻患猫的压力：

正确布置笼子

1. 选择顶部的笼子。当猫接近我们的高度时，它们会感到更安全。顶部的笼子还能避免俯身靠近患猫，因为这对猫来说是一种威胁。
2. 把笼子底部完全盖住。裸露的金属冰冷、噪声大，且不舒适。应使用笼垫完全覆盖笼底。
3. 躲避盒（或猫包）既给患猫提供了藏身之所，也给患猫提供了休息的地方。
4. 碗。将食碗和水碗放在靠近安全屋开口处，在不干扰进出的情况下，尽量远离猫砂盆。
5. 猫砂盆。把猫砂盆放在躲避盒前面，远离碗。使用足量猫砂，确保猫爪不会"抓到底部"。
6. 关好笼门。当患猫到达住院部，在笼门上挂一块笼帘，以减轻压力。在笼帘上喷 10 次费力威，等待 30 min 让酒精消散。然后将笼垫盖住笼底 2/3 的区域，挡住它们的视线，这样你仍然能观察，如果笼底打滑，可使用夹子固定。
7. 丰容。任意添加家中你认为合适的个人物品，让患猫尽可能享受住院环境。

切勿将费力威直接喷洒在猫身上或猫在笼子里时喷入笼子中。

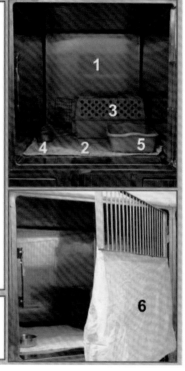

图 7.3　笼子布置建议的海报

［引自笛卡尔的《论人》(*Treatise of Man*)］

或者每天在同一时间手动打开和关闭灯光。不要每次有人进出猫所在的空间就开灯或关灯。

　　b. **声音**：尽量减小声音（< 60 dB，安静的对话级别，可以用智能手机应用程序测量）。如果可能的话，提供猫专用的音乐（音量要小）（如 https://www.musicforcats.com）[33]。关于白噪音对猫压力的影响的研究很少。在一天中特别嘈杂的时段，使用白噪音可能有助于减轻不可预知噪声的影响，但要注意以下问题。

　　i. 优先考虑减少噪声来源或将猫安置在更安静的区域。

ⅱ. 确保音量设置在 60 dB 以下。

ⅲ. 把白噪声发生器放在房门附近或需要掩盖的噪声源附近，而不是靠近单独的笼子或住处。

ⅳ. 仅根据需要间歇性使用。

ⅴ. 密切监测猫对使用白噪声发生器的行为反应，并根据需要重新评估。

c. 气味：尽量减少来自犬、其他猫、香水、酒精（来自洗手液）、香烟、清洁化学品（包括洗衣粉）、空气清新剂等的气味；所有这些都可能令猫反感和产生压力，尤其是对于被困在笼子里无法摆脱气味的猫来说。

d. 温度：猫喜欢温暖，即 29.4 ~ 37.8℃（85 ~ 100°F）[34]。提供让猫可以选择"蜷缩"以保持温暖的垫料。

e. 日常工作：每天在同一时间进行清洁、喂食和治疗程序，最好由同一人执行，以增加猫的可预测性。局部清洁后将笼内陈设物件放回原处，在逗留期间让猫待在同一个笼子里。

f. 低压力操作[35]：使用这些技术最大限度地提高猫对安全性、可预测性和控制力的感知。尽可能由熟悉的、专门的人给予额外关注，如梳理或玩耍。

表明关在笼子里的猫可能有问题的行为包括在猫砂盆中"休息"，以及自上次清洁以来笼子没有使用过的痕迹或处于杂乱状态。疾病行为也令人担忧。这些症状包括呕吐、腹泻或软便、24 h 内没有排便、在猫砂盆外排尿或排便、厌食或食欲下降、嗜睡和不梳理被毛的各种可变组合，这些将在本章后面讨论[36]。

急性疼痛资源

我如何知道我的猫是否疼痛（https://catfriendly.com/feline-diseases/signs-symptoms/know-cat-pain）。

2022 AAHA/AAFP 犬猫疼痛管理指南[37]。

UNESP-Botucatu 多维综合疼痛量表。

格拉斯哥综合测量疼痛量表——猫（CMPS-Feline）[16]（https://www.newmetrica.com/ acute-pain- measurement）。

无恐惧实践[6]（https://fearfreepets.com）。

猫友好实践[38]（https://catvets.com/cfp/cfp）。

家猫行为评分系统。

慢性疼痛

急性疼痛驱动着为生存服务的行为。疼痛感知通常发生在威胁身体完整性和生存的状态下。不幸的是，疼痛可能比它的效用更持久，变成慢性的和适应不良的。疼痛感知具有强度和情感方面的特征。强度描述了感知的身体上的不愉快，而情感描述了伴随疼痛感知的感觉。这些感知驱动运动活动（退缩）和行为（防护），旨在避免持续暴露于导致感知的感官输入，并保护个体以允许治愈。急性疼痛通常是由对有害（伤害性）刺激做出反应的感觉神经元的输入引起的（图 7.4），这影响了几个世纪以来对疼痛的思考。

1979 年，疼痛门理论的创始人之一 Patrick Wall[40,41] 认识到，现在是时候从仅仅基于输入的来源和输出的目的地来思考疼痛，转变为考虑整个互联系统的动态稳定性。他认识到，伤害性输入只是在对外部和内部环境进行持续分析期间评估的众多因素之一，这些因素对于提高生存概率的反应是必要的。

对中枢神经系统（central nervous system，CNS）的伤害性输入可能会导致即刻不愉快的感觉，以及对输入意义的评估 [3,42]。这些评估权衡疼痛状态存在的长期影响，基于一个人的基因和表观遗传学史、对过去事件的记忆、环境

图 7.4　**从伤害感受器到疼痛感知的"标记线"途径的历史插图** [39]
［引自笛卡尔的《论人》（*Treatise of Man*）］

背景，以及对未来可能性（期望）的想象。中枢神经系统中放大性和抑制性神经元网络之间的复杂相互作用也会影响疼痛感知[43]，情绪、激素和外部环境的影响也是如此[44-45]。

随着慢性疾病的出现，情况变得更加复杂，因为 CP 本身就可以成为一种疾病[46]。此外，对环境威胁（"应激"）的感知会加剧各种 CP 状态的临床症状，包括猫间质性膀胱炎（feline interstitial cystitis，FIC）[42]，以及暴露于慢性或反复威胁，如长期约束或反复强迫啮齿类动物游泳[47]。相反，暴露于急性应激（威胁）可以抑制疼痛感知，称为"应激诱导镇痛"[44,47]，可能部分通过促肾上腺皮质激素释放因子（corticotropin-releasing factor，CRF）和催产素受体信号传导[48]。

大多数患有 CP 的人类和猫都通过初级保健进行管理。20% ～ 55% 的人类初级保健咨询是针对疼痛的，其中大约一半是针对 CP 的。如果初级兽医护理中的数据与此类似，那么了解 CP 的分类方式可能会提高该问题的护理质量。

慢性疼痛定义

2018 年，在第 11 次修订版《国际疾病分类》（ICD-11）中首次开发了人类 CP 的系统分类编码系统。2019 年 IASP 对常见 CP 状况的分类如表 7.5 所示。

多年来，CP 被定义为超过正常愈合时间的持续疼痛[49]，因此缺乏生理伤害感受的急性警告功能。由于这一定义在某些疼痛条件下难以验证，IASP 目前将 CP 定义为人类持续或复发超过 3 个月的疼痛[46,50]。他们定义了一个或多个解剖区域的原发性 CP 疼痛，这些疼痛与干扰日常生活的情绪困扰有关。他们区分了 3 种不同类型的常见 CP 状态；伤害性（导致外周伤害感受器持续激活的实际或潜在的组织损伤）、可塑性（伤害性感受功能改变）和神经性（躯体感觉系统疾病或损伤）。相反，他们认为继发性 CP 反映了与其他疾病（如癌症、某些骨关节炎病例）相关的病理。

在 2016 年，术语"可塑性"疼痛被提出，作为一种对慢性疼痛状态机制的描述，这些疼痛状态并未表现出明显的伤害感受器活化或神经病变，"但在

---

c https://www.iasp-pain.org/advocacy/definitions-of-chronic-pain-syndromes。访问日期：2022 年 2 月 22 日。

临床和心理物理学发现中，提示伤害感受功能有所改变"[51]。根据 IASP，可塑性疼痛可能与纤维肌痛综合征、非特异性肌肉骨骼疼痛、内脏疼痛疾病（如肠易激综合征和间质性膀胱炎）患猫报告的症状有关[51]。"此外，最初患有伤害性疼痛（如骨关节炎）的猫可能会发生伤害性进展的改变，表现为下行性疼痛抑制的改变伴随着超敏反应的传播。在这种情况下，伤害性和可塑性输入的可变组合会导致它们的疼痛"[51]。

表 7.5 IASP 对常见临床相关慢性疼痛状态的分类[50]

名称	描述
1. 慢性原发性疼痛	持续或复发超过 3 个月的 1 个或多个解剖区域中的慢性疼痛，该疼痛以显著的情绪困扰（焦虑、愤怒/沮丧或抑郁情绪）或功能性障碍（干扰日常生活活动并减少社会角色参与）为特征。慢性原发性疼痛是多因素的：生物、心理和社会因素均可导致疼痛综合征。该诊断独立于已确定的生物学或心理因素，除非有其他诊断能更好地解释所呈现的症状
2. 慢性继发性肌肉骨骼疼痛	作为直接影响骨、关节、肌肉或相关软组织疾病过程的一部分出现的持久或复发性疼痛；可能是自发的或运动引起的，仅限于伤害性疼痛。它不包括在肌肉骨骼组织中感知到但并非肌肉骨骼组织引起的疼痛，如压迫性神经病理性疼痛或躯体牵涉痛
3. 慢性继发性内脏疼痛	源自头颈部和胸、腹、骨盆腔的内脏器官的持久或复发性疼痛
4. 慢性继发性头痛或口面部疼痛	由慢性头痛和口面部疾病引起的继发性疼痛，包括慢性牙痛和颞下颌关节紊乱病
5. 慢性术后或创伤后疼痛	手术或其他创伤后持续存在的疼痛，其中起始事件和正常愈合时间已知
6. 癌症相关慢性疼痛	癌症本身（原发性肿瘤或转移瘤）或其治疗（手术、化疗和放疗）引起的疼痛
7. 慢性神经病理性疼痛	由感觉神经系统的病变或疾病引起的疼痛，可能是外周神经系统或中枢神经系统，也可能是自发的或由感觉刺激引起的（痛觉过敏和异常性疼痛）

改编自参考资料 [44]。

表7.6中列出了在人类和家猫中一些常见的慢性疼痛疾病的例子。许多在人类中出现的疾病还未在猫中提及，但不意味着不会在猫中出现，只是目前尚未发现。当然，某些人类疾病的动物模型确实存在，但是基于对健康动物施加伤害的模型与自然发生的疾病之间的关联并不总是明显的[52]。

慢性疼痛的行为症状可能是微妙的、非特异性的，并且进展缓慢。宠主

表7.6　人和家猫的一些常见慢性疼痛的例子

名称	人的例子	猫的例子
1. 慢性原发性疼痛	a. 广泛性疼痛（如纤维肌痛） b. 复杂区域性疼痛综合征 c. 头痛和口面部疼痛（如持续偏头痛或颞下颌关节紊乱病） d. 内脏疼痛［如肠易激综合征或间质性膀胱炎（IC）］ e. 肌肉骨骼疼痛（如非特异性腰痛）	a. 未描述 b. 未描述 c. 口面部疼痛 d. 猫 IC[53] 和（部分）炎性肠病 e. 未描述
2. 慢性继发性肌肉骨骼疼痛	a. 类风湿性关节炎 b. 症状性骨关节炎（OA） c. 脊髓损伤后痉挛 d. 帕金森病的僵直	a. 未描述 b. OA c. 类似 d. 未描述
3. 慢性继发性内脏痛	a. 炎症性，如食道炎、胃炎、胰腺炎 b. 血管性，如血栓形成、高凝状态、动脉瘤 c. 机械性，如结石、狭窄、内脏牵拉	相似
4. 慢性继发性头痛或口面部疼痛	a. 创伤或损伤 b. 血管性 c. 感染 d. 牙科 e. 神经性	相似
5. 慢性术后或创伤后疼痛	很多	很多
6. 癌症相关慢性疼痛	很多	很多
7. 慢性神经病理性疼痛	见 Scholz 等 [54]	见 Epstein[55]

改编自参考资料 [44]。

可能会报告新出现的行为，以及任何组合中的行为的消失，如表 7.7 所述[53,56~57]。

慢性疼痛量表

目前存在 3 种基于宠主和 1 种基于兽医的慢性 OA 疼痛量表[53]。其中包括猫肌肉骨骼疼痛指数（Feline Musculoskeletal Pain Index，FMPI）、客户特

表 7.7　在慢性疼痛患猫中观察到的行为变化

行为	描述
运动	不如平时流畅 花在移动、玩耍或探索上的时间减少 强度和活力下降（活动不耐受） 分阶段而不是直接跳上或跳下高处
饮食行为	食物摄入量减少或增加
排泄行为	进出猫砂盆有困难 难以做出正常的排泄姿势 在猫砂盆外面排尿或排便
理毛行为	梳理频率降低或梳理时间减少 难以做出正常的梳理姿势 抓挠行为减少 由于疼痛或异常的感觉敏感性而过度理毛，可能导致自发性脱毛
社交行为	与人和其他宠物互动的意愿减少 更多的藏匿 避免被抚摸或处理
探索行为	对环境的兴趣减少（如玩耍、外出、迎接宠主和其他宠物、跳上高台或在高台之间跳跃、嗅闻物体、看家具下面） 寻找温暖、舒适的休息区
突然叫唤或激动	突然叫唤或奔跑，无论是自发的还是在试图抚摸或抚摸猫的过程中 * 突然变得专注于身体的特定部位，并开始无缘无故地强烈舔舐 这些情况过后不久可能会恢复正常行为

* 被抚摸后，背部肌肉痉挛或皮肤抽搐可能提示过敏反应。

改编自参考资料 [53,56~57]。

定结果衡量（Client Specific Outcome Measures，CSOM）和适用于宠主的供照护人使用的蒙特利尔猫关节炎评估工具 [Montreal Instrument for Cat Arthritis Testing for Use by Caretaker，MI-CAT（C）]，以及适用于临床兽医的供兽医使用的蒙特利尔猫关节炎评估工具 [Montreal Instrument for Cat Arthritis Testing for Use by Veterinarian，MI-CAT（V）]（参考资料部分中提供的量表链接）。开发基于宠主的量表是为了在正常环境中对猫进行评估，以避免与运输和在临床环境中进行评估相关的干扰。这些量表仍在验证中，目前被视为"动态文档"，正在接受持续的研究以进一步验证它们[53]。这些量表或其他量表是否会被整合到初级实践中，将取决于这些研究的结果。

为了与人类医学中使用的量表进行比较，最近的一项研究比较了标准化反应均值、标准化效应大小和受试者操作曲线分析，以评估 250 名参加随机临床有效性试验的参与者在基线和 3 个月之间的变化，他们共同参与了针对中度至重度和持续肌肉骨骼疼痛的远程协作护理管理，分别采用了 2 项、3 项、4 项和 11 项量表[58]。研究报告表明，一些测量方法比其他方法更能有效地检测变化，而事后分析表明，内容或评分量表结构（响应选项数量或定位语言）的差异并不能充分解释在检测变化方面观察到的差异。据作者所知，当前的兽医量表尚未测试过这种随时间变化的敏感性。

健康相关生活质量量表 [53]

一般健康相关生活质量（Health-related Quality of Life，HRQoL）[59-61] 和特定疾病 [62-63] 的量表已经被开发并针对猫进行了部分验证。虽然通用量表可以用于慢性疼痛，但迄今为止，它们尚未充分发展到能够纳入日常的临床实践。这些量表包括（参考资料部分中提供的量表链接）：

- VetMetrica[60] 是一个基于网络的量表，初步证据支持其在猫 OA 中的使用 [64]。它包含 20 个条目，分为 3 个领域（生命力、舒适度和情绪健康），目前可通过付费订阅在临床实践和研究中使用。
- 猫 QoL 测量 [61] 包含 16 个条目，分为 2 个领域（健康行为和临床症状）。它已经在健康猫中进行过评估，但目前尚不可用。
- 猫健康和福利（Cat Health and Wellbeing，CHEW）[65]，包括 33 个条目，分为 8 个领域，包括身体功能（活动能力、眼睛、被毛、健康度和食欲）、精神和情感（情绪和精力），以及社交功能（参与度）。

与疼痛量表一样，这些量表或其他量表是否会纳入初级实践还有待观察。

慢性疼痛的临床评估

Montiero 等 [53,56] 已经提出了一个逐步评估慢性疼痛的方法（请查阅相关参考资料以获取更多详细信息）。

- 安排充足的时间，尤其是初次咨询。
- 获取有关患猫环境和日常生活的详细信息。最近的行为变化可能特别重要。可以使用环境 [66]、疼痛和 / 或 HRQoL 量表来获取额外的信息。
- 使用对猫友好的处理技术进行低压力的体格检查；仔细观察肢体语言和面部表情，如果怀疑存在骨关节炎，可以触诊关节和长骨，当怀疑存在神经性疼痛时，进行神经学检查。注意：在触诊特定身体部位时，退缩、回避、叫唤等表现可能提示疼痛，但胆怯 / 恐惧的猫可能缺乏行为反应，这并不意味着没有疼痛。
- 观察猫的活动，或评估宠主提供的猫的家庭视频。
- 考虑进行实验室检查，以调查已确定的共存疾病的症状（继发性 CP）。影像学检查可能有助于诊断某些疾病，如骨关节炎、结石和癌症，但可能与疼痛的临床症状无关。

疾病行为

疾病行为（sickness behaviors，SB）[67] 是一种在整个动物界，包括斑马鱼 [68]、啮齿动物 [69]、奶牛 [70]、猫 [36] 和人类 [71] 中都有文献记录的对感染的生理和行为反应。常见的跨物种疾病行为包括发热、厌食、乏力和社交接触减少。

心理压力也可以通过应激反应系统（stress response system，SRS）诱导促肾上腺皮质激素释放因子（CRF）的释放而引发疾病行为，从而激活交感神经系统（sympathetic nervous system，SNS）和免疫系统，导致促炎细胞因子释放 [72-73]。这种级联反应与疾病行为、情绪症状和病理性疼痛有关（图 7.5 ）[74-75]。

相关的行为反应包括抑制自理行为，如进食、社交接触和梳理，以支持保存能量来增强免疫功能以抵抗病原体的过程 [75-76]，以及在暴露于心理威胁时提高警惕 [77-78]。这些心理 – 神经 – 免疫变化在进化上是保守的、适应性的、正常的反应，通过激励动物改变其行为来帮助个体生存。

在福利评估中应考虑疾病行为的动机驱动，以及其他动机，如恐惧、饥

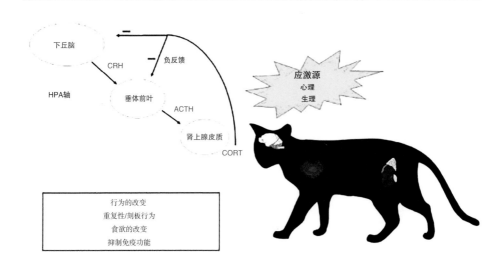

图 7.5 描述了应激诱导的 HPA 轴激活以及相关的行为和生理反应

饿和口渴。寻求休息、远离环境和自理是对感染的进化适应性反应，这与唤醒和逃避对威胁的反应一样正常[79]。然而，当这种动机状态由超过动物应对能力的慢性环境干扰引起时，它就是福利受损的信号，应得到解决。福利受损可以被视为正面和负面经历之间的慢性失衡；控制感下降，威胁感增加导致应激反应系统的慢性激活[80]。现在假设，与人类相似，长期暴露于环境应激因素可能会导致有或没有身体健康问题的动物遭受精神痛苦[80]。

疾病行为的临床症状

家养猫应激时表现出的最常见的疾病行为反应包括食欲减退，呕吐毛发、食物或胆汁，在猫砂盆外排泄，社交互动减少，理毛行为减少，以及试图躲藏的频率和强度增加（图 7.6）[18,30,36,81]。

我们在实验室饲养的猫身上发现，环境应激因素导致了疾病行为的增加，这包括暂时（1 周）中断与猫主要护理者的接触或互动、日常饲养时间的改变、陌生的护理者，以及喂食时间推迟 3 h[36]。这些事件导致了疾病行为的相对风险（relative risk，RR）比控制周增加了 3.2 倍，食物摄入量减少（RR = 9.3）和排泄物增多（RR = 6.4）的风险更大，猫砂盆外排便（RR = 9.8）和排尿（RR = 1.6）的风险也增加。随后，我们发现与应激因素相关的免疫系统功能发生改变，包括循环淋巴细胞数量减少、中性粒细胞与淋巴细胞比例从基

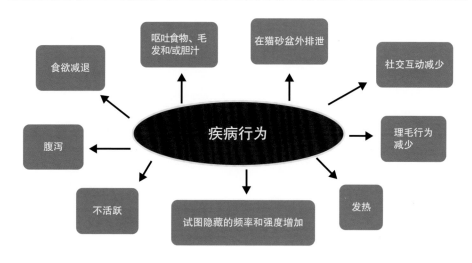

图 7.6 在家猫中观察到的常见疾病行为

线增加。此外，促炎细胞因子 IL–6 和 TNF–α 的基因表达也发生了改变[30]。

我们一致发现，在笼养的猫中，对心理应激源最常见的疾病行为反应包括食欲减退、在猫砂盆外排便增多，以及呕吐食物、毛发和 / 或胆汁（图 7.7）。宠主报告的疾病行为最常见的是食欲过盛（34%），呕吐毛发、食物或胆汁（25%），紧张 / 焦虑 / 恐惧行为（22%），以及在猫砂盆外排尿或排便（11%）[82]。这些行为和其他疾病行为也经常在被带到兽医处进行评估的宠物猫中发现。这些结果表明，每日监测猫的疾病行为可以提供一种实用的、非侵入性的方法来评估应激反应和它们的环境质量，从而衡量家里或动物兽医诊所中笼养的猫以及被安置在收容所或研究机构的猫的总体福利。

管理

与室内外自由活动的猫相比，圈养猫的居住空间通常在数量和质量上都有所减少。圈养环境的许多方面可能会影响猫的福利。个体必须适应其物理环境，这通常与物种进化的物理环境不匹配。圈养的居住环境通常是为了人类的舒适和便利而建造和维护的。猫对环境的感知与人类截然不同，因此许多环境因素可能会让它们感到厌恶或有压力。与宏观环境（房间）、微观环境（猫可用的单个笼子或禁区）、环境的可预测性和控制性、社会环境的质量（包括人与猫的关系）以及与环境中的同种动物和其他动物的相互作用有关的因素，如住所附近可听到或可闻到犬，都会影响猫对威胁的感知[18,84–86]。应尽量

图 7.7　呕吐不是猫的正常行为，应探究原因

减少人为干预引起的压力影响，以支持圈养猫的心理和生理健康。了解猫的感觉器官以及它们可能如何感知刺激，将有助于护理者监测和改善住房环境。最后，环境应该与行为相关，提供的空间数量和质量应允许物种典型行为模式的发展和正常表达。

也许当猫被限制在家里或笼子里时，最大的应激源是感知或实际上缺乏控制周围环境的能力。被关在笼子里的猫几乎无法控制以下情况[32]：

- 它们的社交伙伴是谁。
- 它们可以在自己和他人之间留出多少空间。
- 食物的种类、数量或可获得性。
- 它们经历的环境刺激的质量或数量，包括：
  ○ 灯光。
  ○ 噪声。
  ○ 气味。
  ○ 温度。

可预测性，或缺乏可预测性，是猫可能会感到压力的另一个环境方面。研究表明，如果有选择，动物会选择可预测性而不是不可预测性，特别是涉及厌恶事件时[32,87-88]。可预测性既指时间一致性（事件发生的时间），也指对护理者和环境的熟悉程度。一致的、可预测的日常生活是至关重要的，特别是当动物被限制时。由熟悉的人在一天的同一时间进行的日常清洁和饲喂程序可以让猫预测潜在的厌恶事件。

最后，已经在猫中发现了个体性格差异，表明个体性格可能在猫对资源的偏好或使用中起作用。最近一项关于猫的应对方式的研究报告称，猫被安置在一个安静、可预测和丰容居住环境中，为了最大限度地减轻压力和促进适应，它们以不同的方式使用躲藏和栖息资源。尽管总体来看，随着时间的推移，藏匿行为减少而栖息行为增加，但被认为有反应性应对方式的猫花了更多时间在躲避盒里，而被认为有主动性应对方式的猫花了更多时间在休息区 [89]。如前所述，这些结果强化了处理个体差异的重要性，通过提供既有藏匿机会又有栖息机会的丰富笼养环境，以满足笼养猫的需求 [18,31,81,90-91]。

对于表现出慢性疼痛或疾病行为的猫的行为疗法 [92,93]

宠主

慢性疼痛患猫的宠主来找我们寻求诊断，他们最关心的是各种症状的原因，可能并不知道他们的猫正在遭受慢性疼痛。在我们的经验中，对于患有与 FIC（以及其他慢性疼痛状态）[94] 相关的慢性疼痛的猫来说，最重要的考虑因素是有效而富有同理心的客户沟通 [92]。在对猫进行完整的评估并得出可能存在慢性疼痛的结论后，我们可以向客户解释，虽然目前还没有治愈的方法，但合适的治疗和姑息手段通常可以将猫的临床症状降到最低，并延长无病期，而且他们的大部分护理可以与受过训练的技术人员协同进行。我们需富有同情心地仔细聆听客户关于养了慢性疼痛患猫的影响的故事，为症状的来源提供令人满意的解释，表达对情况的关心和忧虑，并增强客户的控制感。有效的护理者 – 宠主互动似乎可以提高患猫对治疗的依从性，以及治疗的生活质量 [95]。然后，我们可以制订适应当前症状的任何治疗方案，并在可能的情况下，将宠主介绍给接受过慢性疼痛患猫护理培训的技术人员或其他工作人员，他们将指导宠主实施多模式环境改造（multimodal environmental modification，MEMO）[66,96]，以尽量减小环境威胁感知对患猫症状的影响。这一介绍的正式内容表明我们打算通过我们的技术支持人员来维持与宠主的合作关系，支持他们努力控制和维持患猫的临床症状。

猫

药物治疗

药物治疗的选择（如果有）取决于个体猫的慢性疼痛表现，这超出了本章的范围。有很好的参考资料可以在其他地方找到[28,97]。给猫服药可能具有挑战性，如果强迫它们，会加剧它们的恐惧和痛苦，损害猫与宠主的关系，如果宠主无法提供必要的治疗，特别是慢性疾病，可能会缩短它们的寿命。因此，我们建议利用低压力技术并训练猫接受检查、用药和治疗，理想情况下应在需要前进行，以减少恐惧和痛苦，并最大限度地优化护理。合作护理的全面讨论超出了本章的范畴，但可以在其他地方找到[98]。

饮食和饲喂管理

一些饮食是针对"应激"猫销售的，但它们在管理慢性疼痛方面的有效性尚未得到评估，而且其益处（如果有的话）似乎相当有限[99-100]。更重要的是，研究表明，许多慢性内脏疼痛（如 FIC）患猫可以在没有任何饮食改变的情况下得到有效管理[36,90,101-102]。在大多数情况下，我们建议宠主选择符合他们个人偏好的［美国饲料控制官员协会（Association of American Feed Control Officials，AAFCO）标记的］食品，然后在进食时提供几种这样的食品，以便他们的猫可以表达自己的偏好。我们推荐这样做，以尽量减少宠主对饮食的看法对宠主和猫的 SRS 激活的影响。对所有慢性疼痛表现的饮食疗法的利弊的详细讨论超出了本文的范畴，而且不幸的是，大部分关于疼痛饮食管理的研究都是由食品公司资助或进行的[103]。如果觉得需要改变饮食，那么只有在猫回家并且感觉好转后才尝试实施，以降低引发对新食物的习得性厌恶的风险。

环境

众所周知，环境条件会影响动物的行为和健康状况[104]，特别是笼养动物[32,105]。环境丰容已在各种动物研究中被证明能够缓解慢性疼痛[106-108]。如果慢性疼痛患猫的 SRS 处于敏感状态，那么增加它们的控制感、减少它们威胁感的治疗可能比那些不这么做的治疗更有效。有效的 MEMO 创造了让患猫感到安全的条件，并且能够不受限制地提供适合物种的新奇体验、活动以及与其他动物（包括人类）的互动。对猫来说，有效的 MEMO 意味着提供所有"必需"的资源，改进与宠主的互动，将冲突的强度降至可忍受的程度，并对猫的环境（即其"领地"）进行深思熟虑的改变。它还将传统上适用于猫砂盆的"1+1"规则（家里每只猫都需要一个猫砂盆，再加上一个备用的）扩展到家中的所有相关资源上（特别是休息区、食物、水和猫砂盆）。

空间

每只猫都需要一个安全的"庇护所"；在家中猫喜欢的地方提供一个舒适的猫包，并配备让猫舒适的物品。让猫习惯猫包也有利于把猫装进猫包去接受医疗护理和其他旅行。猫还会与环境中的物理结构互动，需要有机会抓挠（可能既需要水平的也需要垂直的）、攀爬、躲藏和休息；最好是在家里的多个地点。

最近的一项研究报告称，一些猫可能会享受嗅觉丰容的东西，包括猫薄荷、木天蓼、鞑靼忍冬和缬草根（费利威喷雾的一个成分）[109-110]。最近的另一项研究报道了宠物猫对与主人进行社交互动（50% 的猫）、食物（37%）、玩具（11%）和气味（2%）的偏好[111]。更多的猫更喜欢社交互动而不是玩具，更喜欢食物而不是气味，但在社交互动和食物、食物和玩具，或者玩具和气味之间未发现差异。

食物

猫喜欢在安全、安静的地方单独进食，那里不会被其他动物、突然的动作或可能突然启动的空气管道或电器吓到[112]。有些猫也更喜欢湿粮，可能是因为味道的差异或潜在的更自然的"口感"，而其他猫则更喜欢干粮。当需要改变饮食（并且得到宠主的同意）时，在单独的相邻容器中提供新的食物，而不是取出平常的食物并用新食物替换或混合，可以让猫表达它们的偏好。猫的自然进食行为还包括捕猎活动，如潜行和猛扑。这可以通过在房子周围隐藏少量食物，或者将食物放入食物益智玩具中来模拟[113]。

猫砂盆

即使没有观察到 LUTS（下泌尿道症状），猫砂盆也可能存在问题。关于猫砂盆位置（安全）、尺寸（大）、猫砂类型（让猫选择）和管理的详细讨论超出了本章的范围；其他地方也有很好的建议[92-93,114]。

玩耍

猫可能喜欢与宠主的互动游戏，并且许多猫可以在条件允许的范围内被训练去表现出某种行为（"技巧"）[115]。宠主需要理解，虽然猫很容易对积极的反馈（食物）做出反应，但它们无法像更具群居性的社交物种那样应对惩罚，因为这种"教学"方式显然从未进入过它们的行为库[116]。如果在饲喂前塑造行为，猫似乎更愿意学习。许多猫似乎喜欢新奇的事物，所以提供各种各样的玩具、定期轮换或更换，可以保持它们的兴趣。一些猫也似乎对特定类型的猎物有偏好。如有些猫喜欢追逐鸟类，而其他猫可能更喜欢追逐老鼠、蜥蜴或昆虫。识别猫的"猎物偏好"可以让宠主提供猫最有可能玩的玩具。

并非所有的猫都喜欢玩耍；有些猫似乎更喜欢被抚摸和梳理。

冲突

和有些人一样，当猫感到威胁时，它通常会通过尝试恢复控制感来做出反应。在这种反应中，有些猫会变得具有攻击性，有些猫会变得孤僻，有些猫则会生病。当多只猫在室内共同生活时，可能会存在猫与猫之间的冲突[117]。因为它们在家中的地位受到威胁，对于珍贵（或稀缺）资源（食物、休息区、猫砂盆、宠主的关注等）的获取，以及来自家中其他动物或外部猫的威胁，猫之间可以发展出冲突。提供一个"资源丰富的家"，即一个所有的猫都无法全部占有的环境，来最大限度地降低这些风险。

随访

有时候，宠主需要了解的所有信息可能会让他们感到不堪重负[92]。我们可以通过将对话集中在宠主认为最重要并愿意做出改变的问题上，提供书面指导方案来调整，几天后进行跟进，回顾宠主遇到的问题，以及他们做过的调整，来帮助宠主。我们可以经常询问："猫咪怎么样了？"或"你感觉怎么样？"，调整计划一周或两周后再联系他们，了解事情的进展，并给予相应支持。如果成功了，就可以继续进行更多的改变。根据我们的经验，总会有一个时间点（通常很快），宠主"领会了方法"，并可以在没有额外指导的情况下继续进行。

预防

对于有严重不良经历的猫来说，尤其是在生命早期阶段，可能会表现出慢性疼痛的脆弱性[118]。这种脆弱性可能在生命后期由于持续性和 / 或压倒性的威胁感而暴露出来，也可能通过有效的 MEMO 得到缓解[119-120]。这一消息对兽医行业的影响是显而易见的；如果我们能够说服自己和宠主相信有效丰容对所有猫的价值，然后找到并实施提供这种环境的方法，猫、宠主和护理者都很可能享有更好的健康和福利，并将慢性疼痛的风险降至最低。

总结

很多生活在不太理想的环境中的猫似乎都能适应。然而，在一些慢性疼痛患猫中发现的潜在的、早期不良事件引发的神经 – 内分泌 – 免疫反应的差异可能限制了它们的适应能力，因此这些猫可能代表了一个独立的群体，更容易受到挑衅性环境的影响。此外，我们更关心的是优化猫的环境，而不是确定并实施它们生存所需的最低要求。

提供一种与猫行为需求相符的环境通常似乎至少能缓解一些表现为慢性疼痛的症状，同时也促进它们的整体健康和福利。这并不是说缺乏环境丰容会导致猫患上慢性疼痛，只是说它可能揭示出一些猫潜在的脆弱性[121]。

实践资源

WSAVA 全球疼痛委员会（https://wsava.org/committees/global–pain–council）。

WSAVA 疼痛评估、识别和治疗，2022 AAFP/AAHA 犬猫疼痛管理指南（https://www.aaha.org/aaha–guidelines/2022–aaha–pain–management–guidelines–for–dogs–and cats/home）。

宠主资源

我怎么知道我的猫是否疼痛（https://catfriend.com/keep–your–cat–healthy/know–cat–pain）。

如何判断你的猫是否疼痛（https://www.aaha.org/globalassets/02–guidelines/pain–management/painmanagement_cats_web.pdf）。

参考资料

1 Aydede M. Does the IASP definition of pain need updating? Pain Rep. 2019;4(5):e777.

2 Merola I, Mills DS. Behavioural signs of pain in cats: An expert consensus. PLoS One. 2016;11(2):e0150040.

3 Merola I, Mills DS. Systematic review of the behavioural assessment of pain in cats. J Feline Med Surg. 2016;18(2):60–76.

4 Steagall P, Robertson SA, Taylor P. Feline anesthesia and pain management. Hoboken, NJ:

John Wiley & Sons; 2017.

5 Lascelles B, Cripps P, Mirchandani S, Waterman A. Carprofen as an analgesic for postoperative pain in cats: Dose titration and assessment of efficacy in comparison to pethidine hydrochloride. J Small Anim Pract. 1995;36(12):535–541.

6 Demaline B. Fear in the veterinary clinic: History and development of the fear freesm initiative. Conspectus Borealis. 2018;4(1):2.

7 Steagall PV, Monteiro BP. Acute pain in cats: Recent advances in clinical assessment. J Feline Med Surg. 2018;21(1):25–34.

8 Robertson S. How do we know they hurt? Assessing acute pain in cats. In Practice. 2018;40(10):440–448.

9 Mathews K, Kronen PW, Lascelles D, et al. Guidelines for recognition, assessment and treatment of pain: WSAVA Global Pain Council members and co-authors of this document. J Small Anim Pract. 2014;55(6):E10–E68.

10 Waran N, Best L, Williams V, Salinsky J, Dale A, Clarke N. A preliminary study of behaviour-based indicators of pain in cats. Anim Welfare. 2007;16(S):105–108.

11 Robertson S. Assessment and recognition of acute (adaptive) pain. In: Steagall P, Robertson S, Taylor P, eds. Feline anesthesia and pain management. Hoboken, New Jersey; 2017:199–220.

12 Corletto F. Using acute pain scales for cats. British Medical Journal Publishing Group; 2017.

13 Brondani JT, Mama KR, Luna SP, et al. Validation of the English version of the UNESP-Botucatu multidimensional composite pain scale for assessing postoperative pain in cats. BMC Vet Res. 2013;9(1):143.

14 Benito J, Monteiro BP, Beauchamp G, Lascelles BDX, Steagall PV. Evaluation of interobserver agreement for postoperative pain and sedation assessment in cats. J Am Vet Med Assoc. 2017;251(5):544–551.

15 Doodnaught GM, Benito J, Monteiro BP, Beauchamp G, Grasso SC, Steagall PV. Agreement among undergraduate and graduate veterinary students and veterinary anesthesiologists on pain assessment in cats and dogs: A preliminary study. Can Vet J. 2017;58(8):805.

16 Reid J, Scott E, Calvo G, Nolan A. Definitive Glasgow acute pain scale for cats: Validation and intervention level. Vet Rec. 2017;108(18):449.

17 Zeiler GE, Fosgate GT, Van Vollenhoven E, Rioja E. Assessment of behavioural changes in domestic cats during short-term hospitalisation. J Feline Med Surg. 2014;16(6):499–503.

18 Stella J, Croney C, Buffington T. Environmental factors that affect the behavior and welfare of domestic cats (Felis silvestris catus) housed in cages. App Anim Behav Sci. 2014;160:94–105.

19 Buisman M, Hasiuk MM, Gunn M, Pang DS. The influence of demeanor on scores from two validated feline pain assessment scales during the perioperative period. Vet Anaesth Analg. 2017;44(3):646–655.

20 Evangelista MC, Watanabe R, Leung VS, et al. Facial expressions of pain in cats: The development and validation of a Feline Grimace Scale. Sci Rep. 2019;9(1):1–11.

21 Calvo G, Holden E, Reid J, et al. Development of a behaviour-based measurement tool

with defined intervention level for assessing acute pain in cats. J Small Anim Pract. 2014;55(12):622–629.

22 Shipley H, Guedes A, Graham L, Goudie-deangelis E, Wendt-Hornickle E. Preliminary appraisal of the reliability and validity of the Colorado State University Feline Acute Pain Scale. J Feline Med Surg. 2019;21(4):335–339.

23 McLennan KM., Miller AL, Dalla Costa E, et al. Conceptual and methodological issues relating to pain assessment in mammals: The development and utilisation of pain facial expression scales. App Anim Behav Sci. 2019;217:1–5.

24 Carney HC, Little S, Brownlee-Tomasso D, et al. AAFP and ISFM feline-friendly nursing care guidelines. J Feline Med Surg. 2012;14(5):337–349. doi:10.1177/1098612X12445002.

25 Lefman SH, Prittie JE. Psychogenic stress in hospitalized veterinary patients: Causation, implications, and therapies. J Vet Emerg Crit Care. 2019;29(2):107–120.

26 Grubb T, Sager J, Gaynor JS, et al. AAHA anesthesia and monitoring guidelines for dogs and cats. J Am Anim Hosp Assoc. 2020;56(2):59–82.

27 Steagall PV. Analgesia: What makes cats different/challenging and what is critical for cats? Vet Clin Small Anim Pract. 2020;50(4):749–767.

28 Self I. BSAVA guide to pain management in small animal practice, 1st ed. Gloucester, UK: British Small Animal Veterinary Association; 2019.

29 Epstein ME, Rodan I, Griffenhagen G, et al. AAHA/AAFP pain management guidelines for dogs and cats. J Feline Med Surg. 2015;17(3):251–272.

30 Stella J, Croney C, Buffington T. Effects of stressors on the behavior and physiology of domestic cats. App Anim Behav Sci. 2013;143(2):157–163. doi:10.1016/j.applanim.2012.10.014.

31 Gourkow N, Fraser D. The effects of housing and handling practices on the welfare, behaviour and selection of domestic cats (Felis sylvestris catus) by adopters in an animal shelter. Anim Welfare. 2006;15:371–377.

32 Morgan KN, Tromborg CT. Sources of stress in captivity. App Anim Behav Sci. 2007;102(3–4):262–302. doi:10.1016/j.applanim.2006.05.032.

33 Snowdon CT, Teie D, Savage M. Cats prefer species-appropriate music. App Anim Behav Sci. 2015;166:106–111. doi:10.1016/j.applanim.2015.02.012.

34 NRC. Thermoregulation in Cats. In: Nutrient requirements of dogs and cats. Washington, DC: The National Academies Press; 2006:270–271. https://doi.org/10.17226/10668.

35 Herron ME, Shreyer T. The pet-friendly veterinary practice: A guide for practitioners. Vet Clin North Am Small Anim Pract. 2014;44(3):451–481.

36 Stella JL, Lord LK, Buffington CA. Sickness behaviors in response to unusual external events in healthy cats and cats with feline interstitial cystitis. J Am Vet Med Assoc. 2011;238(1):67–73. doi:10.2460/javma.238.1.67.

37 Gruen ME, Lascelles BDX, Colleran E, et al. AAHA pain management guidelines for dogs and cats. J Am Anim Hosp Assoc. 2022;58(2):55–76.

38 Burns K. Cat friendly practice program takes off: American Association of Feline Practitioners growing with program. J Am Vet Med Assoc. 2012;241(10):1264.

39 Duncan G. Mind-body dualism and the biopsychosocial model of pain: What did Descartes really say? J Med Philos.

40 Wall PD. On the relation of injury to pain the John J. Bonica Lecture. Pain. 1979;6(3):253–264.

41 Melzack R, Wall PD. Pain mechanisms: A new theory. 1965.

42 Westropp JL, Kass PH, Buffington CA. Evaluation of the effects of stress in cats with idiopathic cystitis. Am J Vet Res. 2006;67(4):731–736.

43 Harte SE, Harris RE, Clauw DJ. The neurobiology of central sensitization. J Appl Biobehav Res. 2018;23(2):e12137.

44 Vachon-Presseau E. Effects of stress on the corticolimbic system: Implications for chronic pain. Prog Neuro-Psychopharmacol Biol Psychiatry. 2018;87:216–223.

45 Timmers I, Quaedflieg CW, Hsu C, Heathcote LC, Rovnaghi CR, Simons LE. The interaction between stress and chronic pain through the lens of threat learning. Neurosci Biobehav Rev. 2019;107:641–655.

46 Treede R-D, Rief W, Barke A, et al. Chronic pain as a symptom or a disease: The IASP classification of chronic pain for the: International classification of diseases:(: ICD-11:). Pain 2019;160(1):19–27.

47 Bravo L, Llorca-Torralba M, Suárez-Pereira I, Berrocoso E. Pain in neuropsychiatry: Insights from animal models. Neurosci Biobehav Rev. 2020;115:96–115.

48 Larauche M, Moussaoui N, Biraud M, et al. Brain corticotropin-releasing factor signaling: Involvement in acute stress-induced visceral analgesia in male rats. Neurogastroenterol Motil. 2019;31(2):e13489.

49 Bonica JJ. The management of pain. Philadelphia: Lea and Febiger; 1953:1243–1244.

50 Treede R-D, Rief W, Barke A, et al. A classification of chronic pain for ICD-11. Pain. 2015;156(6):1003.

51 Kosek E, Cohen M, Baron R, et al. Do we need a third mechanistic descriptor for chronic pain states? Pain. 2016;157(7):1382–1386.

52 Buffington CAT. Bladder pain syndrome/interstitial cystitis – Etiology and animal research. In: Baranowski A, Abrams P, Fall M eds. Urogenital pain in clinical practice. New York: Informa; 2007:169–183:chap19.

53 Monteiro BP, Steagall PV. Chronic pain in cats: Recent advances in clinical assessment. J Feline Med Surg. 2019;21(7):601–614.

54 Scholz J, Finnerup NB, Attal N, et al. The IASP classification of chronic pain for ICD-11: Chronic neuropathic pain. Pain. 2019;160(1):53.

55 Epstein ME. Feline neuropathic pain. Vet Clin North Am Small Anim Pract. 2020;50(4):789–809.

56 Monteiro B, Lascelles B. Assessment and recognition of chronic (maladaptive) pain. In: Steagall PVM, Robertson SA, Taylor PM, eds, Feline anesthesia and pain management. Hoboken, NJ: Wiley/Blackwell; 2017:241–256.

57 Monteiro BP. Feline chronic pain and osteoarthritis. Vet Clin North Am Small Anim Pract. 2020;50(4):769–788.

58 Kean J, Monahan P, Kroenke K, et al. Comparative responsiveness of the PROMIS pain interference short forms, brief pain inventory, PEG, and SF-36 bodily pain subscale. Med Care. 2016;54(4):414.

59 Reid J, Nolan A, Scott E. Measuring pain in dogs and cats using structured behavioural observation. Vet J. 2018;236:72–79.

60 Noble CE, Wiseman-Orr LM, Scott ME, Nolan AM, Reid J. Development, initial validation and reliability testing of a web-based, generic feline health-related quality-of-life instrument. J Feline Med Surg. 2019;21(2):84–94.

61 Tatlock S, Gober M, Williamson N, Arbuckle R. Development and preliminary psychometric evaluation of an owner-completed measure of feline quality of life. Vet J. 2017;228:22–32. doi:10.1016/j.tvjl.2017.10.005.

62 Niessen S, Powney S, Guitian J, et al. Evaluation of a quality-of-life tool for cats with diabetes mellitus. J Vet Int Med. 2010;24(5):1098–1105.

63 Noli C, Borio S, Varina A, Schievano C. Development and validation of a questionnaire to evaluate the Quality of Life of cats with skin disease and their owners, and its use in 185 cats with skin disease. Vet Dermatol. 2016;27(4):247.

64 Scott EM, Davies V, Nolan AM, et al. Validity and responsiveness of the generic health-related quality of life instrument (VetMetrica™) in cats with osteoarthritis. Comparison of vet and owner impressions of quality of life impact. Front Vet Sci. 2021;8:1124.

65 Freeman LM, Rodenberg C, Narayanan A, Olding J, Gooding MA, Koochaki PE. Development and initial validation of the Cat HEalth and Wellbeing (CHEW) Questionnaire: A generic healthrelated quality of life instrument for cats. J Feline Med Surg. 2016;18(9):689–701.

66 Westropp JL, Delgado M, Buffington C. Chronic lower urinary tract signs in cats: Current understanding of pathophysiology and management. Vet Clin Small Anim Pract. 2019;49(2):187–209. doi:10.1016/j.cvsm.2018.11.001.

67 Hart BL. Biological basis of the behavior of sick animals. Neurosci Biobehav Rev. 1988;12(2):123–137. doi:10.1016/S0149-7634(88)80004-6.

68 Kirsten K, Soares SM, Koakoski G, Kreutz LC, Barcellos LJG. Characterization of sickness behavior in zebrafish. Brain Behav Immun. 2018;73:596–602.

69 Broom DM. Behaviour and welfare in relation to pathology. App Anim Behav Sci. 2006;97(1):73–83. doi:10.1016/j.applanim.2005.11.019.

70 Fogsgaard KK, Røntved CM, Sørensen P, Herskin MS. Sickness behavior in dairy cows during Escherichia coli mastitis. J Dairy Sci. 2012;95(2):630–638.

71 Shattuck EC, Muehlenbein MP. Towards an integrative picture of human sickness behavior. Brain Behav Immun. 2016;57:255–262.

72 Marques-Deak A, Cizza G, Sternberg E. Brain-immune interactions and disease susceptibility. Mol Psychiatry. 2005;10(3):239–250.

73 Dantzer R. Neuroimmune interactions: From the brain to the immune system and vice versa. Physiol Rev. 2018;98(1):477–504.

74 Danese A, McEwen BS. Adverse childhood experiences, allostasis, allostatic load, and age-related disease. Physiol Behav. 2012;106(1):29–39. doi:10.1016/j.physbeh.2011.08.019.

75 Raison CL, Miller AH. When not enough is too much: The role of insufficient glucocorticoid signaling in the pathophysiology of stress-related disorders. Am J Psychiatry. 2003;160(9):1554–1565. doi:10.1176/appi.ajp.160.9.1554.

76 Dantzer R, O'Connor JC, Freund GG, Johnson RW, Kelley KW. From inflammation to sickness and depression: When the immune system subjugates the brain. Nat Rev Neurosci. 2008;9(1):46–56. doi:10.1038/nrn2297.

77 Sapolsky RM. Why zebras don't get ulcers, 3rd ed. New York, NY: Holt paperbacks; 2004.

78 Marques-Deak A, Cizza G, Sternberg E. Brain-immune interactions and disease susceptibility. Mol Psychiatry. 2005;10(3):239–250. doi:10.1038/sj.mp.4001643.

79 Dantzer R, Kelley KW. Twenty years of research on cytokine-induced sickness behavior. Brain Behav Immun. 2007;21(2):153–160.

80 Bain MJ, Buffington CT. The relationship between mental and physical health. In: McMillan FD ed. Mental health and well-being in animals, 2nd ed. Oxfordshire, UK: CABI; 2019:33–49.

81 Stella JL, Croney CC, Buffington CT. Behavior and welfare of domestic cats housed in cages larger than US norm. J Appl Anim Welfare Sci. 2017;20(3):296–312.

82 Stella JL, Croney CC. Management practices of cats owned by faculty, staff, and students at two Midwest veterinary schools. Sci World J. 2016;2016.

83 Buffington CA, Westropp JL, Chew DJ, Bolus RR. Risk factors associated with clinical signs of lower urinary tract disease in indoor-housed cats. Research Support, N.I.H., Extramural Research Support, Non-U.S. Gov't. J Am Vet Med Assoc. 2006;228(5):722–725. doi:10.2460/javma.228.5.722.

84 Amat M, Camps T, Manteca X. Stress in owned cats: Behavioural changes and welfare implications. J Feline Med Surg. 2016;18(8):577–586. doi:10.1177/1098612X15590867.

85 Stella JL, Croney CC. Environmental aspects of domestic cat care and management: Implications for cat welfare. Sci World J. 2016;ArticleID: 6296315. doi:10.1155/2016/6296315.

86 Vinke C, Godijn L, Van der Leij W. Will a hiding box provide stress reduction for shelter cats? App Anim Behav Sci. 2014;160:86–93.

87 Weiss JM. Psychological factors in stress and disease. Sci Am. 1972;226(6):104–113.

88 Weiss JM. Effects of coping behavior in different warning signal conditions on stress pathology in rats. J Comp Physiol Psychol. 1971;77(1):1–13. doi:10.1037/h0031583.

89 Stella J, Croney C. Coping styles in the domestic cat (Felis silvestris catus) and implications for cat welfare. Animals. 2019;9(6):370.

90 Kry K, Casey R. The effect of hiding enrichment on stress levels and behaviour of domestic cats (Felis sylvestris catus) in a shelter setting and the implications for adoption potential.

Anim Welfare. 2007;16(3):375–383.

91 Rochlitz I. Feline welfare issues. In: Turner DC, Bateson P, eds. The domestic cat – The biology of its behavior. Cambridge, UK: Cambridge University Press; 2000:208–226.

92 Herron ME, Buffington CA. Environmental enrichment for indoor cats: Implementing enrichment. Compend Contin Educ Vet. 2012;34(1):E1–E5.

93 Ellis SL, Rodan I, Carney HC, et al. AAFP and ISFM feline environmental needs guidelines. J Feline Med Surg. 2013;15(3):219–230. doi:10.1177/1098612X13477537.

94 Monteiro B, Troncy E. Treatment of chronic (Maladaptive) pain. In: Steagall PV, Robertson SA, Taylor P eds. Feline anesthesia and pain management. Hoboken, NJ: John Wiley & Sons; 2018:257–280:chap 15.

95 Frankel RM. Pets, vets, and frets: What relationship-centered care research has to offer veterinary medicine. J Vet Med Educ. Spring 2006;33(1):20–27.

96 Buffington CAT, Westropp JL, Chew DJ, Bolus RR. Clinical evaluation of multimodal environmental modification in the management of cats with lower urinary tract signs. J Feline Med Surg. 2006;8:261–268.

97 Steagall PV, Robertson SA, Taylor P. Feline anesthesia and pain management. Hoboken, NJ: John Wiley & Sons; 2018:301.

98 Howell A, Feyrecilde M. Cooperative veterinary care. Hoboken, NJ: John Wiley & Sons; 2018.

99 Kruger JM, Lulich JP, MacLeay J, et al. Comparison of foods with differing nutritional profiles for long-term management of acute nonobstructive idiopathic cystitis in cats. J Am Vet Med Assoc. 2015;247(5):508–517. doi:10.2460/javma.247.5.508.

100 Landsberg G, Milgram B, Mougeot I, Kelly S, de Rivera C. Therapeutic effects of an alphacasozepine and L-tryptophan supplemented diet on fear and anxiety in the cat. J Feline Med Surg. 2017;19(6):594–602. 1098612X16669399.

101 Seawright A. A case of recurrent feline idiopathic cystitis: The control of clinical signs with behavior therapy. J Vet Behav Clin Appl Res. 2008;3(1):32–38. doi:10.1016/j.jveb.2007.09.008.

102 Chew DJ, Bartges JW, Adams LG, Kruger JM, Buffington CAT. Randomized, placebo-controlled clinical trial of pentosan polysulfate sodium for treatment of feline interstitial (idiopathic) cystitis presented at: 2009 ACVIM Forum; June 4, 2009; Montreal, Quebec.

103 Mozaffarian D. Conflict of interest and the role of the food industry in nutrition research. JAMA 2017;317(17):1755–1756.

104 Hannan AJ. Review: Environmental enrichment and brain repair: Harnessing the therapeutic effects of cognitive stimulation and physical activity to enhance experience-dependent plasticity. Neuropathol Appl Neurobiol. 2014;40(1):13–25. doi:10.1111/nan.12102.

105 Hoy JM, Murray PJ, Tribe A. Thirty years later: Enrichment practices for captive mammals. Zoo Biol. 2010;29(3):303–316. doi:10.1002/zoo.20254.

106 Vachon P, Millecamps M, Low L, et al. Alleviation of chronic neuropathic pain by

environmental enrichment in mice well after the establishment of chronic pain. Behav Brain Funct. 2013;9:22. doi:10.1186/1744-9081-9-22.

107 Bushnell MC, Case LK, Ceko M, et al. Effect of environment on the long-term consequences of chronic pain. Pain 2015;156(4):S42–S49. doi:10.1097/01.j.pain.0000460347.77341.bd.

108 Tai LW, Yeung SC, Cheung CW. Enriched environment and effects on neuropathic pain: Experimental findings and mechanisms. Pain Pract. 2018(8):1068–1082. doi:10.1111/papr.12706.

109 Pageat P. Properties of cats' facial pheromones. Google Patents; 1998.

110 Bol S, Caspers J, Buckingham L, et al. Behavioral responsiveness of cats (Felidae) to silver vine (Actinidia polygama), Tatarian honeysuckle (Lonicera tatarica), valerian (Valeriana officinalis) and catnip (Nepeta cataria). BMC Vet Res. 2017;13(70):1–15.

111 Shreve KRV, Mehrkam LR, Udell MA. Social interaction, food, scent or toys? A formal assessment of domestic pet and shelter cat (Felis silvestris catus) preferences. Behav Processes 2017;141:322–328.

112 Masserman JH. Experimental neuroses. Sci Am. 1950;182:38–43.

113 Dantas LM, Delgado MM, Johnson I, Buffington CT. Food puzzles for cats: Feeding for physical and emotional wellbeing. J Feline Med Surg. 2016;18(9):723–732. doi:10.1177/1098612X16643753.

114 de Souza Dantas LM. Vertical or horizontal? Diagnosing and treating cats who urinate outside the box. Vet Clin North Am Small Anim Pract. 2018;48(3):403–417.

115 Bradshaw J, Ellis S. The trainable cat: A practical guide to making life happier for you and your cat. New York, NY: Basic Books; 2016.

116 Barnett S. The "instinct to teach". Nature. 1968;220(5169):747–749.

117 Elzerman AL, DePorter TL, Beck A, Collin J-F. Conflict and affiliative behavior frequency between cats in multi-cat households: A survey-based study. J Feline Med Surg. 2019;22(8):705–717. 1098612X19877988.

118 Williams MD, Lascelles BDX. Early neonatal pain-A review of clinical and experimental implications on painful conditions later in life. Front Pediatr. 2020;8:30. doi:10.3389/fped.2020.00030.

119 Buffington CA. Idiopathic cystitis in domestic cats – beyond the lower urinary tract. J Vet Int Med. 2011;25(4):784–796. doi:10.1111/j.1939-1676.2011.0732.x.

120 Withey SL, Maguire DR, Kangas BD. Developing improved translational models of pain: A role for the behavioral scientist. Perspect Behav Sci. 2020;43(1):39–55.

121 Buffington CA. Developmental influences on medically unexplained symptoms. Psychother Psychosom. 2009;78(3):139–144. doi:10.1159/000206866.

第8章 猫的恐惧、焦虑与应激行为

Amanda Rigeterink

概述

猫最常见的行为问题包括弄脏房屋、攻击行为（猫与猫或人与猫之间）和社交回避，会削弱人与动物的感情纽带并导致弃养[1]。恐惧、焦虑和应激往往是这些问题的根源，但宠主可能很难识别出猫情绪困扰的微妙迹象（图8.1）。当恐惧和焦虑演变成一种慢性应激状态时，猫可能会开始表现出一些异常行为，如食欲改变、不善于理毛、在猫砂盆外排便等。兽医通常很难弄清楚情绪障碍和身体因素如何影响行为诊断[2]。

不幸的是，有关家养猫行为障碍评估和治疗的动物福利研究很大程度上被忽视了。其原因包括缺乏资助机会、社会对猫行为的期望，以及与犬相比，人们对猫的恐惧/焦虑的认识有限。例如，与犬相比，宠主可能期望猫是"低维护"宠物，认为猫更独立、更坚忍，并且较少需要与人类互动[3-4]。宠主也可能会忽视猫感到恐惧的线索，或将猫的行为误解为被动（躲藏、减少运动）

图 8.1　猫会感到恐惧、焦虑和压力——我们该如何识别以及怎么做

（由Елена Беляева /Adobe Stock 提供）

> **正常行为**
>
> 　　与人类相似，猫是有感知力的生物，能够体验和应对积极和消极的情绪。猫的恐惧可能是对直接触发或威胁的正常适应性反应。例如，猫在遇到一只充满敌意的犬时会感到恐惧。"战斗或逃跑"反应开始出现，以便猫可以通过逃跑或战斗来消除威胁，以保持安全（和生存）。在较小程度上，焦虑也可能是猫的正常自我保护反应。一只猫看到街对面有一只犬，并预计这只犬可能会构成威胁。猫所经历的焦虑（对危险的预期）是一种适应性反应，会促使猫与犬保持距离。
>
> **正常但不可接受的行为**
>
> 　　首先，攻击可能是对恐惧的正常反应，但许多宠主认为这是不可接受的，尤其是对家里的人或宠物进行攻击时。例如，孩子试图抚摸并抱起猫可能会引发猫的恐惧，然后猫会对孩子咆哮或拍打。
>
> 　　其次，猫对孩子的反应可能是回撤或躲藏；虽然这是一种比咆哮和拍打更"可接受"的反应，但一些宠主可能很难理解为什么猫不想与孩子互动，并认为这种行为"不正常"。
>
> **异常但通常可接受的行为**
>
> 　　由于焦虑，猫可能会将完全无害的刺激视为威胁并回撤或躲藏。如果宠主不能将猫的行为解释为对无害刺激的回撤反应，宠主就不太可能觉得这种行为有问题（或意识到这是不正常的）。
>
> **异常且通常不可接受的行为**
>
> 　　拥有非常害怕或焦虑的猫的宠主，或者有点害怕或焦虑的猫的精明宠主，会明白他们的猫的反应是异常的，并会寻求帮助。当恐惧和焦虑导致攻击性和弄脏房屋等不良行为时尤其如此。

和自我维护行为增加（转移性行为——过度理毛），认为这表明其遇到恐惧刺激时，缺乏恐惧或恐惧程度较轻[5]。在兽医就诊环境中，兽医工作人员也可能无法识别猫表达恐惧和应激的肢体语言和叫声（或缺乏）[6-7]。

　　对 547 名美国猫宠主进行的在线横断面调查数据显示，宠主对猫的了解、宠主与宠物的互动，以及对养猫负担能力的看法，是报告的行为问题数量较少的重要预测因素。此外，宠主对猫的了解越多，对不当行为的正向惩罚就越少，对潜在行为问题的容忍度也越高[8]。意大利的一项研究调查了宠主是否以及如何意识到他们的猫的福利受到损害。在接受调查的 194 名猫宠主中，大多数（71%）在定义压力时正确地考虑了身体和心理因素；然而，大约 10%的宠主认为压力的存在不会影响猫的福利。研究还发现，宠主往往会忽视猫出现应激的迹象，而对压力的感知往往依赖于对猫在玩耍、社交互动和攻击性方面的正常行为错误的先入为主的观念。因此，对猫的压力构成的扭曲认知可能会阻止宠主进行干预以纠正有害情况[9]。

兽医专业人士可以帮助宠主识别猫何时无法应对恐惧和焦虑，并帮助宠主改变猫的物理和社交家庭环境[10]。猫"健康"和"生病"的就诊都应包括有关猫情绪健康的例行讨论。此外，兽医诊所必须努力将可能产生长期影响的短期厌恶情绪体验降至最低[11-12]。请参阅第 15 章"兽医诊所中的猫"，了解更多信息。

本章将探讨：

- 恐惧、焦虑和压力的定义。
- 它们在生理上是如何发生的。
- 它们在患猫中如何表现。
- 可能导致的行为障碍。
- 如何在病史中发现它们。
- 诊断后该如何治疗。

恐惧和焦虑

恐惧和焦虑是应激反应，需要补偿机制来维持体内平衡状态[13]。虽然恐惧和焦虑都是厌恶的情绪状态，看起来很相似，但它们却非常不同。恐惧是对易于识别的刺激 / 触发因素的适应性反应，促使动物从感知到的直接威胁中拯救自己。而焦虑是对未来威胁或危险的预期，这些威胁或危险可能是实际的、想象的或未知的。有些人认为焦虑行为的发展是应对恐惧的失败[6]。应该指出的是，感知是恐惧和焦虑共有的一个关键概念。对于恐惧或焦虑的猫来说，它所感受到的威胁或危险就是真实存在的[1,14]。这可能与压力被忽视的原因有关：宠主不明白他们的猫如何将"无害"的刺激视为有压力。

对应激源的反应涉及由自主神经系统和下丘脑 – 垂体 – 肾上腺轴（hypo-thalamic–pituitary–adrenal axis，HPA）介导的生理途径。恐惧会引发自主神经兴奋的突然增加，以促进经典的"战斗或逃跑"反应，来逃避眼前的危险。焦虑往往与肌肉收缩增加、过度警觉和回避有关[6,15]。恐惧和焦虑的猫都可能会出现血压、心率和呼吸频率增加，以及瞳孔扩张、颤抖、流涎、踱步、攻击行为和回避[16]。

在评估潜在的厌恶触发因素（如陌生人接近猫）的后果时，必须考虑行为、身体和生理变化。了解猫如何感知特定的触发因素至关重要，并且猫的反应可能会因当前的生活环境、过去的经历和遗传背景而有很大差异。只有识别并解决引发问题行为的潜在情绪后，才能制订适当的治疗计划。因此，行为评估问题作为每次就诊的一部分是至关重要的[17]。此外，当行为治疗计划包括使用有针对性的行为药物时，了解与恐惧和焦虑有关的神经生理通路也至关重要[14,18]。

在猫身上诊断出的焦虑通常与"历史"上诱发恐惧的刺激有关。过去可能导致猫焦虑的厌恶性触发因素通常与有生命的刺激（如其他动物、熟悉和不熟悉的人）和无生命的刺激（如某些噪声）有关。此外，许多猫会因某些情况和地点而感到焦虑。环境的变化，如搬到新家，会引发焦虑；某些情况，如乘车或去兽医诊所，也可能引发焦虑。猫也有分离焦虑症。和犬一样，猫也是社会性动物，当与宠主和室友分开时，猫会感到焦虑。关节炎和疾病等疼痛状况可能是猫焦虑的根源[6,12]。

应激与应激源

当恐惧和焦虑不再充当自我保护的适应性机制，并且恐惧或焦虑的猫发现自己处于既不可预测也不可控的环境中时，就会产生急性和慢性应激[16]。频繁且反复发作的恐惧和焦虑会导致自主神经系统和 HPA 过度刺激；肾上腺素、去甲肾上腺素和皮质醇等应激激素升高，身体稳态被破坏[13,16,19]。随之而来的长期应激会影响猫的情绪和身体健康。

家养猫最常见的压力源包括环境改变、猫与猫之间冲突、人与动物之间的关系不佳，以及无法进行正常的物种特异性动机行为。压力可能会导致猫间攻击、定向攻击、尿液标记和强迫症等行为障碍[20]。与身体因素引起的压力一样，慢性情绪压力可导致身体疾病，如猫间质性膀胱炎（FIC）、免疫抑制性疾病［如猫疱疹病毒 -1（feline herpes virus-1，FHV-1）］，以及过度理毛引起的皮肤病[2,16,18]。研究表明，FIC 与儿茶酚胺水平升高直接相关，而儿茶酚胺水平升高是应激诱导的酪氨酸羟化酶活性增加导致的，酪氨酸羟化酶催化儿茶酚胺合成中的限速步骤[21]。与偶发的恐惧和焦虑不同，猫的慢性应激可能更难识别，因为它经常表现为其他形式。解决导致疾病和行为障碍的应激对于猫的身体、情感和社会福利至关重要。

恐惧、焦虑与应激的生理学

恐惧、焦虑与应激有共同的神经解剖通路，包括杏仁核、自主神经系统和 HPA。当猫遇到厌恶的刺激时，中央杏仁核的"防御"回路检测到威胁，会激活神经调节性外周激素系统，刺激神经元释放去甲肾上腺素、多巴胺、5-羟色胺和乙酰胆碱到大脑的各个区域。中央杏仁核也针对作用于自主神经系统交感神经部分的神经元，以触发肾上腺髓质释放肾上腺素和去甲肾上腺素[14,22-23]。此外，恐惧和焦虑刺激脑下垂体前叶释放促肾上腺皮质激素释放因子（CRF），进而作用于肾上腺皮质，释放皮质醇进入血液。因此，恐惧和焦虑不仅会立即引发自我生存的防御性战斗或逃跑反应，而且还会导致一种普遍的唤醒状态[23]。

虽然在应激猫身上发现高水平的皮质醇，但这个生物标记物只指示对环境变化的唤醒状态，可以是积极的也可以是消极的[18]。当厌恶的条件变得更加持久或慢性时，应激神经生理系统的调节就会发生障碍。皮质醇的合成代谢和免疫抑制作用会破坏猫的生理稳态，并导致各种行为和多系统的身体失调，从而威胁猫的情绪和身体健康[6,14,24]。由于这些后遗症，应明智地使用皮质类固醇；特别是，长期使用皮质类固醇会导致新的行为问题出现，并加剧已存在的行为障碍[18]。

5-羟色胺和 γ-氨基丁酸等神经递质也可能与动物对厌恶刺激的反应有关，从而导致被动回避反应增加，并增强对负面关联的敏感性[19,25]。

恐惧和焦虑是什么样的

当猫处于不熟悉的环境或情况时，恐惧是对实际和感知到的威胁的正常情绪反应。例如，去兽医诊所就诊，出现其他猫、不熟悉的人，以及与熟悉的人进行不必要的互动都可能会引起恐惧。猫在特定情况下的反应取决于多种因素，包括其遗传倾向、以前的经历和环境[6]。在相同的恐惧诱发条件下，一些猫可能会试图逃跑，而另一些猫可能会僵住、采取转移性行为或变得具有攻击性[26]。

犬和猫的恐惧反应也不同。害怕或焦虑的犬往往会气喘吁吁、颤抖、畏缩、叫唤和排泄。猫更有可能隐藏、退缩或进行理毛等转移性行为。猫在受到厌恶刺激时的被动反应常常被宠主误解，他们可能会认为猫缺乏主动反应代表着不存在恐惧。此外，即使宠主认识到某些被动反应（如隐藏和转移性行为）

是由于恐惧造成的，他们也不太可能认为恐惧很严重[5]。

猫通过各种微妙的身体姿势、尾巴位置、面部表情以及皮肤腺体释放恐惧信息素和排空肛门腺来传达恐惧和其他情绪[11]。猫还可能通过打哈欠、舔嘴唇、转圈等行为表现出恐惧/焦虑反应。在某些情况下，恐惧实际上可能会抑制猫痛苦地叫唤[2,27]。另一方面，焦虑更多地与预期和不确定性相关，焦虑的猫可能会表现出过度警惕、不安和痛苦地叫唤，以及回避和转移性行为[1]。

这些不同的交流方式使猫能够避免与其他猫（熟悉的和不熟悉的）直接对抗。宠主、工作人员和兽医认识到猫的恐惧和焦虑可以防止或减少可能导致攻击的情绪唤醒[11,28]。此外，识别和缓解猫的家庭环境和兽医诊所的压力也至关重要，因为与长期压力相关的慢性唤醒状态可能会导致各种行为障碍和身体健康问题[29-30]。

猫恐惧、焦虑和应激的常见指征包括减少理毛、减少社交互动、减少玩耍和探索、白天过度警惕而不是睡觉、增加隐藏的尝试、减少交配行为，以及食欲变化（食欲不振或暴饮暴食）[31]。即使是经验丰富的宠主也往往会忽视猫的恐惧、焦虑和应激的迹象和症状。

Dawson 等研究了人们从视频片段中观察猫微妙的面部表情来识别其情感状态的能力。大约有 6300 人，每人观看了 20 个"精心操作"的猫处于积极或消极状态的视频片段。有趣的是，尽管女性和年轻人在正确识别猫积极和消极的面部表情方面最成功，但养猫者的表现总体上并不比不养猫的人好。然而，这项研究表明，可以通过微妙的面部表情来解读猫的情绪状态[10]。

身体姿势和面部表情

身体姿势，无论是明显的还是隐晦的，通常可以从远处识别出一只害怕的猫。猫可能会僵在原地、躲起来或蜷缩（图 8.2）。它可能会逃往安全地带、打架或"摆弄"（表现出理毛等转移性行为）（图 8.3）[11]。当防御时，紧张害怕的猫可能会试图通过低下头和倾斜身体来让自己看起来更小。相反，害怕的猫也可能会"虚张声势"地摆脱危险；恐惧引发的交感神经系统反应会导致不自主的竖毛，使身体显得更蓬松、更大。除了竖毛之外，猫还可以采取经典的"万圣节猫"姿势，即踮起脚尖站立，背部拱起，尾巴直上或直下[26]。

尾巴位置是猫另一个富有表现力的特征。例如，尾巴垂直竖起或坐下时缠绕身体表示友好，而尾巴竖直向下或垂直于地面则与攻击态度相关。一只

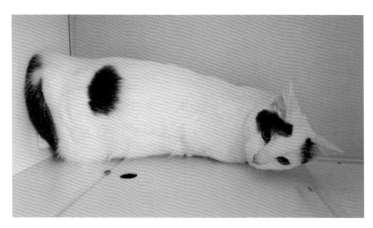

图 8.2　这只猫伏在笼子后面，试图让自己变"小"

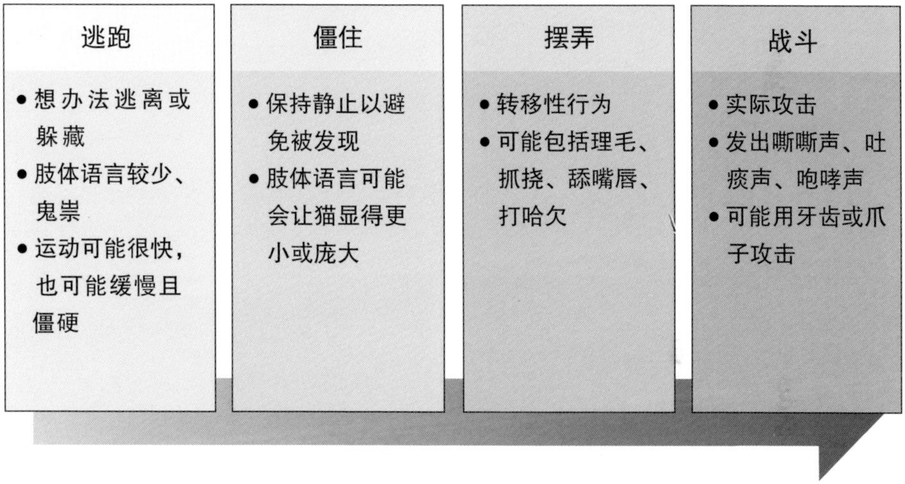

逃跑	僵住	摆弄	战斗
• 想办法逃离或躲藏 • 肢体语言较少、鬼祟 • 运动可能很快，也可能缓慢且僵硬	• 保持静止以避免被发现 • 肢体语言可能会让猫显得更小或庞大	• 转移性行为 • 可能包括理毛、抓挠、舔嘴唇、打哈欠	• 实际攻击 • 发出嘶嘶声、吐痰声、咆哮声 • 可能用牙齿或爪子攻击

图 8.3　对恐惧的"战斗—逃跑—僵住—摆弄"反应。当受到惊吓时，如果无法逃脱，猫可能会通过直接的攻击试图逃跑

（由 Liz Stelow 提供）

激动、情绪唤醒的猫会表现出拍打尾巴的现象，这可能是攻击性的前奏[11]。值得注意的是，一只严重应激的猫可能会显得昏昏欲睡或过度警觉，而在兽医诊所里，猫侧翻身更有可能是在准备自卫，而不是要求按摩腹部[26]。

　　虽然身体姿势的变化很容易表明猫的恐惧和焦虑，但面部表情更隐晦，变化更快，可以更好地表明猫当下的恐惧、焦虑或即将发生的攻击行为。在所有猫的面部特征中，瞳孔提供的信息最多。裂隙状瞳孔表示平静，放大的瞳孔反映了战斗或逃跑的急性恐惧反应（瞳孔越放大，情绪唤醒度越高），而椭圆形瞳孔则与攻击相关（图 8.4）。人类可能很难在远处识别瞳孔的形状和大小，但猫依靠这些线索来避免与其他猫打架[11,32]。

耳朵也能充分说明猫的恐惧与焦虑。耳朵竖起表明猫正在专注于某种刺激；这种关注可以代表良性的好奇心或担忧的开始（图 8.5）。当耳朵朝下和朝向侧面时，猫处于防御模式，而耳朵旋转以显示内耳廓则表明猫处于攻击姿态（图 8.6）[11,32]。

与恐惧、焦虑和应激相关的行为和生理障碍

恐惧和焦虑的行为表现

与恐惧和焦虑相关的猫的行为诊断包括：

- 广泛性焦虑；这反映了对环境中许多刺激因素的担忧。
- 分离焦虑；这反映了对独自待着和与关键人物分离的担忧。
- 情境恐惧；这反映了对某些情况的恐惧，如到兽医诊所就诊。
- 对陌生和熟悉的人的恐惧。
- 无生命的恐惧；这反映了对物体、噪声、气味和其他非生命刺激的恐惧。

图 8.4 这只猫的瞳孔放大，蜷缩的姿势，以及远离相机的焦点，表明这只猫很害怕

图 8.5 这只猫全神贯注地看着镜头，要么是出于好奇，要么是开始担心

图 8.6　这只猫侧向旋转的耳朵表明了一种防御性攻击姿态

家养猫通常很少接触其家庭环境之外的事物。因此，对不熟悉的有生命和无生命物体的感知可能会引发恐惧和焦虑。

与兽医诊所就诊相关的情境恐惧和焦虑是人们主要关注的问题，因为它们会严重影响猫的健康和福利[6]。一项研究报告称，大约一半的宠主表示，他们的猫"讨厌"去看兽医，超过 1/3 的宠主表示，一想到要带他们的猫去看兽医，就感到压力很大[30]。让猫进入转运笼去看兽医的困难、猫和宠主在诊所经历的压力，以及猫在拜访回家后所残余的压力，可能会导致就诊次数减少（图 8.7）[6]。

应激的行为表现

与应激相关的行为问题包括猫之间的攻击性、猫砂盆外的排便、喷尿、分离焦虑、异食癖 / 吮吸羊毛和强迫症（如过度理毛导致的心因性脱毛）[6,14,20]。

应激的医学表现

当恐惧和焦虑变得势不可挡时，由此产生的慢性应激状态可能会通过身体障碍来表达。与人类一样，猫的多系统疾病可能与慢性应激有关。一些例子包括猫特发性膀胱炎和猫疱疹病毒 1、猫传染性腹膜炎（feline infectious

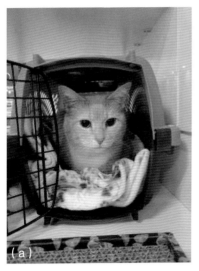
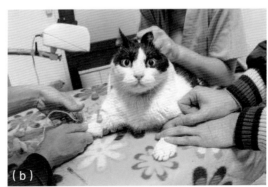

图 8.7 （a，b）这些猫放大的瞳孔表明它们对就诊感到恐惧

（由 Bennymarty/Adobe Stock 提供）

peritonitis，FIP）、猫白血病病毒（feline leukemia virus，FeLV）和猫免疫缺陷病毒（feline immunodeficiency virus，FIV）等免疫抑制疾病[21]。

　　其他情况可能会因慢性应激而加重，如猫口面部疼痛综合征（feline orofacial pain syndrome，FOPS）和胃肠道疾病，表现为呕吐、腹泻、应激性结肠炎和因应激导致过度理毛而反复出现的毛球[2,20]。应激还会影响认知能力，尤其是老年猫的认知能力。与慢性应激相关的内源性类固醇水平增加会损害认知的处理过程，并导致猫对环境中的负面刺激更加敏感[18]。

通过病史采集进行兽医行为评估

　　对于是否存在疼痛和疾病，识别行为变化可以提供宝贵的信息。应让宠主意识到，恐惧、焦虑、应激和行为变化的存在与身体症状一样重要。因此，全面的健康检查或疾病评估旨在确定是否存在任何行为改变，这些行为改变可能反映或影响猫的情绪或身体健康和福利[31]。越早识别恐惧、焦虑和应激，就越有可能防止这些厌恶反应演变成全面的行为障碍。

　　作为每次就诊的病史采集的一部分，以行为为导向的问题应旨在评估猫的活动、食欲、饮水量、睡眠、排泄模式、梳理和叫唤的任何变化[2]。具体问题应包括[31]：

- 是否在猫砂盆外排泄或在垂直表面上喷尿？
- 对不熟悉或熟悉的人进行攻击（嘶嘶声、咬、抓）？
- 经常出现恐惧行为？
- 破坏家里的东西？
- 与家里其他猫或宠物的互动是否有问题？
- 性格或活动有任何变化吗？

在就诊期间获取行为学病史更标准化的方法是使用猫行为评估与调查问卷（Feline Behavioral Assessment & Research Questionnaire，FeBARQ）。与针对犬的 C-BARQ 类似，FeBARQ 是一款为宠主对猫的行为和行为问题进行定量评估而开发和验证的问卷工具[33]。

重要的是，在采集病史时，确定猫感到恐惧、焦虑或应激的触发因素。这些特定的刺激对于制订有效的治疗计划非常重要。触发因素通常很明显，因为猫的行为迹象通常与触发因素有因果关系。但如果宠主无法轻易地识别触发因素，请他们做好记录，以尽量缩小范围。

恐惧、焦虑、应激的治疗

一旦发现猫的恐惧、焦虑和应激，则应进行治疗。治疗的目标是缓解恐惧、焦虑或慢性应激，但也需要注意可能导致的医疗后遗症。

对于所有诊断，尤其是行为或情绪性质的诊断，通常需要多管齐下。在治疗恐惧、焦虑和应激时，第一步是规划猫的家庭环境的管理，包括避免所有已确定的触发因素。然后，通过脱敏和对抗性条件反射的形成进行行为矫正，让猫习惯于面对恐惧刺激，感到更加平静或积极。最后，通过使用信息素或减少恐惧或焦虑的药物，可能会大大改善猫的情况。以下是关于在猫恐惧、焦虑和应激的治疗计划中使用管理、环境丰容、行为矫正、信息素和药物的信息。

管理

家养猫的家庭环境包含多种潜在的应激源，这些应激源可能是可以避免的，也可能是不可避免的。一些猫可能无法应对环境压力，个人层面的支持性护理是帮助这些猫和它们的宠主的关键。在宠主的参与下，兽医人员应努力协助识别家庭环境中猫感到恐惧和焦虑的触发因素，以便宠主尽可能消除或避免它们。临床兽医（和宠主）也应该评估是否存在慢性或环境压力。管理是解决猫恐惧、焦虑和应激的第一步，也是最重要的一步。成功的管理（可消除或避免触发因素）取决于针对猫及其环境的个性化干预措施[20]。兽医应该设法识别那些无法应对的猫，并指导宠主合理地改变环境和社交方法，以帮助减轻猫的压力[12]。减少猫对感知到的厌恶刺激的接触将有助于减轻整体压力，管理引起恐惧的触发因素有助于减少可能激发攻击性和其他恐惧相关行为的情绪唤醒[18]。

猫应该有可用的选项，来实现对其环境的"控制"。例如，应该建立一个"安全的地方"，即避风港，用于隐藏/休息，以避免或消除环境压力。一只害怕陌生人的猫应该能够在访客在家时去它的"安全的地方"；播放舒缓的音乐或白噪声来减少引起恐惧的噪声，以及在"安全的地方"附近使用信息素疗法也有帮助[6,20]。最后，减少接触特定的触发因素将防止猫出现不良行为，从它的角度来看，这是导致恐惧刺激消失的原因。应该提醒宠主，对恐惧和焦虑引发的不良行为进行惩罚只会增加猫的痛苦，并随着时间的推移加剧行为问题[12]。在兽医诊所/医院环境中，最大限度地减轻患病动物的压力应该是一个优先事项。虽然"无压力"环境是不可能的，但了解如何创造"低压力"环境以及如何以压力较小的方式对待动物对患病动物、宠主和兽医工作人员都有好处[26,34]。

环境丰容

环境丰容是行为治疗计划的另一个重要组成部分，因为它也有助于减少由恐惧和焦虑引起的慢性应激。为猫提供攀爬、躲藏和休息的地方（如猫树和猫爬架），使猫不会受到其他猫、宠物或人的干扰。隐藏食物/零食促使猫觅食，并提供益智喂食器。移动和弹跳的玩具（模拟猎物）特别能刺激身心，应该轮换玩具以保持猫的兴趣。一些猫需要抓挠和摩擦面部，因此提供抓挠材料是另一种很好的丰容工具[20]。

行为矫正（脱敏和对抗性条件反射）

正如治疗犬类行为障碍一样，行为矫正技术也可以用于猫，以谨慎控制的方式逐步改变对某些厌恶性触发因素的感知和反应。例如，在猫间攻击中，猫被隔离一段时间以减轻日常恐惧和焦虑，然后以有限和受控的方式慢慢暴露于彼此（脱敏）。解读猫的肢体语言对于决定何时进行下一步是至关重要的。然后，通过将另一只猫的存在与积极的事物（如食物奖励）联系起来（对抗性条件反射），猫对彼此的看法会逐渐改变[12]。

信息素疗法

信息素疗法是另一种行为干预疗法。猫自然产生并使用信息素作为一种交流手段，可以帮助改变猫对应激源的情绪反应。因此，当正确有效地使用时，信息素疗法可以提高猫的安全感和幸福感。猫通过摩擦、滚动、抓挠和摩擦物体表面和人类来使用自己的信息素。合成信息素有各种分级形式（面部 F1 ～ F5）和物理形式（喷雾剂、插入式扩散器、湿巾）；所使用的形式由具体需要决定。例如，费利威扩散器含有一种面部信息素类似物，可以插在猫的"避风港"或休息地点附近，以减少在雷暴、烟花和家庭访客等压力事件期间的焦虑。喷雾剂形式可用于先前标记的区域，以减少尿液标记的影响，喷在猫转运笼内可减少旅行时的焦虑[35-37]。

药物和补充剂

有几种精神类药物用于治疗动物的行为障碍。精神类药物的使用不应成为行为治疗计划的第一步或唯一的一步；它们可以作为包括管理和行为矫正在内的多方面行为矫正计划的重要组成部分。精神药物治疗通过减少恐惧、焦虑和情绪唤醒来发挥作用，而恐惧、焦虑和情绪唤醒往往会激发攻击行为。此外，药物可以帮助减少冲动，从而增加对行为的反应。虽然药物治疗基于潜在应激反应的神经化学假设，但具有相同行为诊断的个体对相同药物的反应可能不同[38]。

总结

恐惧、焦虑和应激是常见的猫科动物行为问题的根源，这些问题通常会导致弃养。由于猫的被动应对机制，包括躲藏和退缩，识别猫何时感到恐惧或焦虑可能很困难。此外，对宠主无害的东西可能会让他们的猫感到恐惧。因此，猫的慢性情绪应激可能无法及时得到解决，从而导致行为和身体上的障碍。

通过适当的教育和指导，宠主可以了解猫是如何交流情绪的，以及行为上的变化与身体上的变化同样重要。每次到院就诊都提供了一个机会，向宠主询问以行为为导向的问题，这些问题可能会揭示他们的猫是否存在情绪困扰。然后，兽医专业人员可以指导宠主采取措施，通过环境管理和丰容来减轻猫的慢性应激。行为矫正技术、信息素疗法和药物治疗也可用于减轻引起猫行为障碍的恐惧、焦虑和应激。

最后，所有兽医诊所都应采用低压力操作的概念。患病动物及宠主的主要压力来源是医院环境本身。不良的就诊经历会对患猫、宠主和兽医工作人员造成伤害。将医院环境带来的压力降至最低，对所有人来说都是双赢的局面。

参考资料

1 Landsberg G, Milgram B, Mougeot I, et al. Therapeutic effects of an alpha-casozepine and L-tryptophan diet on fear and anxiety in the cat. J Feline Med Surg. 2017;19(6):594–602.

2 Horwitz DF, Rodan I. Behavioral awareness in the feline consultation: Understanding physical and emotional health. J Feline Med Surg. 2018;20:423–436.

3 Baillie KU. Demystifying feline behavior: Q & A with James Serpell and Carlos Siracusa. Penn Today. February 19, 2020. https://penntoday.upenn.edu/news/demystifying-feline-behavior.

4 Schwartz S. Separation anxiety syndrome in cats: 136 cases (1991–2000). JAVMA. 2002;220(7):1028–1033.

5 Dale AR, Walker JK, Farnworth MJ, et al. A survey of owners' perceptions of fear of fireworks in a sample of dogs and cats in New Zealand. NZ Vet J. 2010;58(6):286–291.

6 Stepita M. Feline anxiety and fear-related disorders. In: Little SE, ed. August's consultations in feline internal medicine, Vol. 7. Chapter 90. Elsevier E-books; 2016:900–910.

7 Bennett V, Gourkow N, Mills DS. Facial correlates of emotional behaviour in the domestic cat (Felis catus). Behav Processes. 2017;141(3):342–350.

8 Grigg EK, Kogan LR. Owners' attitudes, knowledge, and care practices: Exploring the implications of domestic cat behavior and welfare in the home. Animals. 2019;9:1–22.

9 Mariti C, Guerrini F, Vallini V, et al. The perception of cat stress by Italian owners. J Vet Behav. 2017;20:74–81.

10 Dawson LC, Cheal J, Niel L, Mason G. Humans can identify cats' affective states from subtle facial expressions. Anim Welf. 2019;28:519–531.

11 Rodan I. Understanding feline behavior and application for appropriate handling and management. Top Companion Anim Med. 2010;25(4):178–188.

12 Hargrave C. Let's talk about stress. UK-Vet: The Vet Nurse. March 2, 2017.

13 Radley JJ, Morrison JH. Repeated stress and structural plasticity in the brain. Ageing Res Rev. 2005;4:271–287.

14 Levine ED. Feline fear and anxiety. Vet Clin Small Anim. 2008;38:1065–1079.

15 Muskin PR (physician rev). What are anxiety disorders? Am Psych Assoc. 2021. https://www.psychiatry.org/patients-families/anxiety-disorders/what-are-anxiety-disorders.

16 Tynes VV. The physiologic effects of fear. DVM 360. 2014. https://www.dvm360.com/view/physiologic-effects-fear.

17 Incorporating behavioral assessments into every examination. In: Hammerle M, Horst C, Levine E, Overall K, Radosta L, Rafter-Richie M, Yin S (Task Force). 2015 AAHA canine and feline behavior management guidelines. J Am Anim Hosp Assoc. Jul-Aug 2015;51(4):205–221.

18 Mills D, Karagiannis C, Zulch H. Stress- it's effect on health and behavior: A guide for practitioners. Vet Clinic Sm Anim. 2014;44:525–541.

19 Koolhaas JM, Bartolomucci A, Buwalda B, et al. Stress revisited: A critical evaluation of the stress concept. Neurosci Biobehav Rev. 2011;35(5):1291–1301.

20 Amat M, Camps T, Manteca X. Stress in owned cats: Behavioural changes and welfare implications. J Feline Med Surg. 2016;18(8):577–586.

21 Westropp JL, Kass PH, Buffington CAT. Evaluation of the effects of stress in cats with idiopathic cystitis. Am J Vet Res. 2006;67(4):731–736.

22 Johnson LR. How fear and stress shape the mind. Frontiers in Behav Neurosci. 2016;10(24):1–3.

23 LeDoux J. Rethinking the emotional brain. Neuron. 2012;73(4):653–676.

24 Tsigos C, Kyrou I, Kassi E, Chrousos GP. Stress: Endocrine physiology and pathophysiology. Endotext (Internet). Oct 17, 2020. https://www.ncbi.nlm.nih.gov/books/NBK278995.

25 Steimer T. The biology of fear- and anxiety-related behaviors. Dialogues in Clin Neurosci. 2002;4(3):231–244.

26 Lloyd JKF. Minimizing stress for patients in the veterinary hospital: Why it is important and what can be done about it. Vet Sci. 2017;4(22):1–19.

27 deRivera C, Ley J, Milgram B, Landsberg G. Development of a laboratory model to assess fear and anxiety in cats. J Feline Med Surg. 2017;19(6):586–593.

28 Overall K. How to deal with anxiety and distress responses: Cats and elimination, and cats and aggression. Atlantic Coast Veterinary Conference 2001. https://www.vin.com/apputil/content/defaultadv1.aspx?id=3844025&pid=11131&print=1.

29 Tateo A, Zappaterra M, Covella A, Padalino B. Factors influencing stress and fear-related behaviour of cats during veterinary examinations. Ital J Anim Sci. 2021;20(1):46–58.

30 Spinks I. Bayer Veterinary Care Usage Study III: Feline findings. 2013. https://www.brakkeconsulting.com/wp-content/uploads/2018/01/BayerBCI_BVCUS_III_Feline_Findings_2013.pdf.

31 Overall K, Rodan I, Beaver BV, Carney H, Crowell-Davis S, Hird N, Kudrak S, Wexler-Mitchell E. Feline Behavior Management Guidelines AAFP 2005.

32 Overall K. Clinical behavioral medicine for small animals. St. Louis: Elsevier Mosby; 2013.

33 Duffy DL, Diniz demoura RT, Serpell JT. Development and evaluation of Fe-BARQ: A new

survey instrument for measuring behavior in domestic cats (Felis s. catus). Behav Processes. 2017;141:329–341.

34 Yin S. Low stress handling restraint and behavior modification of dogs & cats. Davis, CA: Cattle Dog Publishing; 2009.

35 Pereira JS, Fragoso S, Beck A, et al. Improving the feline veterinary consultation: The usefulness of Feliway spray in reducing cats' stress. J Feline Med Surg. 2015;18(12):1–6.

36 Mills DS, Redgate SE, Landsberg GM. A meta-analysis of studies of treatments for feline urine spraying. PloS ONE. 2011;6(4). https://pubmed.ncbi.nlm.nih.gov/21525994.

37 DePorter TL. Use of pheromones in feline practice. In: Rodan I, Heath S, eds. Feline behavioral health and welfare, 1st ed. Elsevier E-books; 2015 Chapter 18. Kindle Edition.

38 Medications for fearful dogs and cats. In: Hammerle M, Horst C, Levine E, Overall K, Radosta L, Rafter-Richie M, Yin S (Task Force). 2015 AAHA canine and feline behavior management guidelines. J Am Anim Hosp Assoc. Jul-Aug 2015;51(4):205–221.

第9章 猫的强迫性行为和转移性行为

Melissa Bain

概述

重复性行为可能是多种潜在的心理和生理原因造成的，包括强迫性行为、转移性行为和刻板行为，以及由多种病因引起的潜在医疗问题。它们可以被归类为通常来源于正常维护行为（理毛、行走、进食）的一系列动作，这些动作在脱离特定环境的情况下以重复的、夸张的、仪式化的和 / 或持续的方式进行。在两项关于猫就诊于兽医行为学专家的研究中，大约 5% 的猫被诊断为强迫性行为 [1-2]。

当评估任何行为问题时，可将其分为正常或异常，可接受或不可接受。

正常行为

许多猫表现出被认为是"古怪"的行为。我们通常无法找到这些一过性行为的原因，这些行为不会影响猫的生活质量，也不是潜在病理状态的表现。

正常但不可接受的行为

重复性行为可能会让宠主感到不安。如果一只猫追逐自己的尾巴，即使这种行为不会干扰它的福利或提示潜在的健康问题，但如果这导致宠主绊倒，这是不可接受的。

异常但通常可接受的行为

宠主可能会容忍猫重复性行为，这些行为是潜在焦虑或健康状况的表现，有时甚至会被宠主认为是"可爱"。他们也可能在猫表现出这些行为时奖励猫从而鼓励了这些行为，有时是不经意的。如果宠主不认为这种行为是异常的或干扰了他们的生活，他们可能不会寻求兽医治疗潜在的疾病。

异常且通常不可接受的行为

如果一只猫表现出的重复性行为，要么干扰到宠主的生活质量，如半夜发生该行为，要么影响猫的福利，或其出现明显是由于潜在的健康问题，宠主更有可能寻求兽医治疗。

如何诊断

病史和问题背景

病史调查在帮助识别行为问题方面稍有不同，但与一般情况下没有太大区别[3-4]。兽医和工作人员需要花时间熟练掌握以便更有效地收集信息，同时使用开放性问题可以更好地获得信息。从宠主那里收集有关行为问题的信息可能会让兽医感到些许不适，但是尽管这样，他们仍然认为这非常重要[5-6]。近期，关于成功沟通的培训在兽医学校受到了更多的关注，并被兽医雇主高度追捧[7-8]。表 9.1 提供了一些从宠主那里收集的可以帮助确诊的重要信息。然而，需要注意的是，相较于生理问题，宠主报告和录像证据对行为问题的诊断更为重要[9-10]。

有助于区分鉴别诊断的重要方法是分别在人在场时、人完全离开家时对猫进行视频记录，并对猫的居住环境进行录像。如果猫真的出现了强迫性行为，当没有人在场时猫仍旧会表现出该行为。

录像还可以帮助兽医识别可能对猫的行为产生作用的环境因素，特别是如果预约是在诊所进行的，而不是上门家访。可调查因素包括猫表现出某些行为的特定位置（如厨房门口）、潜在的应激源（如喂食的地点），以及宠主与猫的互动方式。兽医可能会注意到一些微妙的迹象，特别是在视频中捕捉到这种行为的情况下。与在诊所内相比，细微的身体移动、猫移动的特定方向和/或其他生理症状在视频中可能更加明显。

有些兽医更喜欢对行为学病例进行家访。然而，需要注意的是，有些猫会在整个访问过程中躲藏起来，并且可能不会在陌生人面前表现出这种行为。此外，在家庭环境中可能存在其他干扰，这些干扰可能会影响家访的有效性。最终这些猫可能需要到兽医诊所进行诊断测试。

基本信息

与所有患病动物一样，收集猫既往和当前的病史信息至关重要，包括当前和既往使用的药物和医疗情况。如果猫出现重复性行为，并可能患有潜在的皮肤疾病时，了解所使用的跳蚤和蜱虫预防方案尤其重要。进行体格检查和必要的医学检查也很重要。

如果可以，应收集猫的来源信息，以及是否有关于其亲属的信息，因为

表 9.1　收集猫表现重复性行为的行为病史

基本信息	医疗史，包括使用药物和健康情况
	年龄、猫的来源 / 血统，如果知道的话
	● 可能有助于确定遗传倾向
	受影响亲属的行为发生率
	● 强迫性行为的遗传因素支持患猫亲属中出现强迫性行为模式的可能性
环境信息	家庭组成和互动，包括人和其他宠物
	● 可能有助于确定猫的冲突来源
	典型的日常生活
	● 可以帮助确定冲突、应激或挫折的具体区域；特别是寻找足够的社交、生理和心理刺激
事件信息	行为开始的大致或具体日期
	● 行为开始与任何环境或身体变化的相关性
	描述疾病及其进展，包括既往和当前
	● 在发作期间观察到的行为，包括任何姿势变化、叫声等
	● 将有助于确定所讨论的行为是否符合强迫性行为的标准
	行为的触发因素，包括一天中的时间、他人的存在、情境、事件、地点等
	发作的频率和持续时间
	● 强迫性行为倾向于随着时间的推移而恶化
	容易分散注意力
	● 将有助于排除癫痫相关的疾病
	当猫独处时发生行为的证据
	● 录像有助于找到答案
	让宠主详细描述最近两次发作的行为
	● 发生的时间
	● 地点
	● 存在的其他人和宠物
	● 猫在发作前、发作期间和发作后的行为
	● 宠主在猫发作前、发作期间和发作后的行为
	● 猫对宠主干预的反应
对之前治疗的反应	宠主反应
	● 可能有助于发现不恰当的干预
	● 如果存在医学因素，这可以提供信息

有些重复性行为存在潜在的遗传因素。

环境信息

重复性行为的原因有很多种，有些是环境应激引起的，因此应收集猫的日常生活信息，以及与家庭成员和其他宠物的互动信息。虽然不是重复性行为的直接原因，但家养猫的攻击性足以成为导致猫表现转移性行为的应激源。通过视频、图片和 / 或家访对环境进行评估，可以获取宠主认为不重要而忽略的信息。

人和非人类家庭成员及访客

人和其他宠物可能在猫的行为问题中扮演重要角色。他们可能与行为问题直接相关，如宠主对不必要的行为给予关注，或者玩类似于激光笔的东西，就会鼓励重复性行为。也可能和行为问题间接相关，如宠主惩罚猫或者与家中其他猫的压力互动。这些因素可能会导致焦虑增加或降低行为发生的阈值，导致出现重复性行为的转移。

事件信息

除了背景信息外，有关事件的信息是诊断的核心，包括行为表现。录像展示或直接观察有助于诊断。

关注行为的"ABC"，即前因（A）、表现形式（B）和后果（C），关注环境、动物和宠主的行为。在环境和宠主行为中识别出触发的前因。有没有突然的巨响？这种行为更可能发生在一天中的特定时间吗？宠主在猫行为开始前用水喷了它吗？识别动物的前因行为也很重要。是在休息还是踱步？是在叫唤吗？是在和另一只猫打架吗？

关于猫在事件中的行为的信息包括行为的持续时间和描述、被干扰的难易程度，以及这类事件发生的频率。还应注意宠主在事件期间的行为，他们是否对猫大喊大叫，还是试图用零食分散注意力？同样重要的是要确定猫是否在独处情况下发生这种行为，这些信息可以通过录像收集。事件结束后，猫需要多长时间才能恢复正常行为？如果其他动物或人参与其中，他们在事后会有什么反应？

健康检查

当面对表现出重复性行为的猫时，必须考虑潜在的医疗问题，因为医疗问题可能参与其中并起了部分作用。建议对患猫进行适当的健康检查，最少需要进行全血细胞计数、血清生化检查、粪便检查和尿液分析。对于表现过度理毛或异常理毛的猫，应进行完整的皮肤病学检查。包括皮肤刮片、伍德氏灯检查、毛发真菌培养，并评估猫对杀寄生虫药物的反应。进一步测试可以包括皮肤活检、对食物过敏的饮食试验的反应、皮内过敏原测试，以及对内分泌疾病的评估。90% 假定"心因性脱毛"的猫都发现了瘙痒的病理原因[11]。同样，在患有肢端舔舐性皮炎这种通常针对肢体自损行为的犬上也要考虑医学鉴别诊断[12-13]。

医学鉴别诊断

基于疾病的表现需要考虑医学鉴别诊断。虽然人们经常想确定动物是医疗问题还是行为问题，但应该将它们协同考虑。如果诊断出潜在的医疗问题似乎是导致重复性行为的原因，你仍然需要调查行为在问题中所起的作用。表 9.2 列出了常见的鉴别诊断。

表 9.2　重复性行为的医学鉴别诊断

重复性行为	可能的医学原因
心因性脱毛 / 过度理毛	感染、过敏、异常的神经敏感、骨科疾病或疼痛
异食癖	胃肠道问题或中毒
追逐光	眼科问题、神经学问题（癫痫、肿瘤）
追逐尾巴	神经学问题（脊神经问题）、肛门囊炎、过敏、尾部受伤
过度舔舐物体或空气	胃肠道问题
转圈	神经学问题、眼科问题
踱步	疼痛或不适导致躺下的时间减少

神经学疾病

如果行为不能被打断，则应考虑由一些潜在疾病（包括肿瘤）引起的癫痫。癫痫通常有一个发作后阶段，体格检查通常会发现存在其他神经功能缺陷。

当动物表现为自我导向的重复性行为（如追逐尾巴）时，需要考虑感觉神经病或马尾神经问题。发育性神经系统疾病包括脑积水、脊髓空洞症和无脑回畸形。

皮肤病

如前所述，在90%推测为"心因性脱毛"的猫中发现了医学原因导致的瘙痒[11]。这些原因包括外寄生虫、食物过敏、特应性皮炎、细菌或真菌疾病，如皮肤癣菌病。见图9.1。

（a）

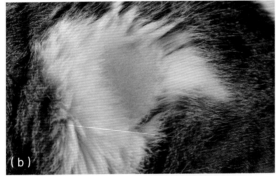

（b）

（c）

图9.1（a～c）对于一只理毛导致脱毛的猫来说，需要先排除医疗问题，再考虑行为问题

（由 Melissa Bain、Sonyachny/Adobe Stock 和 Firn/Adobe Stock 提供）

感染、炎症和创伤性原因

也需要考虑影响多个器官系统的感染性疾病或炎症过程，包括引起疼痛的疾病或炎症过程。牵涉痛可能表现为一种自我导向的行为。如疼痛性肾结石可以引起猫定向舔舐背部肾区。感染性疾病可能包括狂犬病、猫传染性腹膜炎（FIP）和猫免疫缺陷病毒（FIV）感染，炎性疾病包括肉芽肿性脑膜脑炎。

营养性或中毒性疾病

除非有吸收或储存性疾病，否则营养原因不太会引起重复性行为。极低蛋白饮食的动物可能表现出不同寻常的行为，硫胺素缺乏的动物也是如此。虽然本质上不是营养性病，但肝门脉分流的猫会表现为肝性脑病和头顶在角落（头部压迫行为），这可能会被误认为重复性行为。

行为学鉴别诊断

医疗问题一旦被排除、治疗或管理，就应该调查行为问题的原因（表 9.3）。通常很难对重复性行为做出明确诊断，即便对于有更多诊断标准的犬来说也是如此[14]。简单地将问题分为医疗问题或行为问题是错误的，因为它们经常同时发生，有时很难确定哪一个先发生。还必须确定与其他行为问题同时存在的共病，据报道，大约半数被诊断为强迫症的猫同时存在共病[15]。

强迫性行为

当考虑强迫性行为时，所表现的行为模式必须足够明显，超过了其达到目的所必须的程度，或者干扰了猫的正常功能。强迫性行为是指猫进行重复的、相对单一的动作序列，通常源于场景中正常的维护行为（如理毛、捕猎）。人类强迫症及相关障碍的特征是执念、想法和冲动，导致强迫性行为，这是一种重复的心理和生理行为，旨在减轻与执念相关的焦虑[16]。目前还不确定动物是否有"执念"，并有想法或冲动去执行这些行为。

强迫性行为往往会干扰正常的日常活动和功能。它们通常会随着时间的推移而恶化，并且这些行为开始在更多的场景中发生且触发因素更多。虽然不是转移性行为，但如果经过足够的练习和 / 或强化，强迫性行为可以从转移性行为中产生。通常情况下，宠主可以识别出与强迫性行为的发作相吻合的特定压力事件（身体创伤或社交剧变）。强迫性行为有遗传倾向，东方型品种

表 9.3　重复性行为的行为学鉴别诊断

诊断	定义	当出现时
强迫性行为	一种不断重复的行为，没有明显目的，通常没有特定的发生背景。猫可能有潜在的焦虑症	发生在许多不同的背景、场景和地点。很难被打断。通常会干扰正常的日常功能
转移性行为	一种在特定情境下正常但在当前情况下却显得不正常的行为，经常重复出现。通常在外部压力事件发生时开始。当过度表现并且脱离特定情况时，可能会成为一种强迫症	对压力事件的反应,如对陌生人、其他猫或特定触发因素的恐惧
寻求关注的行为	猫为了引起宠主关注而做出的行为。这些行为可能是正向的（寻求爱抚、乞食），也可能是令人讨厌的（叫喊、追逐），至少它得到了宠主的关注	只有当有人在场或可能进入猫所在的区域时才会出现。这类行为会因宠主对猫的表现给予关注而持续
刻板行为	一种不断重复的行为，可能是为了缓解与居住或饲喂条件有关的应激。这些症状与强迫症非常相似，甚至可能是相同的	一般来说，当被限制的动物（动物园动物、实验动物，甚至可能是宠物）由于环境原因不能充分表现物种的典型行为时出现

的猫有较高的发病比例[17]。见图 9.2。

采食行为（异食癖、咀嚼 / 吮吸织物）

异食癖是指摄入非食物的物质。目前尚不清楚是否有性别倾向性。然而，东方型品种，如暹罗猫，以及美国家养短毛猫可能更多地表现出异常采食行为[2,15,18]。需要排除正常的探索行为；然而，关于年龄和行为关系的证据互相矛盾[18-19]。除非是极端的，否则不将采食植物视为异食癖。对犬的研究表明，那些在采食植物之前没有生病的犬不会呕吐，所以采食植物不一定与疾病有关，也不一定与饮食或驱虫治疗有关[20]。虽然没有针对猫的同行评议研究，但初步结果表明，猫也是如此[21]。

饮食对异食癖有影响。有人指出，随意采食的猫不太可能出现异食癖[19]。

异食癖的另一个亚类是吮吸和 / 或食用织物 / 羊毛，这被认为常见于没有

图 9.2 （a,b）尽管猫比犬少见互相追逐 / 损伤尾巴和追逐光 / 影，但这仍可能发生

（由 Kathomenden/Adobe Stock 和 Lema-lisa/Adobe stock 提供）

正确断奶的猫和东方型品种的猫；然而，还不确定年龄倾向性。在一项研究中，已经证明吮吸和摄入织物之间存在显著相关性，因此，需要密切关注吮吸织物的猫是否有可能摄入织物[19]。示例见图 9.3 和图 9.4。

转移性行为

转移性行为是对外部刺激（如声音、限制或攻击）的行为反应，这些行为在触发条件下脱离环境发生。这些触发因素通常会导致焦虑或过度兴奋，导致突然出现转移性行为[22-23]。过度理毛、打哈欠和踱步通常被描述为转移性行为。随着时间的推移，如果这些行为成为习惯，甚至无意间从中得到奖励，它们可能会演变成强迫性行为。

（a）

（b）

图 9.3 （a，b）吮吸织物的猫有很大可能也摄入织物，需小心监督

（由 Lema-lisa/Adobe Stock 和 Spring/Adobe Stock 提供）

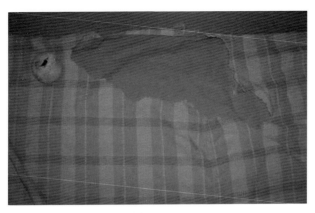

图 9.4 一只猫摄入织物造成的破洞

（由 Melissa Bain 提供）

寻求关注的行为

这些是动物获得强化的行为，也被称为"受观众影响的行为"。宠主可能会在猫自逐其尾时让它去外面，或在猫反复叫唤时喂食。有时候，仅仅是宠主与猫进行眼神交流就足以让猫继续这种行为。即使是口头上的斥责，猫也可能认为是一种强化。

刻板行为

刻板行为指的是重复的、不变的行为模式，没有明显的目的或功能，通常出现在生活于贫瘠环境中的动物，主要是圈养的野生动物、生产动物和实验室环境中的动物，家养猫罕见。

治疗

当与宠主一起制订治疗计划时，应考虑诊断和预后，以及宠主遵守治疗计划的能力[24]。除了药物的潜在副作用外，治疗重复性行为几乎没有安全方面的风险。更大的风险在于不治疗的话，猫的福利可能会受到影响。

制订治疗计划的一种方法是采取 5 个步骤：管理；工具；训练和行为矫正，包括对触发因素的脱敏（DS）和对抗性条件反射作用（CC）；药物和替代疗法。这些步骤中有些是部分重叠的（即可以在管理中使用工具，药物可以帮助脱敏／对抗性条件反射更顺利地进行）。除了治疗计划的行为组成部分外，治疗和／或管理导致问题的任何潜在生理问题也很重要。有关概述见表 9.4。

手术、药物和其他相关治疗

目前没有已知的手术可以预防或治疗这些行为问题。有报道称，为了治疗猫的逐尾行为，对猫进行了截尾。除非有生理问题导致逐尾，否则不建议使用截除手术治疗这个问题。如果猫有异食癖、吮吸羊毛或织物的行为，导致吞食异物，可以用手术或者内窥镜取出。药物治疗可以用于治疗或管理任何潜在的疾病问题。不确定绝育是否会对这些行为产生影响；然而，应该建议宠主不要繁育有强迫性行为的猫，因为这些行为可能有遗传倾向。

管理

应告知宠主环境管理的重要性，这样猫就不太可能继续表现这种行为。如果猫有异食癖，吮吸羊毛或织物时避免猫摄入潜在的危险物质，以及避免

表 9.4　治疗猫重复性行为概述

生理健康	排除并治疗任何潜在或并发的疾病
管理	避免触发可能引起重复性行为的因素 避免触发可能导致应激或焦虑，从而引发转移性行为的因素 提供环境丰容以改善整体福利
工具	避免使用激光笔
训练 / 行为矫正	对引发重复性行为或导致应激和焦虑的触发因素进行系统性脱敏和对抗性条件反射
药物和替代疗法	选择性 5- 羟色胺再摄取抑制剂或三环类抗抑郁药： ● 为了解决潜在的强迫症 ● 帮助缓解应激和焦虑症状 其他抗焦虑药物（加巴喷丁）、营养补充剂或信息素可以帮助改善应激和焦虑症状 治疗潜在的生理疾病

引起焦虑或过度兴奋的触发因素。

　　避免这些行为可能非常困难，因为有些猫容易被驱使做出这些行为。宠主应通过限制活动区域或从环境中移除物品来限制猫获得非食物物品。可以在屋子里创建一个不包含目标物品的安全室。如果猫不喜欢被限制活动，那么须进行训练。如果猫被电线吸引，必须拔下电线，或使用覆盖物充分保护电线，或使猫无法接触电线。纠正任何膳食性缺乏，并确保宠物获得适合其生命阶段的、适量的全价均衡饮食。

　　在多猫家庭，确保每只猫都能安全地获得食物，并且不受干扰地进食。可能需要在喂食时间将宠物分开，这样宠主也可以确认采食量。如果外面的猫触发患猫表现转移性行为，宠主可以通过移除鸟喂食器阻止猫进入院子，或使用窗膜之类的东西阻挡外面猫的视线。如果猫对声音敏感，宠主可以播放古典音乐或白噪声来帮助屏蔽声音。

　　宠主不应惩罚猫的不必要行为（重复性行为或其他）。这不仅不能解决行为的根本原因，还可能导致焦虑和攻击性增加，并且导致猫的福利不佳。大声喊叫、拍打、殴打和喷水通常被认为是惩罚；然而，惩罚可能"因人而异"。一只猫认为可以容忍的事，另一只猫可能认为是惩罚。

宠主不仅应避免可能危险或引起焦虑的事情，还应提供有吸引力的替代品和足够的身心锻炼。掌控力对幸福感至关重要，并且在帮助减轻动物的压力方面也至关重要。重要的是为猫提供维持生活质量的基础需求。其中包括一个促进学习的稳定、不变的环境；一个没有恐惧刺激的安全环境，可以在避免伤害的情况下进行探索；以及让猫选择采食方式进行合适的营养投喂[25]。

特别是对只在室内生活的猫，增加精神和身体的刺激，是宠主增加猫幸福感的一种方式。有很多方法可以实现这一点，包括视觉和嗅觉丰容、互动游戏、漏食和觅食玩具等。

如果猫对看向窗外不会感到有压力，宠主可以在窗户旁边设置一个休息区，甚至设计一个猫可以进入的室外笼。据报道，有些猫会看电视或在 iPad 或平板电脑上玩游戏。嗅觉丰容可以通过猫薄荷和木天蓼实现。

宠主参与和猫的互动是很重要的，因为猫是社交动物，大部分猫享受与宠主的互动。互动可以是一些简单的抚摸和梳毛，也可以是使用带有羽毛的逗猫棒进行充满活力的游戏。对于那些表现出强迫性行为的猫，应避免玩激光笔。与惩罚一样，这取决于一只猫认为这件事是奖励还是惩罚。

漏食玩具有助于激励猫适应环境，使猫能够表现出更符合其物种特性的每日多次进食的行为。有很多漏食玩具，可以购买或自制。网站 www.foodpuzzlesforcats.com 提供了大量的创意。

脱敏 / 对抗性条件反射

行为矫正主要集中在对导致动物感到压力并表现出不良行为的触发因素进行系统脱敏 / 对抗性条件反射（DS/CC）[26]。这是一个通过渐进方式将动物暴露于引发恐惧的刺激物中，消除如恐惧这样的条件性情绪反应（conditioned emotional response，CER），并用替代品取代，通过将其与引发相反情绪或生理反应的刺激配对来产生竞争反应的过程。当进行系统脱敏 / 对抗性条件反射时，会创建一个刺激等级，其范围从引发不可识别的轻微反应水平到引发极端反应的水平。动物暴露于该等级中的第一步时，仅表现出非常轻微的反应，如发现触发事件存在，逐渐适应到不再表现出轻微反应。一旦达到这种程度，将动物暴露于下一个刺激等级。与此同时，动物会经历一些良好的触发事件以改变情绪反应，如一个非常好吃的零食。

脱敏 / 对抗性条件反射对于由潜在疾病问题导致行为异常的猫以及真正

患有强迫症的猫来说益处有限，因为其更多受到内部驱动。然而，一些患有强迫症的猫可能仍然有外部触发事件使行为持续。被诊断为转移性行为，并且因外部触发事件持续产生强迫性行为的猫，可以随着时间的推移慢慢对触发事件脱敏并对抗性条件反射。

脱敏／对抗性条件反射的特点是在猫注意到触发事件但未到达无法承受之间找到平衡，制订一个计划逐渐增加触发事件的强度，并找到一个猫认为只有在触发事件存在的情况下才能得到的奖励。如果触发事件是声音，宠主应将其录音然后小声播放，或者将猫放在 1 个（或 2 个）远离声音的房间和／或播放古典音乐或白噪声来阻断声音，然后逐渐增加声音的音量。如果触发事件是家中的另一只猫，宠主应该让猫之间保持距离，并逐渐让它们接近。当触发事件存在时，宠主应该给猫一些让它感觉愉悦的东西（罐头食品、零食、玩耍、抚摸），当触发事件从猫的视线中消失或音量调低时，不再提供愉快的奖励。每次训练只持续 2 ~ 3 min。在这些训练过程中，宠主应该记录猫的反应（喜欢或厌恶），以便他们可以随着时间的推移识别出趋势。

药物或替代治疗

药物在治疗猫的重复性行为中起着重要作用，主要有两种方式。药物被用来减少导致转移性行为的焦虑和应激，以及减少强迫性行为。药物治疗在与管理和行为矫正相结合时效果最好，但并不能治愈。

选择性 5- 羟色胺再摄取抑制剂（SSRI），如氟西汀和帕罗西汀，被推荐用于减少焦虑和兴奋，以及减少进行强迫性行为的欲望[27-28]。氟西汀和帕罗西汀的剂量是 0.5 ~ 1 mg/kg，每日一次。这些药物，以及三环类抗抑郁／抗焦虑药（TCA），如氯米帕明，需要长达 6 周才能完全起效[29]。快速起效的药物，如加巴喷丁（100 mg/ 猫，一天最多 2 次）可以减少焦虑，但几乎不能减少强迫性行为[30]。

其他产品，如营养补充剂和信息素，仅有一些有限的证据表明它们有助于减轻猫的焦虑和应激。值得注意的是，药物并不适用于寻求关注的行为引起的重复性行为。

预防

真正的强迫性行为是很难预防的，特别是如果这种行为有很强的遗传因素。兽医应劝告宠主不要繁育有发生特定重复性行为倾向的猫，以及如何与繁育者沟通避免购买到一只受影响的猫。

宠主应该为猫提供适当的表达其物种典型行为的机会，提供躲藏的地方，以及足够数量的资源。这些措施可以帮助猫减轻发生焦虑的压力。也应告知宠主如何在早期发现问题。兽医应该在每次就诊时询问行为问题，以便在早期发现。

总结

重复性行为是由许多行为和生理问题导致的。兽医应专注于尽早发现问题，排除和治疗医疗问题，并进行行为矫正和 / 或使用精神类药物，以获得最佳的治疗效果。

参考资料

1　Wassink-van der Schot AA, Day C, Morton JM, Rand J, Phillips CJC. Risk factors for behavior problems in cats presented to an Australian companion animal behavior clinic. J Vet Behav. 2016;14:34–40.

2　Bamberger M, Houpt KA. Signalment factors, comorbidity, and trends in behavior diagnoses in cats: 736 cases (1991–2001). J Am Vet Med Assoc. 2006;229(10):1602–1606.

3　Horwitz DF. Differences and similarities between behavioral and internal medicine. J Am Vet Med Assoc. 2000;217(9):1372–1376.

4　Seibert LM, Landsberg GM. Diagnosis and management of patients presenting with behavior problems. Vet Clin North Am Small Anim Pract. 2008;38(5):937–950.

5　Roshier AL, McBride EA. Veterinarians' perceptions of behaviour support in small-animal practice. Vet Rec. 2013;172(10):267.

6　Roshier AL, McBride EA. Canine behaviour problems: Discussions between veterinarians and dog owners during annual booster consultations. Vet Rec. 2013;172(9):235.

7　Shaw JR. Evaluation of communication skills training programs at North American veterinary medical training institutions. J Am Vet Med Assoc. 2019;255(6):722–733.

8　Cornell KK, Coe JB, Shaw DH, Felsted KE, Bonvicini KA. Investigation of the effects of a practicelevel communication training program on veterinary health-care team members' communication confidence, client satisfaction, and practice financial metrics. J Am Vet Med Assoc. 2019;255(12):1377–1388.

9　Nibblett BM, Ketzis JK, Grigg EK. Comparison of stress exhibited by cats examined in a clinic versus a home setting. Appl Anim Behav Sci. 2015;173:68–75.

10　Palestrini C, Minero M, Cannas S, Rossi E, Frank D. Video analysis of dogs with separationrelated behaviors. Appl Anim Behav Sci. 2010;124(1–2):61–67.

11 Waisglass SE, Landsberg GM, Yager JA, Hall JA. Underlying medical conditions in cats with presumptive psychogenic alopecia. J Am Vet Med Assoc. 2006;228(11):1705–1709.

12 Denerolle P, White SD, Taylor TS, Vandenabeele SIJ. Organic diseases mimicking acral lick dermatitis in six dogs. J Am Anim Hosp Assoc. 2007;43(4):215–220.

13 Siracusa C, Landsberg G. Psychogenic diseases. In: Noli C, Colombo S, eds. Feline dermatology: Springer. New York City, NY, USA: Springer; 2020:567–581.

14 Hewson CJ, Luescher UA, Ball RO. The use of chance-corrected agreement to diagnose canine compulsive disorder: An approach to behavioral diagnosis in the absence of a 'Gold Standard'. Can J Vet Res. 1999;63(3):201–206.

15 Overall KL, Dunham AE. Clinical features and outcome in dogs and cats with obsessivecompulsive disorder: 126 cases (1989–2000). J Am Vet Med Assoc. 2002;221(10):1445–1452.

16 American Psychiatric Association. Obsessive-compulsive disorder. In: Diagnostic and statistical manual of mental disorders V, 5th ed. Washington, DC: American Psychiatric Association; 2013. doi:10.1176/appi.books.9780890425596.dsm06 (accessed April 8, 2022).

17 Seksel K, Lindeman M. Use of clomipramine in the treatment of anxiety-related and obsessivecompulsive disorders in cats. Aust Vet J. 1998;76(5):317–321.

18 Bradshaw JWS, Neville PF, Sawyer D. Factors affecting pica in the domestic cat. Appl Anim Behav Sci. 1997;52(3–4):373–379.

19 Demontigny-Bédard I, Beauchamp G, Bélanger M-C, Frank D. Characterization of pica and chewing behaviors in privately owned cats: A case-control study. J Feline Med Surg. 2016;18(8):652–657.

20 Sueda KLC, Hart BL, Cliff KD. Characterisation of plant eating in dogs. Appl Anim Behav Sci. 2008;111(1–2):120–132.

21 Hart BL, Hart LA, Thigpen AP, eds. Characterization of plant eating in cats. ISAE (International Society of Applied Ethology) 2019: 53rd congress of the ISAE. Bergen, Norway: Wageningen Academic Publishers; 2019.

22 Beaver B. The veterinarian's encyclopedia of animal behavior. Ames, IA: Iowa State University Press; 1994.

23 Bain MJ, Fan CM. Animal behavior case of the month. J Am Vet Med Assoc. 2012;240(6):673–675.

24 Casey RA, Bradshaw JW. Owner compliance and clinical outcome measures for domestic cats undergoing clinical behavior therapy. J Vet Behav. 2008;3(3):114–124.

25 Buffington CAT, Bain M. Stress and feline health. Vet Clin Small Anim Pract. 2020;50(4):653–662.

26 Poggiagliolmi S. Desensitization and counterconditioning: When and how? Vet Clin Small Anim Pract. 2018;48(3):433–442.

27 Pryor PA, Hart BL, Cliff KD, Bain MJ. Effects of a selective serotonin reuptake inhibitor on urine spraying behavior in cats. J Am Vet Med Assoc. 2001;219(11):1557–1561.

28 Ogata N, Dantas LMdS, Crowell-Davis SL. Selective serotonin reuptake inhibitors. In: Crowell-Davis SL, Murray TF, Dantas LMdS, eds. Veterinary psychopharmacology, 2nd ed. Hoboken, NJ: Wiley Blackwell; 2019:103–128.

29 Crowell-Davis SL. Tricyclic antidepressants. In: Crowell-Davis SL, Murray TF, Dantas LMdS, eds. Veterinary psychopharmacology, 2nd ed. Hoboken, NJ: Wiley Blackwell; 2019:231–256.

30 Crowell-Davis SL, Irimajiri M, Dantas LMdS. Anticonvulsants and mood stabilizers. In: Crowell-Davis SL, Murray TF, Dantas LMdS, eds. Veterinary psychopharmacology, 2nd ed. Hoboken, NJ: Wiley Blackwell; 2019:147–156.

第 10 章　猫对人的攻击行为

Elizabeth Stelow

概述

猫对一个人或多个人做出姿势、发出声音、跟踪、抓、咬等相关行为称为猫对人的定向攻击[1]。据报道，13.5% ~ 32% 的家猫会出现这种行为[2-5]。这种行为约95% 是针对宠主的，而不是陌生人或兽医[2]。在一项研究中，近一半的猫（58 只猫中的 25 只）表现出对人的攻击行为被认为与玩耍有关；另一半猫（58 只猫中的 23 只）的攻击行为被认为是抚摸诱发的[3]。一项研究表明从收容所收养的猫有 35% 在 1 岁前会表现出对人的攻击性[6]。

猫的攻击性可能会让宠主非常担忧，尤其是那些最容易受到身体伤害或感染人畜共患疾病的人，如儿童或老人[1]。

我们不应低估猫对人攻击的严重性[7]。具有攻击性是猫被送进收容所的原因之一[8]。一项研究称，71% 被遗弃的猫都曾咬过人[9]。

如何诊断

就诊之前

准确的行为诊断需要大量的信息，要求宠主填写一份详细的病史调查表，并提供他们的房屋以及猫的视频资料是最有效的方法。

填写病史记录

为了提高临床兽医及工作人员的工作效率，宠主在预约看诊前可以填写并提交一份病史调查表，这样可以给兽医团队一些时间来提前查看这些信息。临床兽医还需要获取以前的医疗记录，尤其是如果之前的兽医治疗过这只猫的攻击行为。

宠主提供视频

临床兽医不太可能在他们的诊室看到猫对宠主的攻击性。如果看到这种行为，也不太可能和在家里表现出的行为相同。因此，视频是对完整的书面

正常行为

一只行为健康、生活舒适的猫应该很少表现出攻击迹象（带有嘶嘶声的防御性反应、咆哮、抓和/或咬）。这并不是说猫不会偶尔因受到足够的惊吓而采取防御姿态；但不应该让猫觉得在这个环境中，它需要变得具有攻击性。此外，经过房子的人和犬都可能会引起室内或院子里的猫的轻微攻击迹象。

正常但不可接受的行为

咆哮、嘶嘶声、抓和咬是猫在极度恐惧或紧张的情况下完全正常的自卫行为。一些宠主误解了这种行为背后的动机，他们没有寻找减轻猫应激的方法，也不认为猫正处于恐惧当中，而是赋予更多的消极动机（复仇、恶意等）。

异常但通常可接受的行为

宠主可能会一直容忍猫在某些情况下对他们咆哮或发出嘶嘶声，但不会接受猫升级到超过咆哮或嘶嘶声。一些宠主可能会觉得他们的猫"顶嘴"很幽默，或者可能没有意识到如果情况变得更加紧张，猫的行为随时可能升级。他们也可能没有意识到这些行为通常表明猫害怕或紧张，应该解决导致这些行为的情况。见图 10.1。

图 10.1　猫宠主通常对发出嘶嘶声的猫很宽容，只要它的行为不升级
（由 Strh/Pixabay 提供）

被允许与人类身体部位（手、脚、头发）玩耍的幼猫可能会发展出与游戏相关的攻击性，从而伤害他人；但是，宠主可能会认为幼猫的这些行为是可以被接受的。

异常且通常不可接受的行为

宠主通常不喜欢攻击人的猫。因此，咬人和抓人的猫通常会被收容、安乐死或作为行为问题交给兽医。

病史或口述病史很好的补充。当宠主进行预约时，应要求他们拍摄以下几种类型的视频：

1. 房屋布局。这可以让临床兽医了解处理问题的方法、提供的营养水平以及家庭生活的其他方面，可能有助于制订最合适的诊断或治疗计划。

2. 猫在所处环境中的行为进食、休息、玩耍。这可以让临床兽医了解每只猫在生活环境中的舒适程度。临床兽医还可能会看到一些在就诊期间不会出现的细微行为。这也会让临床兽医了解到每只猫对宠主的存在有何反应。

3. 可能发生攻击行为的情况。为了保证宠主的安全，同时为了避免故意触发攻击行为，不可要求宠主拍摄攻击发生时的视频。然而，询问具体情况可以让临床兽医了解触发攻击行为的诱因。临床兽医还可能发现宠主在无意中做出了触发猫攻击的行为。

就诊期间

请参阅本书的前言，其中总结了彻底了解行为史应该询问的问题。

宠主应根据病史调查表和临床兽医的询问，列举出该能够之前触发猫攻击行为的事件。他们还可以评估攻击事件的强度和频率，猫在不同事件中的行为，以及他们尝试过哪些类型的方法来解决问题。所有这些都有助于确定动机和制订治疗计划的重点部分。

但是，要真正诊断出猫攻击行为背后的动机，通常有必要了解猫攻击行为的前因、表现形式以及后果。

- 前因是攻击行为发生之前的情况。如果这种行为是新出现的，宠主可能在攻击前意识不到"通常会发生什么"。但是，大多数宠主会因为攻击事件前来寻求帮助。
- 表现形式是指猫和人在事件中的行为。猫的肢体语言信息很重要，因为这可能是确定猫动机的关键。
- 后果是指事件发生后发生在猫身上或周围的事情。

通过仔细探究具体事件，临床兽医可能会发现不止一种的行为动机或不攻击类型。

收集事件信息

理想情况下，填写病史调查表时会要求宠主提供 2 ~ 3 个具体事件的详细信息，以便在就诊期间充分探究。当临床兽医探究时，最好将每个事件分解成前因、表现形式和后果。

　　例如，假设患猫 Fluffy 袭击了家中的访客。表格中简要描述了两起事件：一起发生在十几岁女儿的朋友身上，另一起发生在冰箱维修师傅身上。之后，临床兽医可以遵循如下调查路径：

- "让我们具体看看这位朋友来访时发生的事件。"
  - 在 Fluffy 去追朋友之前,女孩们在做什么（反应可能包括安静地坐着、和 Fluffy 玩耍、做一些大声的或者非常活跃的事情、之前坐着但突然运动等）？
  - 在此之前 Fluffy 在做什么（反应可能包括在另一个房间休息、坐在楼梯上保持警惕、跟踪朋友、试图躲藏等）？
  - 女孩们描述 Fluffy 在追逐朋友时是什么样子的（肢体语言,包括耳朵、眼睛、尾巴），以及它发出声音了吗？
  - 当它接触时做了什么（咬、抓等）？
  - 之后女孩们做了什么？

　　对于最后一个问题，实际上是临床兽医在寻找人面对攻击时的典型反应，包括可能发生的任何类型的惩罚（大喊大叫、打猫等）或强化（逃跑）。

　　根据给出的其他攻击事件，重复上述类似的问题。比较 Fluffy 进行攻击的触发因素和行为。有什么共同之处和不同之处？详见表 10.1。

　　临床兽医可以利用这些信息进一步探究以最终确定他们的诊断。

诊断

　　一旦临床兽医从病史调查表和与宠主的交谈中收集到信息，他们就准备

表 10.1　事件信息

- 一次或多次事件的频率、强度和严重性
- 行为的前因：攻击前猫周围发生了什么
- 猫在事件中的行为：肢体语言、叫声、与人的互动
- 对猫的影响：包括受害者在内的在场人员的反应
- 所有已知触发因素的列表[10]
- 猫在间歇期的表现[10]
- 宠主尝试过的治疗方法及结果

诊断这种攻击行为。以下是应当排除的医疗问题，其次是猫攻击人类最常见的行为动机。行为动机与诊断标准是相匹配的；有关医疗问题的诊断指南，请参阅相应的医学教科书或在线资源。

医学鉴别诊断

虽然此列表并不详尽，但在诊断猫的攻击行为时，应考虑这些鉴别诊断[11-17]。

退行性：失明、失聪。

发育性：无脑回畸形、脑积水。

异常：猫的缺血性脑病。

代谢性：尿毒症性脑病、肝性脑病、甲状腺功能亢进。

肿瘤：颅内肿瘤、脑梗死。

神经性：意识性或部分性癫痫发作、外周神经病变。

营养性：硫胺素缺乏症、牛磺酸缺乏症、色氨酸缺乏症。

感染性：狂犬病、伪狂犬病、弓形虫病、犬新孢子虫病、猫免疫缺陷病毒感染、猫传染性腹膜炎。

炎症/疼痛：猫间质性膀胱炎、肉芽肿性脑膜脑炎、关节炎。

毒素：铅、锌、哌醋甲酯、重金属中毒。

创伤性：脑损伤、引起疼痛的原因。

血管性：脑梗死。

行为学鉴别诊断

攻击行为有许多不同的动机，包括恐惧、不适当的玩耍、抚摸诱导、转向和疼痛。制订最适合的治疗计划需要确定攻击的实际动机。动机通常可以根据与所报告事件相关的情景因素和肢体语言来确定。这里讨论的猫攻击行为的具体动机是恐惧、玩耍、抚摸和转向。虽然也有其他的，但不太常见。

恐惧相关的攻击行为

恐惧是猫攻击人类的常见动机。虽然猫可能会在攻击事件中表现出明显的恐惧迹象，但不需要它们在场就能做出这种诊断。病史中的典型表现可能包括在面对引发恐惧的导火索事件中，猫第一时间尝试逃跑，但失败了。当无法回避或逃脱时，猫可能会表现出防御姿态和嚎叫。它可能发出嘶嘶声或咆哮（甚至吐口水），姿势可能是伏低或蜷缩着，耳朵向后贴着头部（图

10.2）[18]。如果上述威胁表现不足以阻止触发事件,对抗可能变成肢体冲突[13]。

即使宠主没有描述这些恐惧的迹象,也要询问猫在攻击的早期是否表现出这些迹象。通过练习,特别是当恐惧的迹象无法减少触发因素的出现时,猫可能会放弃表现恐惧的肢体语言,认为这是不成功的。但是,恐惧仍然存在。

触发因素和其他诱发因素:

- 宠主通常能够识别特定的触发因素,如惩罚（大喊大叫、喷水、拍打）、约束或触摸猫、陌生人进入房间、从事特殊活动的特殊宠主,以及兽医来访[13]。如果是这样,这些触发因素可以作为治疗计划的一部分。
- 可能有与特定的人或物品相关的引起恐怖事件的病史[19]。
- 宠主也可能会描述猫在没有攻击性的情况下,也易紧张或胆小,即使它没有攻击性。恐惧可能源于猫的遗传或环境因素。研究表明,“性格”,无论是恐惧还是自信,都与猫父亲一方的因素有关[20-21]。
- 在恐惧性攻击的病例中,幼年时曾是流浪猫的经历或社交能力差的情况并不罕见[19,22]。

不恰当的游戏引发的攻击行为

如上所述,不恰当的游戏是猫对人的第二常见的攻击类型。尽管这个名字听起来无害,但这种攻击绝不是无害的。

这种攻击行为的风险因素包括:

图 10.2 在防御性反应中表现出攻击迹象的猫通常都很害怕

[由 Pixabay（YM fang）提供]

- 青年猫（通常小于 2 岁）。
- 孤儿猫，在没有同伴的情况下长大[23]。
- 离乳过早[24]。
- 单独饲养，或与不爱玩耍的老年猫一起饲养。
- 室内饲养[25]。
- 玩耍的机会有限。
- 家庭中的一个或多个成员鼓励粗暴游戏。这种情况经常发生在幼猫身上，因为人们用手与猫玩耍；他们希望猫在成长过程中停止这种行为[23,26]。如图 10.3 所示。

不恰当的游戏性攻击的特征反映了一种常见的游戏行为顺序，即埋伏、追踪（图 10.4）、追逐、突袭和抓挠（图 10.5）。伏击很常见[23]，很少发出声音[18]。虽然这些行为应该针对玩具或猎物，但它们是对移动的人进行的[10]。目标通常是人的手或脚；而且，一旦发生接触，猫可能会咬人或抓人或既咬人又抓人[27]。被攻击者可能是某一个家庭成员，也可能是随机的。

该诊断的关键行为学鉴别诊断包括恐惧性攻击、转向攻击和寻求关注[23]。

抚摸或触摸引发的攻击行为

由抚摸或触摸引起的攻击行为是宠主报告的常见问题。专家认为，高达 40% 的攻击行为都是由这一原因引起[3,10]。

图 10.3　用手与幼猫玩耍是游戏相关攻击行为的危险因素
（由 Pixabay 提供）

图 10.4 追踪通常先于游戏相关的攻击行为

（由 Pixabay 提供）

图 10.5 不恰当的游戏性攻击的特征之一是抓住人的胳膊，咬向拇指和食指之间

（由 Katrina Larkin 提供）

由抚摸诱发的攻击行为的特征常包括：猫可能会通过接近、用头抵（用头撞）、摩擦或其他互动方式积极寻求关注。经过一段时间的抚摸后，猫会转身咬抚摸它的手（图 10.6）。

据推测，每只猫都可能会对以下风险因素的一种或多种情况做出反应：

1. 猫受到过度刺激，发出的早期信号未被人识别。

2. 猫试图控制局面并决定何时结束抚摸。

3. 人类的抚摸虽然与猫的舔舐相似，但通常抚摸较久，而不是像另一只猫那样短促地舔舐；这可能是由于猫想要获得更多类似于舔舐的感觉，并对得到的结果感到沮丧[28]。

4. 抚摸的时间超过了猫的耐受时间[10]。

当猫在抚摸过程中变得越来越不耐烦时，它可能会开始轻弹或抽动尾巴、坐立不安、肌肉紧张、倾斜身子尽量远离宠主。如果这些身体语言被忽视，可能会升级为甩尾巴、转动耳朵和在咬人之前瞳孔扩张[1]。

与触摸相关的攻击行为与此类似，但仅限于被碰到，如在兽医就诊期间，或在洗澡、刷牙或修剪指甲期间被触摸。

图 10.6　即使是友好的猫对抚摸的容忍度也是有限的

（由 Pexels 提供）

转向攻击

转向攻击是针对不同于引发攻击性反应的目标的攻击行为。实际的触发因素几乎是任何引起猫受到惊吓的东西，包括路过的犬或透过窗户看到流浪猫、吸尘器和其他"可怕"的电器、家里的访客或巨大的声音[10,22]。无法主动靠近或阻止其他猫靠近的挫败感或强烈恐惧，这些实际的触发因素会导致攻击行为转移到宠主或其他人身上。

触发因素：在一项关于猫攻击性的研究中，95% 的转向攻击事件都是由对巨大噪声的反应或与另一只猫的互动引起的。同一项研究表明，大约 65% 的猫会将攻击行为转向人，并且通常是它们的宠主。在与其他猫打架后，转向攻击也可能指向宠主，尤其是当宠主试图平息打架时。

确定实际触发因素至关重要，因为需要在治疗计划中加以考虑。

其他类型的猫攻击行为

上述猫攻击行为的类型是治疗中最常见的类型。其他类型也有报道，其中包括母性、地位、自信心、疼痛诱发等。如果一只有攻击性的猫不符合本文所述的任何攻击类型的诊断标准，鼓励临床兽医查阅现有文献以了解其他鉴别诊断。

治疗

治疗计划应根据导致攻击事件的具体动机和触发因素制订。为了宠主的方便，临床兽医应该将治疗进行分类，包括管理、关系、行为矫正、药物和其他相关的治疗。在每个类别中，可以列出每个要素的详细信息，以便向宠主介绍。临床兽医可能会发现，在特定情况下，这些触发因素可能会有重叠或无须使用所有要素。

以下是处理行为问题的一般指南。表 10.2 对治疗概述进行了总结。以下是针对上述诊断的具体建议。

一般治疗计划的组成部分

管理：这代表着"现在可以做些什么改变来帮助猫避免触发因素？"也许，当陌生人来访时，可以把恐惧的猫关起来（关在有食物、玩具和白噪声的房间里）。或者，宠主或许可以在房间周围藏一些合适的玩具，来分散活泼的猫的注意力。应该如何喂猫，以及在哪里喂猫，可以最大限度地满足猫的

表 10.2　对猫攻击人的治疗概述

体格检查	排除或治疗潜在的医疗问题	
	酌情进行去势或绝育	
管理	安全场所和回避措施	避免相关触发因素（因情况而异）：
		● 避免看见路过的犬或户外的猫
		● 在使用吸尘或陌生人来访时将猫放在安全区域
		● 不要强迫猫从家具上离开
		● 堵住猫伏击人的地方
		● 在房间里移动时分散猫的注意力
		● 避免惩罚
		● 不要认为猫想被抱 / 被抚摸
	环境丰容	● 优化：喂食程序
		● 猫砂盆的数量、位置和维护
		● 休息场所的数量和位置
		● 抓挠柱和面部摩擦台的数量和位置
		● 允许到室外
		● 获得自助玩具
关系	抚摸接受度测试	
	训练新技能	
	用合适的玩具做互动游戏	
行为矫正	脱敏和对抗性条件反射	
药物和其他相关治疗	药物治疗见附录 1	

捕猎需求活动，避免猫为了食物而攻击宠主？

在攻击事件中，管理包括两个主要的子类别：安全和回避措施以及环境丰容，每个类别都有不同的目标。

安全和回避措施

宠主应尽量避免猫出现攻击行为。这可以让猫从面对触发因素的压力中解脱出来，防止猫反复练习宠主希望它改变的行为，并保护其他猫和宠主免受伤害。宠主可能会竭力避免一些常见的触发因素，也可能不愿避免其他触发因素。因此，应该帮助宠主理解这种避免触发因素的方式只是暂时的，当

行为矫正和 / 或药物能够减少猫对这些触发因素的反应时，宠主才可以放松警惕。

对于所有的攻击动机，向宠主解释他们应避免所有类型的惩罚 [24,28]。他们可能已经注意到惩罚会使攻击行为升级。但是，许多宠主仍在继续这样做，因为他们觉得应该惩罚有攻击性的猫。

环境丰容

应该帮助猫宠主认识到环境丰容在减少攻击性威胁方面的作用 [27]。室内猫面临许多应激源，这些应激源来自它们无法控制饮食及采食方式、家庭成员密度、特定的室友（人和其他宠物）、房屋大小和布局、提供的资源及其位置、猫砂盆的选择、睡眠或躲藏空间，以及生活中其他方面的舒适度。

如果不能为猫提供舒适生活所需的资源，压力可能会加剧猫的攻击性。它们可能无法顺利地逃脱、无法避免与其他对象发生冲突，或者无法在所处生活环境中表达天性。对病史调查表和提供的视频进行评估后，应能发现改善居家环境的机会。一些选项包括：

- 用于捕猎游戏的食物玩具；有商业化产品，宠主也可以用卫生纸卷筒或空塑料瓶自制。
- 自动喂食器，可让宠主避免夜间喂食。
- 休息区和躲藏空间，包括猫树、猫爬架、搁板、猫窝等。
- 抓挠柱和面部摩擦台。这将鼓励猫用爪子或通过面部摩擦（用头顶）进行标记，以增加"快乐"信息素。提供具有吸引力的剑麻绳、瓦楞纸板或织物抓挠柱以及摩擦装置可能会有所帮助。
- 放置足够数量和大小合适的猫砂盆，有适当的猫砂和适宜的卫生条件。
- 有很多适当位置的饮水点，可以提供干净的水。
- 户外探索的机会。许多人已经找到了让他们的猫安全地待在户外的方法。有安全围栏（在互联网上搜索"猫围栏"）、户外房间和其他可用的物品，宠主也可以自己设计。接触户外可以减少猫之间的紧张关系、无聊和其他导致不适当排尿和攻击的因素。
- 经常更换的自助玩具。

关于与宠主分享的更多想法和细节，请参见第 3 章和第 4 章关于预防和游戏的内容，这两章侧重于从不同方面让猫在室内获得快乐。

关系：包括与人和其他宠物的积极互动。

要求家庭成员（或访客）如何与猫互动？训练猫自己从家具上下来，或者让宠主毫不费力地给猫上耳药，这对每个人都有帮助吗？宠主是否应该用不同的 / 更多的方式和猫玩耍？这只猫有多喜欢被抚摸？针对这些问题的答案对制订治疗计划的"关系"部分是有帮助的。具体内容可包括：

增加互动性。使用逗猫棒或者抛掷玩具可以鼓励任何年龄的猫运动，保持它们的大脑活跃，并满足它们捕猎的需求。这种练习在睡前或任何有规律的时间进行都特别有用。详见第 4 章。

训练。与猫积极互动的方式之一是奖励它学习新行为。在专栏 10.1 中，介绍了"触摸"和"坐下"两种特定的指示。但是宠主可以教他们的猫学会更多技能和技巧。在"如何做"这一部分，我们建议了何时使用"是的"这个标记词。标记词会提示猫它做了宠主所期待的事情的特定时刻，并告诉它奖励即将到来。因为通常不可能在那个确切的时刻给予猫奖励，所以这是至关重要的一步。或者，如果宠主已经知道或想要了解如何正确使用响片，也可以使用响片。

专栏 10.1　有用的提示以及如何训练它们

触碰提示：这个提示会教猫跟随宠主伸出的手指，就像诱饵，引导猫该去哪里。这个提示是一个转向过程：如果宠主想叫猫离开某个地方，他们可以告诉猫他们希望它去哪里。此外，它还可以作为"来"的提示。

如何训练触碰：宠主可以先将猫放在高处，如桌子或猫爬架。然后宠主会向猫伸出两根手指，停在离它鼻子 2.5 cm（1 in）的地方。当猫观察手指时，它会不小心把鼻子碰到宠主的手指。当宠主摸到猫的鼻子时，他们会说"是的"，然后喂猫吃东西。每天重复 1 ~ 2 次，每次 2 min。一旦猫经常近距离用它的鼻子触碰宠主的手指，他们可以试着把手指伸得更远一点。一旦猫习惯了向宠主的手指移动，宠主就会发出"触碰"或"来"的提示。宠主会说出口令，然后伸出手指靠近猫。如果猫朝手指移动，宠主说"是的"，然后当猫触碰宠主的手指时给予奖励。

坐下：对于猫来说，这是一个非常值得学习的行为，因为猫坐下的时候不会做出其他不太受欢迎的行为。

如何训练坐下：这个提示最好通过"捕捉"目标行为来训练：每当宠主看到猫从站姿变成坐姿时，就奖励它。当宠主观察到猫从站到坐的动作时，他们应该说"是的"，并给它一些奖励。通过及时的强化，猫会认为坐着是一种积极的行为，并且会更多地坐着。然后宠主可以给它一个口头提示。

其他技巧：一旦宠主掌握了教猫按照提示做某些事情的诀窍，他们就可以通过奖励猫来捕捉任何他们想要看到的行为。

行为矫正：脱敏和对抗性条件反射在让猫适应让它害怕（触发因素）的事物方面非常有用。有关脱敏／对抗性条件反射的通用指南，请参阅网站信息。

脱敏／对抗性条件反射（DS/CC）

脱敏／对抗性条件反射是最常见的行为矫正类型。脱敏是指逐渐暴露于低于动物反应阈值的触发刺激中。对抗性条件反射是将触发因素与给动物的奖励物关联，奖励物通常是可口的食物；这样做的目的是让猫在先前引起恐惧的刺激和奖励之间建立积极的联系。

药物和其他相关疗法

对于因恐惧、应激和焦虑而产生攻击性的猫，药物和营养补充剂可能是治疗计划的关键部分。

药物治疗：对于与恐惧相关的、转向性和游戏相关的攻击行为，药物治疗可能有助于促进治疗计划的实施，特别是行为矫正。

每种诊断的特异性治疗

以下是针对猫攻击人的 4 种最常见动机的具体治疗建议。为了达到最佳效果，应根据猫宠主提供的详细病史仔细选择这些建议。这有助于避免"一刀切"的治疗计划。

在准备和实施一个全面的治疗计划时，临床兽医应该考虑宠主遵循指示的能力和意愿。经常与宠主确认以确保他们对计划的每个要素的理解是准确的。要求他们复述他们所听到的内容。让宠主主动说出他们设想的实施建议计划的方式，是一项很有价值的练习，这样临床兽医就可以评估宠主对他们回家后将要执行的事情的理解程度。

恐惧相关的攻击行为：治疗

除了猫攻击行为的一般治疗计划要素外，在发生恐惧相关攻击行为的情况下还应考虑以下内容。

在管理方面，列出一个让猫害怕的事件清单。与宠主一起讨论如何避免这些事情。如果猫被家里或外面的噪声吓到了，宠主可以尝试使用白噪声。如果猫害怕陌生人，宠主应该在访客到来之前把猫安置好。如果房间里的活动路径受到阻碍很容易导致猫觉得走投无路，宠主可以想办法重新调整家具布局或关键资源的摆放位置。应该绝对明确的是，猫永远不应该被迫与任何人互动，尤其是那些过去可能引起猫恐惧的人[27]。

根据患猫的整体唤醒或反应程度，可以考虑药物治疗。这些药物可被视为使脱敏/对抗性条件反射进展更快的一种工具，特别是当猫在其触发因素存在的情况下无法保持在恐惧阈值以下时[1,17]。

不恰当的游戏引发的攻击行为：治疗

除了针对猫攻击行为的一般治疗计划要素外，在不恰当的游戏引起攻击行为的情况下，还应考虑以下内容。

对于管理，宠主应该确保环境不会给猫提供伏击的场所。如果宠主遭到伏击，他们应该直接站着不动，直到猫离开；这种策略对被攻击者的伤害程度最低，并减少了猫从经历中获得奖励的强化[27]。还应建议宠主不要对猫的行为进行惩罚，因为这很可能会让猫兴奋，从而诱发再次伏击的可能性[18,27]。

给猫戴着有一个或多个铃铛的项圈，这样能减少人们被伏击的机会[1]。

作为猫与宠主关系的一部分，宠主应该为猫提供充足的机会进行适当的游戏[1,27]。这些宠主可以探索猫对逗猫棒玩具、食物玩具和猫可以追逐及攻击的自动/电动玩具的兴趣。有些猫也喜欢攻击毛绒玩具，如Kong Kickaroo等（图10.7）。更多信息请参见第3章。

因为独居是猫出现这种攻击行为的风险因素之一，宠主可能会考虑增加

图 10.7　应该鼓励猫去抓毛绒玩具而不是抓手部

（由 pixabay 提供）

第二只猫 [19,27]。他们可能会选择寄养一只来自救助组织的猫，以防新来的猫不被原住猫接受。

为了降低猫的唤醒程度，使治疗计划中的其他要素发挥作用，药物治疗可能是必要的。这种诊断最常用的药物类别是选择性 5– 羟色胺再摄取抑制剂和三环类抗抑郁药，尽管有充分的证据支持其他适当的药物治疗也可以降低猫的唤醒程度。有关更多信息，请参见附录 1。

抚摸引发的攻击行为：治疗

除了猫攻击行为的一般治疗计划要素之外，在抚摸诱发攻击行为的情况下，还应考虑以下内容。

管理是解决抚摸诱发的攻击行为的关键。首先，宠主不应该认为坐在人身上的猫或附近的猫希望被人抚摸。直接通过自制力来避免抚摸可以减少猫为阻止被抚摸而产生的攻击性 [27]。与宠主讨论的两个非常有用的管理要素是：

理解肢体语言。宠主应该学习猫的肢体语言，尤其是与沮丧或攻击的早期迹象有关的肢体语言。更多信息请参见第 1 章。

抚摸接受度测试。如果猫宠主养成每次开始抚摸猫前都要进行 "接受度测试" 的习惯，那么因抚摸诱发的攻击行为而接受治疗的猫宠主将会避免许多事故。为此，允许猫靠近他们放松但稍微伸出的手。然后，在猫曾经可以忍受抚摸的部位抚摸 2 ~ 3 次。在 2 ~ 3 次抚摸后，宠主将手放回放松但稍微伸展的位置。如果猫又碰了一下或摩擦了一下手，宠主可以再抚摸猫 2 ~ 3 次。这个过程会一直重复，直到猫走开或者宠主厌倦了抚摸猫。通过这种方式，宠主可以了解特定猫的抚摸耐受极限，并相应地抚摸它 [19]。

在行为矫正领域，通过脱敏 / 对抗性条件反射可以使猫对抚摸有更积极的表现 [18,27]。

药物。对于害怕被触摸或对抚摸的容忍度极低的猫，可能需要药物、信息素或其他非药物补充剂。有关更多信息，请参见附录 1。

转向攻击：治疗

除了猫攻击行为的一般治疗计划要素之外，在转向攻击的情况下还应考虑以下内容。

对于转向攻击的管理，确定要避免的触发因素非常重要。

● 如果猫在看到路过的犬或户外的猫时攻击人，可以给窗户贴上防窥膜。

如果路过的犬的声音是触发因素，可以考虑播放白噪声。如果户外猫的气味是一个触发因素，那么宠主阻止这些猫靠近房子就变得至关重要。可以通过设置围栏防止猫进入院子来实现；至少有两种通用设计可供选择：一种网状结构或一排旋转杆（类似于郊狼轴），连接到现有围栏的顶部，以防止原住猫外出和其他猫进入。

- 如果触发因素是噪声，了解噪声的种类很重要。如果声音从室外"泄露"到室内，白噪声可能会有所帮助。如果噪声是由室内活动引起的（吸尘器或其他电器、某些电视节目、儿童玩耍等），当这些活动发生时，猫可以被隔离到家中安静的区域。
- 如果触发因素是来访的人类或犬，在探访期间将猫安置在其他空间会有所帮助。

当猫开始被唤醒时，宠主不要与猫互动，这是管理转向攻击行为的一部分。猫的反应恢复正常至少需要几分钟（也可能需要几小时到几天）；在此期间，行为出现攻击的可能性会增加[18-19]。

在行为矫正方面，可以通过脱敏／对抗性条件反射，让猫接触到导致它转向附近人类的诱因[27]

药物。与恐惧相关的攻击行为一样，有些猫可能需要使用药物，药物可以降低猫整体焦虑或对触发因素的恐惧，从而使脱敏／对抗性条件反射更有效。这种诊断最常用的药物类别是选择性 5- 羟色胺再摄取抑制剂和三环类抗抑郁药，尽管有充分的证据支持其他适当的药物治疗也可以降低猫的兴奋。更多信息请参见附录 1[18]。

关于绝育的一点说明

没有证据表明去势或绝育对减少猫对人类的攻击性有积极作用。任何年龄的去势都被证实可以有效减少猫的攻击性、喷尿和游荡。应该建议宠主和饲养者不要饲养非常恐惧的猫。

预防

在可能的情况下，预防问题行为的发生，优于问题行为发生后再进行治疗。第 2 章给出了许多在家猫出现行为问题之前的预防方法。

对于攻击行为，宠主可以通过了解猫的肢体语言（以便在问题出现时及时发现）、适当的丰容（包括提供猫在焦虑时逃离的方式）、适当的游戏方式，以及家庭成员的适当互动来预防。图10.8展示了可能不希望猫宠主接近的猫。刚养猫的宠主在第一次带猫去兽医诊所时，最好能讨论一下预防问题行为发生的措施。

图 10.8　客户应该知道猫的肢体语言是在表达"走开"的意思

（由 Pixabay 提供）

总结

猫对人的攻击性对人与动物之间的关系会产负面影响，有时甚至是灾难性的。兽医及工作人员可以在预防、诊断和治疗这些问题方面发挥重要作用。临床兽医可以确定动机是恐惧、游戏、对抚摸不耐受还是转向攻击，然后制订有针对性的治疗计划，以消除问题背后的动机。

参考资料

1 Landsberg G, Hunthausen W, Ackerman L. Feline aggression. In: Behavior problems of the dog and cat, ed 3. St Louis: Elsevier; 2013:327–343.

2 Bamberger M, Houpt KA. Signalment factors, comorbidity, and trends in behavior diagnoses in cats: 736 cases (1991–2001). J Am Vet Med Assoc. 2006;229(10):1602–1606.

3 Amat M, Ruiz de la Torre JL, Fatjó J. Potential risk factors associated with feline behaviour problems. Appl Anim Behav Sci. 2009;121:134–139.

4 Ramos D, Reche-Junior A, Hirai Y, et al. Feline behaviour problems in Brazil: A review of 155 referral cases. Vet Rec. 2019;186(16):1–3.

5 Tamimi N, Malmasi A, Talebi A, et al. A survey of feline behavioral problems in Tehran. Vet Res Forum. 2015;6(2):143–147.

6 Wright JC, Amoss RT. Prevalence of house soiling and aggression in kittens during the first year after adoption from a humane society. J Am Vet Med Assoc. 2004;224(11):1790–1795.

7 Houpt KA, Honig SU, Reisner IR. Breaking the human-companion animal bond. J Am Vet Med Assoc. 1996;208(10):1653–1659.

8 Salman MD, Hutchison J, Ruch-Gallie R, et al. Behavioral reasons for relinquishment of dogs and cats to 12 shelters. J Appl Anim Welf Sci. 2000;3(2):93–106.

9 Scarlett JM, Salman D, New JG, et al. The role of veterinary practitioners in reducing dog and cat relinquishments and euthanasias. J Am Vet Med Assoc. 2002;220(3):306–311.

10 Chapman BL. Feline aggression: Classification, diagnosis, and treatment. Vet Clin North Am Small Anim Pract. 1991;21(2):315–327.

11 Landsberg GM, Hunthausen W, Ackerman L. Is it behavioral or is it medical? In: Behavior problems of the dog and cat, 3rd ed. Edinburgh (Scotland): Elsevier Saunders; 2013:75–80.

12 Overall KL. Medical differentials with potential behavioral manifestations. Vet Clin North Am Small Anim Pract. 2003;33(2):213–229.

13 Horwitz DF, Neilson JC eds. Aggression/Feline: Fear/defensive. In: Canine and feline behavior, Blackwell's Five Minute Veterinary Consult. Ames (IA): Blackwell Publishing; 2007:117–124.

14 Reisner IR. The pathophysiologic basis of behavior problems. Vet Clin North Am Small Anim Pract. 1991;21:207–224.

15 Mills D, Karagiannis C, Zulch H. Stress- its effects on health and behavior: A guide for practitioners. Vet Clin North Am Small Anim Pract. 2014;44:525–541.

16 Clarke SP, Bennett D. Feline osteoarthritis: A prospective study of 28 cases. J Small Anim Pract. 2006;47:439–445.

17 Klinck MP, Frank D, Guillot M, et al. Owner-perceived signs and veterinary diagnosis in 50 cases of feline osteoarthritis. Can Vet J. 2012;53:1181–1186.

18 Seksel K. Behavior problems. In: Little S, ed. The cat: Clinical medicine and management. St Louis (MO): Elsevier Saunders; 2012:211–225.

19 Curtis TM. Human-directed aggression in the cat. Vet Clin North Am Small Anim Pract. 2008;38:1138–1143.

20 McCune S. The impact of paternity and early socialisation on the development of cats'

behaviour to people and novel objects. Appl Anim Behav Sci. 1995;45(1–2):109–124.

21 Reisner IR, Houpt KA, Erb HN, et al. Friendliness to humans and defensive aggression in cats: The influence of handling and paternity. Physiol Behav. 1994;55(6):1119–1124.

22 Amat M, Manteca X, Brech SL, et al. Evaluation of inciting causes, alternative targets, and risk factors associated with redirected aggression in cats. J Am Vet Med Assoc. 2008;233(4):586–589.

23 Horwitz DF, Neilson JC eds. Aggression/Feline: Play related. In: Canine and feline behavior, Blackwell's Five Minute Veterinary Consult. Ames (IA): Blackwell Publishing; 2007:141–147.

24 Hart BL, Hart LA. Feline behavioural problems and solutions. In: Turner DC, Bateson P, eds. The domestic cat. The biology of its behaviors, 3rd ed. Cambridge: Cambridge University Press; 2014:201–212.

25 Berger J. Feline aggression toward people. In: Little S, ed. August's consultations in feline internal medicine. St Louis, MO: Elsevier; 2016:911–918.

26 Overall KL. Undesirable, problematic, and abnormal feline behavior and behavioral pathologies. In: Overall KL, ed. Manual of clinical behavioral medicine for dogs and cats. St Louis: Elsevier; 2013:360–456.

27 Amat M, Manteca X. Common feline problem behaviours: Owner-directed aggression. J Feline Med Surg. 2019;21(3):245–255.

28 Beaver BV. Feline social behavior. In: Beaver BV, ed. Feline behavior. A guide for veterinarians, 2nd ed. St Louis, MO: Elsevier; 2003:127–163.

第11章 猫对其他猫的攻击性

Sharon Crowell-Davis 和 Elizabeth Stelow

概述

一只猫对一只或多只猫做出某种姿势、发出声音、跟踪、抓挠、撕咬及相关行为称之为猫间的攻击行为[1]。这种攻击行为通常表现为猫的社交冲突，这种冲突持续存在，具有主动性，并且经常在没有实际威胁的情况下出现[2]。

这种行为可以针对户外猫（陌生猫）或家养猫（其他家猫）。因为对户外陌生猫的攻击性主要是管理问题（即减少猫接触陌生猫的机会），所以本章重点讨论生活在同一家庭的猫之间的攻击性。

攻击行为的范畴

为了正确地看待猫之间的攻击行为，我们考量了养猫家庭的数量，其中属于多猫家庭的数量，以及这些家庭中出现攻击行为的百分比。据报道，2018 年，美国 3180 万个家庭中有超过 5800 万只猫；平均每个家庭拥有 1.8 只猫[3]。

据报道，在这些多猫家庭中，有 30% ~ 36.4% 的家庭存在猫之间的攻击行为[4-7]。在一项有 2492 名多猫宠主接受调查的研究中，31.7% 的宠主报告他们的猫每天都会盯着对方看，13.6% 的宠主报告他们的猫每天都发出嘶嘶声[8]。虽然盯着对方看不一定是一种威胁或攻击行为，但有时候确实可能会具有这样的意味；宠主可以学会识别互相打量和敌视。

在 2000 年的一项研究中，Salman 等发现，"新宠物和其他宠物间的相处问题"是仅次于弄脏房屋被送往收容所的第二大常见行为原因[9]。

许多研究已经探讨了引入一只新猫对攻击行为的影响。一项研究表明，当一只新猫加入有其他猫的家庭时，猫之间攻击行为的概率接近 50%[10]。在那些引入新猫的家庭中，引入初期就有争斗的家庭比没有早期争斗的家庭的可能性高出 38.5 倍[10]。

猫间的攻击行为可能是宠主非常关心的问题，他们担心的是猫的安全和家庭的和谐。

正常行为

猫对待真正的"朋友"会表现出亲和行为，包括睡在附近或靠在一起，互相梳理或互蹭，还会在经过时用鼻子轻碰对方。见图 11.1。有这些表现的猫通常关系良好，较少表现出攻击性，包括做出防御性姿势、发出嘶嘶声、咆哮、抓挠和 / 或互咬。

正常但不可接受的行为

生活在一起的猫，即使是那些社交关系融洽的猫，偶尔也会因为资源而争斗。可能包括凝视对方或阻碍对方获取资源（通常不被宠主注意到）；可能会发出嘶嘶声或咆哮。只要这种情况转瞬即逝且不会重复出现，双方就可以忘了这个问题和好如初。然而，宠主可能会担心这是猫社交问题的开始。有时候宠主可能会将猫粗鲁的游戏行为误认为是攻击行为。第 2 章讨论了两者之间的区别。

异常但通常可接受的行为

许多宠主对于家中猫之间的亲和行为认识不足。因此，如果两只猫没有表现出亲和行为，大部分宠主认为它们是"正常"或者"相处良好"的。虽然缺乏这些行为可能只是意味着猫不太善于社交，但也可能暗示着猫之间的社交关系紧张或不和谐，容易导致它们暴发被动或主动的攻击。

异常且通常不可接受的行为

即使猫有攻击性，也不应该彼此伤害。猫在没有身体接触的情况下，通过姿势和声音的表达来解决纷争。当猫之间的攻击导致受伤时，宠主通常会介入。

特征和风险因素

除了上面描述的凝视和嘶叫，猫之间的攻击行为是什么样子的？哪些猫最危险？

猫间攻击行为的特征

以下是猫间攻击行为常见的特征：

- 强度不同。猫之间的攻击性可以从轻微（凝视或发出嘶嘶声）到严重（伤害一只或多只猫）不等[1]。
- 被动或主动争斗。被动的表现包括凝视、阻止对方获取资源和做出某种姿势。主动的表现有发出嘶嘶声、拍打、撕咬和其他类型的争斗[2,11]。
- 恐惧是动机。在一项研究中，70%（107 只猫中的 72 只）的猫之间表现出的攻击行为被认为是防御性的[5]。图 11.2 显示了宠主可能注意到的防御性姿势（右边的猫）。

（a）

（b）

图 11.1 （a，b）社会关系融洽的猫经常彼此依靠着睡觉，互相梳理

图 11.2 右边的猫表现出防御性的姿势，这表明它很害怕

- 突然或逐渐发生。相互攻击可能会突然出现（基于一个创伤事件）或逐渐形成（基于许多小的应激源）[1]。
- 突然出现的攻击行为。以前没有明显攻击性的猫也可能突然出现攻击行为[1]。

显然，并不是所有猫之间的攻击行为都具有上述特征，但这些是常见的。

风险因素和触发因素

了解导致家猫易于争斗或产生冲突的原因，无论这些原因是以风险因素的形式还是作为触发因素，都有助于预防和治疗攻击行为。

- 遗传和以前的社交经历：这两种情况很可能都有影响[1]。
- 重大的家庭变故：人或宠物的到来或离开会导致猫的紧张情绪恶化或产生新的紧张情绪。在搬到新家或发生其他巨大的环境变化后，可能会出现攻击行为[1]。
- 当日的兽医就诊经历：如果一只猫从兽医诊所就诊或住院回来，尤其是带有镇静或治疗过程中沾染的气味时，猫之间的紧张情绪可能会加剧。"群体气味"在促进猫积极关系方面的作用不可低估[1,12]。
- 疼痛：急性或慢性疼痛可能会触发新的攻击行为[1]。
- 成熟：由于其中一只猫的成熟（猫在 2 ～ 4 岁进入社会成熟期）或衰老（进入老年期）会导致开始出现或恶化紧张的社交关系；这种社交地位的变化可以改变家庭的社交结构[1-2]。
- 缺乏社交凝聚力：猫使用亲和行为来加强社交群体的纽带关系。因此，那些没有表现出亲和行为的猫更有可能通过攻击行为来建立家中不同的核心区域，并形成独立的社交群体[12-13]。
- 早期离乳：早期离乳的猫比成年后离乳的猫更可能具有攻击性[14]。
- 社交不兼容性：可能会由于一只猫不接受另一只猫，不愿意与其互动而产生的攻击行为[2]。
- 转向攻击：转向攻击是猫攻击行为的常见原因，并可以改变以前稳定的关系[11]。在一项关于猫攻击的研究中，95% 的转向攻击行为的触发因素为噪声或与户外猫的互动（图 11.3），其中大约 29% 的猫会转为攻击其他家猫[5,15]。

值得注意的是，"家中猫的数量"不是风险因素。在通过糖皮质激素代谢

图 11.3　转向攻击可能是由一只猫面对另一只路过的户外猫引起的

物测量猫应激的研究中，家猫的数量似乎不会增加应激。事实上，年轻且被单独饲养的猫的压力水平最高[6]。

原因

虽然基因和经历的变化可能会改变猫的表现，但家养猫之间的攻击是由猫社交结构被破坏所致。重要的是要注意到这些破坏的原因。具体因情况而异；但有些一般原则也很重要。

第 2 章介绍了正常猫的社交行为，了解猫的社交需求是理解生活在多猫家庭中的猫应激的关键。最重要的是，由于缺乏控制权，室内猫面临着许多应激源[12-13]：

- 饮食及其呈现方式。
- 家庭中猫的密度。
- 特定的室友（人、猫和其他宠物）。
- 房屋大小和布局。
- 所提供的资源及其位置。
- 猫砂盆的选择。
- 睡觉和躲避的空间。

当猫无法得到舒适生活所需的一切时，压力可能会加剧猫的攻击性。它们可能无法自由撤退、无法避免与其他猫或人接触，或无法完全表达天性。图 11.4 显示了一只不舒服的猫，很可能由于周围的猫群密度过高，而只有一个喂食点引起。

图 11.4　图中猫的耳朵向后（即"飞机"耳）、瞳孔放大表明紧张不适，可能由资源分配导致

如何诊断

临床兽医需要收集有关问题的大量信息，以便知道如何诊断和治疗。诊断的过程分为信息收集和评估两个阶段。

就诊前

准确的行为诊断需要大量的信息，要求宠主填写一份详细的病史调查表，并提供他们的房屋以及猫的视频资料是最有效的方法。

填写病史记录

为了提高临床兽医及工作人员的工作效率，宠主在预约看诊前可以填写并提交一份病史调查表，这样可以给兽医团队一些时间来提前查看这些信息。临床兽医还需要获取以前的医疗记录，尤其是如果之前的兽医治疗过这只猫的攻击行为。

宠主提供视频

避免猫在诊疗室内发生争斗至关重要，以便临床兽医观察猫的肢体语言等情况。因此，视频是对完整的书面病史或口述病史记录很好的补充。当宠主进行预约时，应该要求他们拍摄以下几种视频：

1. 房屋布局。这可以给临床兽医提供一些管理方案、环境丰容以及家庭生活的其他方面的想法，可能有助于制订最合适的诊断或治疗计划。

2. 猫在所处的环境中的行为：进食、休息、玩耍、睡觉。这可以让临床兽医了解每只猫在生活环境中的舒适度。临床兽医可能会看到一些在就诊期间不会出现的细微行为，这也会让临床兽医了解到每只猫对宠主和其他猫的存在有何反应。

3. 可能发生攻击行为的情况。不应该为了拍摄猫攻击行为的视频让宠主故意触发"猫的"攻击行为。临床兽医可通过询问了解引发攻击行为的原因。

就诊期间

请参阅本书的前言，其中总结了彻底了解行为史应该询问的问题。

宠主应该能够根据病史调查表和临床兽医的询问，列举出之前触发猫攻击行为的事件。他们还可以评估攻击事件的强度和频率，猫在不同事件中的行为，以及他们尝试过哪些类型的方法来解决问题。所有这些都有助于确定问题的严重程度和治疗计划的重点内容。

但是，要真正诊断攻击行为的程度和原因，通常有必要了解攻击行为的前因、表现形式以及后果。

- 前因是指攻击行为发生之前的情况。可以通过与大多数宠主的谈话中了解到猫间发生攻击行为的关键时刻，或者促使他们带猫就诊的关键事件。
- 表现形式是指猫在攻击时的行为。询问这两只猫的肢体语言是很重要的，因为这可能是确定触发因素和行为严重程度的关键。
- 后果是指事件发生后发生在猫身上或周围的事情。

通过仔细探索具体事件，临床兽医可能会发现不止一种的行为动机或攻击类型。

收集事件信息

理想情况下，填写病史调查表时会要求宠主提供 2 ~ 3 个具体事件的详细信息，以便在就诊期间充分探究。表 11.1 展示了一些待探究的主题。当临床兽医探究时，最好将每个事件分解成前因、表现形式和后果。

例如，假设猫 Dion 有时会攻击它的同窝猫 Poke。在病史调查表中简要描述了两个事件：一件是 Poke 刚从兽医那里就诊回来，另一件是陌生人到访后。

表 11.1　事件信息

- 一个或多个事件发生的频率、强度和严重程度
- 前因：在进行攻击之前猫周围发生了什么
- 每只猫发起攻击时的行为：肢体语言、叫声、与人的互动
- 被攻击猫的反应
- 攻击猫的后果：在场人员的反应
- 所有已知触发因素的列表[16]
- 在不发生攻击行为时，两只猫的相处情况[16]
- 宠主尝试过的治疗方法及效果

然后，临床兽医就可以遵循以下调查方法。

- "让我们具体来看看 Poke 就诊回来后发生的事件。"
  - 做过什么医疗操作（任何涉及镇静、外用酒精的操作都可能会改变 Dion 对 Poke 的反应，以及 Poke 的气味）？
  - 开车回家时 Poke 的表现怎么样？
  - Poke 回家时 Dion 在什么地方？
  - 在哪里把 Poke 从航空箱里放出来？
  - Dion 对 Poke 具体做了什么，Poke 反应如何？

根据给出的其他攻击事件，重复上述类似的问题。比较 Dion 进行攻击的触发因素和行为。有什么共同之处和不同之处？

发起攻击的猫可能会凝视对方、阻止对方获取资源、毛发竖立 / 发出嘶嘶声 / 低吼 / 拍打、追赶、监视被攻击猫的位置和行动。被攻击猫可以选择避开 / 躲避攻击者或反击（导致一系列的威胁）[2]。

临床兽医可以利用这些信息进一步探究，以最终确定他们的诊断。

行为差异

猫开始互斗时可能存在的动机如下：

- 如果攻击新来的猫或回家的猫，突然的社交紧张或明显的恐惧可能作为动机。"回家的猫"可能只是就诊或美容，但由于其外观或气味的变化，留在家里的猫以为它是一只新猫，见图 11.5。
- 转向攻击可以由室内或室外的刺激触发，可刺激一方或双方的猫。室内触发因素包括真空吸尘器等（图 11.6）。

图 11.5　因为这只猫身上有医院的味道，其他家猫对它不友好

图 11.6　害怕吸尘器和其他家庭用品的猫可能会因为恐惧而攻击一起生活的猫

- 如果一只猫进入成熟或老年的阶段，可能会改变社交形态，并改变猫之间的容忍度，引发更明显的攻击行为。
- 疼痛会引发攻击性。

尽管知道其中哪种情况最有可能发生，但在这些诊断中的治疗方案差别不大[1]。

医学鉴别诊断

一旦临床兽医从病史调查表和与宠主的交谈中收集到信息，就应排除医学原因造成的结果。虽然这份清单并不详尽，但在诊断猫的攻击行为时，应该考虑这些鉴别诊断[17-23]。

退行性：视力丧失、听力丧失。

发育性：无脑回畸形、脑积水。

异常：猫的缺血性脑病。

代谢性：尿毒症性脑病、肝性脑病、甲状腺功能亢进。

肿瘤：颅内肿瘤、脑梗死。

神经性：意识性或部分性癫痫发作、外周神经病变。

营养性：硫胺素缺乏、牛磺酸缺乏、色氨酸缺乏。

感染性：狂犬病、伪狂犬病、弓形虫病、犬新孢子虫病、猫免疫缺陷病毒感染、猫传染性腹膜炎。

炎症/疼痛：猫间质性膀胱炎（特发性膀胱炎）、肉芽肿性脑膜脑炎、关节炎。

毒素：铅、锌、哌醋甲酯、重金属毒性。

创伤性：脑损伤、引起疼痛的原因。

血管性：脑梗死。

其中大多数疾病应该很容易根据特征或行为表现排除，其他的情况则可能需要一个最小数据库或专业诊断。考虑到猫表现出坚忍的倾向，疼痛往往是最难排除的一种诊断。

预后

预后取决于几个因素：攻击的严重程度、猫在见面时打架的可能性，以及宠主对猫攻击行为和实施治疗计划的耐心程度。有些猫缺乏社交经验或不能适应与其他猫共居一室。其他猫则有一些医疗问题或病态情绪导致其无法学习建立社交关系。预后不良的猫通常会采取重新安置或人道安乐死的方式来处理。

治疗

治疗计划应根据导致攻击行为发作的情况和发生的最严重的攻击行为进行制订。为了方便宠主，临床兽医应将该计划分为：管理、行为矫正、药物治疗和其他相关治疗。在每个类别中，可以列出每种治疗的细节，以便向宠主介绍。临床兽医可能会发现，对于某个特定的病例，治疗计划中的某些要素可能会重叠，或者并非所有要素都会被使用。

以下是治疗猫间攻击的一般指南。表11.2总结了这一概述。

表11.2　猫之间攻击行为的治疗概述

体格检查	排除或治疗潜在的医疗问题 酌情进行去势或绝育	
管理	安全场所和回避措施	避免相关触发因素（因情况而异）： ● 避免看见路过的犬或户外的猫 ● 在使用吸尘器或陌生人来访时将猫放在安全区域 ● 最大限度地减少噪声 如果需要的话，将猫单独隔离
	环境丰容	优化喂食程序： ● 猫砂盆的数量、位置和维护 ● 休息地和休息空间的数量和位置 ● 抓挠柱和面部摩擦台的数量和位置 ● 允许到室外 ● 获得自助玩具和捕猎性玩具
行为矫正	脱敏和对抗性条件反射 若将两者分开，需要逐步重新引入家中	
药物及相关	药物、营养补充剂和信息素。请参见附录1	

治疗计划

管理：即"现在能做什么改变可以帮助猫避开攻击行为的触发因素呢？"或许，当陌生人来访或使用吸尘器时，将发起攻击的猫单独隔离开（在有食物、玩具，以及白噪声的房间里）。或者，在家里增加一个猫爬架或额外的猫砂盆，猫会感觉到更舒适。

在攻击性事件的背景下，管理包括两个主要的子分类：安全场所和回避措施，以及环境丰容，每个分类都有不同的目标。

安全和回避措施

宠主应尽量避免猫出现攻击行为。这可以让猫从面对触发因素的压力中解脱出来，防止猫反复练习宠主希望它改变的行为，并保护其他猫和宠主免受伤害。宠主可能会竭力避免一些常见的触发因素，也可能不愿避免其他触发因素。因此，应该帮助宠主理解这种避免触发因素的方式只是暂时的，当行为矫正和 / 或药物能够减少猫对这些触发因素的反应时，宠主才可以放松警惕。

如果无法避开触发因素，且猫有严重和频繁的攻击行为，应将猫分开饲喂[1]。这可能意味着要将猫完全分开，直到它们可以逐渐聚在一起，或者当无法监管时将它们分开。是否彻底分开取决于猫和宠主的需求。下文"逐步重新引入分开的猫"介绍了重新将猫聚集在一起的措施。

需要向宠主解释，他们应该避免对有攻击性的猫进行任何形式的惩罚[24-25]。虽然宠主可能已经注意到，惩罚会使攻击行为升级。但是，许多宠主仍会这样做，因为他们觉得应该这样做。

其他安全措施包括：

- 如果猫在看到路过的犬或户外猫时攻击另一只猫，给窗户贴上防窥膜可以阻止猫看见。如果路过的犬的声音是触发因素，可以考虑播放白噪声。

- 如果户外猫的气味是一个触发因素，那么宠主阻止这些猫靠近房子至关重要。可以通过设置围栏防止猫进入院子来实现；至少有两种通用设计可供选择：一种网状结构或一排旋转杆（类似于郊狼轴），连接到现有围栏的顶部，以防止原住猫外出而和其他猫进入。

- 如果触发因素是被攻击猫从兽医诊所就诊回家，将猫分开，直到这次就诊的影响（气味、镇静操作等）消退（可能是一夜之间），以及用零食或游戏使其聚在一起。

- 在猫身上戴 1 个或多个铃铛，这样它们就不会偷偷靠近[2]。

- 当猫还处于"被动攻击"阶段时，进行干预，以避免事态升级[26]。

- 宠主应该用噪声、毛毯或厚重的手套将正在打架的猫分开，而不是赤手空拳或毫无遮挡地将其分开，以免受伤[26]。

- 如果猫正在打架，宠主应该暂时避免与任何一只猫互动。猫对刺激的反应可以增加至几分钟或几天[11]。

帮助宠主管理曾经可能发现的其他触发因素。

环境丰容

应帮助宠主认识到环境丰容在减少攻击性威胁方面的作用[27]。事实上，轻度的猫间攻击行为可以通过为猫创造一个提供丰容的家庭环境来解决[1]。回顾病史调查表和所提供的任何视频资料时都应强调改善家庭环境的有利条件。

家里每个不同的猫社交群体应至少拥有一个包含其所有资源的区域，以减少社交群体之间接触的需求[26]。

治疗方案应考虑：

- 用于捕猎游戏的食物玩具；有商业化产品，宠主也可以用卫生纸卷筒或空塑料瓶自制[28]。
- 休息区和躲藏空间，包括垂直空间的猫爬架和搁板，以及像洞穴的盒子/箱子、猫隧道[26]。图 11.7 ~ 图 11.9 显示了猫不同类型的躲藏空间。
- 抓挠柱和面部摩擦台。这将鼓励猫用爪子或通过面部摩擦（用头顶）进行标记，以增加"快乐"信息素。提供具有吸引力的剑麻绳、瓦楞纸板或织物抓挠柱以及摩擦装置可能会有所帮助。

图 11.7　使用垂直空间的休息区

图 11.8 即使是一个简单的纸袋也能让猫有一小段的时间远离社交恐惧

图 11.9 盒子为猫提供了一个与环境进行不同互动的简单机会

- 放置足够数量和大小合适的猫砂盆,有适当的猫砂和适宜的卫生条件[28]。
- 有很多适当位置的饮水点,可以提供干净的水[28]。
- 户外探索的机会。许多人已经找到了让他们的猫安全地待在户外的方法。有安全围栏(在互联网上搜索"猫围栏")、户外房间和其他可用的物品,宠主也可以自己设计。接触户外可以减少猫之间的紧张关系、无聊和其他导致不适当排尿和攻击的因素[28]。

- 经常更换的自助玩具。
- 选择家居用品时应考虑猫科动物敏锐的嗅觉[28]。

关于与宠主分享的更多想法和细节，请参见第 3 章和第 4 章关于预防和游戏的内容，这两章侧重于从不同方面让猫在室内获得快乐。

行为矫正：通过脱敏和对抗性条件反射在让猫适应让它害怕（触发因素）的事物方面非常有用。有关脱敏和对抗性条件反射的通用指南，请参阅网站信息。

脱敏和对抗性条件反射（DS/CC）

脱敏和对抗性条件反射是最常见的行为矫正类型。脱敏（DS）是指逐渐暴露于低于动物反应阈值的触发刺激中。对抗性条件反射（CC）是将触发因素与给动物的奖励关联，奖励通常是可口的食物；这样做的目的是让猫在先前引起恐惧的刺激和奖励之间建立积极的联系。理想情况下，可以通过脱敏 / 对抗性条件反射将猫自身与导致它出现转向攻击家中其他猫的诱因关联起来[27]。

逐步重新引入分开的猫

如果猫已经完全分开，它们可能需要被逐步重新引入，以鼓励建立和谐的关系。从许多方面来看，它们处于比两只猫第一次见面时更具挑战性的社交环境。两者有过负面互动的历史，可能会影响它们对彼此最初的反应。

为了有计划地逐渐重新引入，请遵循脱敏 / 对抗性条件反射的原则（猫保持在反应阈值以下，仅有积极的互动）。以下步骤通常是被视为合适的计划[1]：

1. 一只猫不在时，允许另一只猫探索共同生活的区域来维持每只猫对生活空间的熟悉度。

2. 为了混合两只猫的气味，可以使用同一条毛巾轮流给两只猫梳理被毛，包括面部腺体。应注意给其中一只猫梳理时该猫闻到另一只猫的气味可能会攻击宠主。

3. 允许两只猫靠近将它们隔开的门，给它们喂食（假设它们放松到可以吃东西），让其感觉靠近门就会有奖励。见图 11.10。

4. 定期用屏风或婴儿安全门替换掉固体屏障使猫可以看见对方。继续利用食物或玩耍时间使这种方式变成积极影响。

5. 在婴儿门上挂一个互动玩具，当其中一只猫玩它时，玩具就会从门的一侧移动到另一侧。这可能会产生互动游戏。

图片 11.10　猫可以逐渐重新引入，并在彼此面前冷静地获得美味的食物

（由 Liz Stelow 提供）

6. 开始监管两只猫在同一空间毫无障碍地待在一起，增加和谐相处的持续时间。

在逐步引入的过程中仍旧没有改善则需要进行药物治疗。另一种方式就是重新安置（寻找新的家庭和机构）。

药物和其他相关疗法

药物对一些猫可能有所帮助，这种药物可以减轻广泛性焦虑或对触发因素的恐惧以便脱敏 / 对抗性条件反射更有效。虽然任何适当的药物都可以减轻猫的应激，但诊断最常用的药物种类是选择性 5- 羟色胺再摄取抑制剂和三环类抗抑郁药。更多信息请参见附录 1[11]。

预防

只要有可能，最好预防攻击行为的发生，而不是等发生后再去处理。第 2 章给出了许多关于家猫在开始出现行为问题之前进行预防的方法。

对于攻击行为，宠主能了解猫的肢体语言（在问题出现时就注意到）、适当的丰容（包括提供猫在焦虑时逃离的方式）、适当的游戏方式，以及家庭成员的适当互动可以起到预防作用。刚养猫的宠主在第一次带猫去兽医诊所时，最好讨论一下预防措施，以便医院更好地提供服务。

总结

大多数生活在多猫家庭的猫设法在没有明显的压力和攻击行为的情况下生存。然而，如果这些迹象是被动的和相对微妙的，一般猫宠主可能不会发现。这些紧张的关系可能会在应激时爆发，导致明显的攻击行为。预防（逐渐引入新猫、提供充足的资源，以及监测猫的肢体语言）比治疗更有效。但是，通过脱敏和抗焦虑药物治疗也可取得成功。

参考资料

1 Landsberg G, Hunthausen W, Ackerman L. Feline aggression. In: Behavior problems of the dog and cat, 3rd ed. St Louis: Elsevier, 2013:327–343.

2 Overall KL. Undesirable, problematic, and abnormal feline behavior and behavioral pathologies. In: Overall KL, ed. Manual of clinical behavioral medicine for dogs and cats. St Louis: Elsevier; 2013:360–456.

3 American Veterinary Medical Association. 2017-2018 US pet ownership & demographics sourcebook. 2020. www.avma.org/resources-tools/reports-statistics/us-pet-ownership-statistics. Accessed August 2, 2022.

4 Bamberger M, Houpt KA. Signalment factors, comorbidity, and trends in behavior diagnoses in cats: 736 cases (1991–2001). J Am Vet Med Assoc. 2006; 229(10):1602–1606.

5 Amat M, Ruiz de la Torre JL, Fatjó J. Potential risk factors associated with feline behaviour problems. Appl Anim Behav Sci. 2009; 121:134–139.

6 Ramos D, Reche-Junior A, Hirai Y, et al. Feline behaviour problems in Brazil: A review of 155 referral cases. Vet Rec. 2019; 186(16):1–3.

7 Tamimi N, Malmasi A, Talebi A, et al. A survey of feline behavioral problems in Tehran. Vet Res Forum 2015; 6(2):143–147.

8 Elzerman AL, DePorter TL, Beck A, Collin JF. Conflict and affiliative behavior frequency between cats in multi-cat households: A survey-based study. J. Feline Med Sur. 2020; 22(8):705–717.

9 Salman MD, Hutchison J, Ruch-Gallie R, et al. Behavioral reasons for relinquishment of dogs and cats to 12 shelters. J Appl Anim Welf Sci. 2000;3(2):93–106.

10 Levine E, Perry P, Scarlett J, Houpt KA. Intercat aggression in households following the introduction of a new cat. Appl Anim Behav Sci. 2005;90(3–4):325–336.

11 Seksel K. Behavior problems. In: Little S, ed. The cat: Clinical medicine and management. St Louis (MO): Elsevier Saunders; 2012:211–225.

12 Bradshaw JWS, Casey RA, Brown SL. Undesired behaviour in the domestic cat. In: The behaviour of the domestic cat, 2nd ed. CABI: Oxfordshire, UK; 2012:190–205.

13 Bradshaw JW. Sociality in cats: A comparative review. J Vet Behav. 2016;11:113–124.

14 Ahola MK, Vapalahti K, Lohi H. Early weaning increases aggression and stereotypic behaviour in cats. Sci Rep. 2017;7(1):1–9.

15 Amat M, Manteca X, Brech SL, et al. Evaluation of inciting causes, alternative targets, and risk factors associated with redirected aggression in cats. J Am Vet Med Assoc. 2008;233(4):586–589.

16 Chapman BL. Feline aggression: Classification, diagnosis, and treatment. Vet Clin North Am Small Anim Pract. 1991;21(2):315–327.

17 Landsberg GM, Hunthausen W, Ackerman L. Is it behavioral or is it medical? In: Behavior problems of the dog and cat, 3rd ed. Edinburgh (Scotland): Elsevier Saunders; 2013:75–80.

18 Overall KL. Medical differentials with potential behavioral manifestations. Vet Clin North Am Small Anim Pract. 2003;33(2):213–229.

19 Horwitz DF, Neilson JC, eds. Aggression/feline: Fear/defensive. In: Canine and feline behavior, Blackwell's five minute veterinary consult. Ames (IA): Blackwell Publishing; 2007:117–124.

20 Reisner IR. The pathophysiologic basis of behavior problems. Vet Clin North Am Small Anim Pract. 1991; 21:207–224.

21 Mills D, Karagiannis C, Zulch H. Stress- its effects on health and behavior: A guide for practitioners. Vet Clin North Am Small Anim Pract. 2014;44:525–541.

22 Clarke SP, Bennett D. Feline osteoarthritis: A prospective study of 28 cases. J Small Anim Pract 2006; 47:439–445.

23 Klinck MP, Frank D, Guillot M et al. Owner-perceived signs and veterinary diagnosis in 50 cases of feline osteoarthritis. Can Vet J. 2012; 53:1181–1186.

24 Hart BL, Hart LA. Feline behavioural problems and solutions. In: Turner DC, Bateson P, eds. The domestic cat. The biology of its behaviors, 3rd ed. Cambridge: Cambridge University Press; 2014:201–212.

25 Beaver BV. Feline social behavior. In: Beaver BV, ed. Feline behavior. A guide for veterinarians, 2nd ed. St Louis, MO: Elsevier; 2003:127–163.

26 Heath S. Intercat conflict. In: Rodan I, Heath S., eds. Feline behavioral health and welfare. St. Louis, MO: Elsevier Health Sciences; 2016:357–373.

27 Amat M, Manteca X. Common feline problem behaviours: Owner-directed aggression. J Feline Med Surg. 2019 Mar;21(3):245–255.

28 Heath SE. Keynote presentation: A multimodal approach to resolving tension between cats in the same household: A practical approach. In: Proceedings of the 11th International Veterinary Behaviour Meeting 2017 August; 45:39. CABI.

第 12 章 猫的滋扰 / 破坏 / 不规矩的行为

Rachel Malamed 和 Karen Lynn C. Sueda

滋扰 / 破坏 / 不规矩的行为

a. 寻求关注 / "纠缠" 宠主。

b. 寻求食物。

c. 抓挠物体。

d. 攀爬物体。

相关性：

- 大多数是正常行为，但对宠主而言不恰当。

- 可能导致弃养或安乐死。

- 可以预防或治疗。

概述

    滋扰行为，如寻求关注、讨要 / 寻求食物、抓挠和攀爬家居物品，这些通常是宠主觉得有问题的正常行为。宠主对什么是 "恰当的" 认知可能会对人与动物的关系产生负面影响，并因行为原因导致弃养或安乐死 [1-2]。由于这些都是正常行为，所以不能也不应该被限制。通过深入了解物种特有的行为，宠主们可以调整他们的预期。初级保健兽医在教育宠主早期发现及预防方面发挥着重要作用。

    本书的前言中提出了一些问题，可用于获得猫的一般行为史。以下各节均包含问卷调查，这些问卷调查旨在收集有关可能存在的滋扰行为的相关信息。

寻求关注 / "纠缠" 宠主

    寻求关注行为是一种正常行为，这种行为可能是被宠主接受及引导的，也可能被视为滋扰行为。一种行为是否被认为是 "恰当的" 可能取决于猫寻求关注的方式、行为的程度以及宠主方面的因素，如忍耐程度以及人与动物之间的关系。

寻求关注行为的常见表现包括：

- 过度叫唤。
- 反复在宠主的腿边来回摩擦或绕腿而行。
- 踱步（如在电视机或电脑屏幕前）。
- 扒拉和抓挠。
- 基于游戏的行为（猛扑、追逐）。
- 撕咬或攻击性的玩耍。
- 舔舐和咀嚼（自身和／或指向人类）。
- 夜间活动和叫醒宠主。
- 攀爬。
- 破坏行为（咀嚼／啃咬家具或家用物品）。

猫是社交动物，寻求关注是获得特定身体需求或行为需求的一种手段。如果动物了解到该行为能有效地引发它所期望的反应，那么该行为便会得到强化，将来也就很可能会再次发生（图 12.1）。

图 12.1 （a，b）猫通常会走到电脑或电视屏幕前，让自己处于人的视线中。它们可能会坐在键盘上取暖或吸引注意力

（由 Karen Sueda 提供）

尽管有些猫可能会躲藏起来或变得回避，但增加依恋、"黏人"或叫唤可能是在寻求安慰，以应对疾病、疼痛和不适。此类行为可能会被视为寻求关注，从而被忽视，并被简单地视为"更有爱"。然而，突然的行为变化或偏离"正常行为"可能是疾病的非特异性表现，或者是对环境应激源的焦虑反应。每当行为发生变化时，都建议由兽医进行检查。

偶尔，缺乏注意力可能会导致沮丧、焦虑或攻击性唤醒，这可能会导致其他问题行为，如咬人。持续存在的轻啃、咬人和攻击行为可能是正常或不正常的，也可能会成为严重的健康和安全问题，尤其是对儿童、老年人或免疫力低下的人而言。

缺乏资源和新鲜感的室内环境可能会使猫感到无聊或沮丧，导致其表现出不讨喜的行为，其中包括寻求关注行为。针对猫的丰容的重要性及其诸多益处已经得到证实，包括其对动物健康和福利的影响。环境丰容满足了猫与生俱来的生理、社交和心理需求。虽然寻求关注行为通常是"正常的"，但也可能反映了猫参与各种其他行为的机会减少，如捕猎、玩耍、攀爬和抓挠。

猫的品种间存在社交行为和非社交行为的遗传性和遗传变异[3]。如过度叫唤在东方品种中更为常见，而且是与生俱来的[4]。在社交行为方面，波斯猫在寻求关注和社交能力方面排名较低[5]，并且在一项研究中，与人接触较少的可能性最高[3]。针对人类的叫唤、活动和社交行为的表达中所存在的品种差异可能会改变宠主对猫个体的期望，以及宠主认为这只猫是"正常"或"异常"的看法。

诊断

根据描述以及行为发生的背景，寻求关注行为可能是明显的。此类行为只有宠主在场时才会发生，而非一只猫独处时会发生的，可通过录像确认。临床兽医对肢体语言的直接观察也有助于辨别动机。对于焦虑或处于攻击性唤醒状态的猫，其叫唤和身体姿势不同于放松并吸引注意力或玩耍的猫。

诊断的建议将取决于具体行为。建议将体格检查和实验室检查（包括全血细胞计数、血清生化检查、总甲状腺水平和尿液分析）作为排除明显潜在疾病的最小数据库。当怀疑出现颅内疾病的可能性较高时，如出现急性行为变化，尤其是老年动物以及出现认知或神经系统症状的动物，可考虑进行神经系统检查、脑脊液穿刺和高级影像学检查。

表 12.1　猫滋扰行为的一般行为史问题列表

1. 问题描述。目的是获得对问题行为的客观描述，而不是拟人化的解释

   a. 宠主对问题的描述

      行为的视频记录对于提供更准确的行为表现非常有帮助

   b. 当做出有问题的行为时，猫的肢体语言或行为

      是否有恐惧或焦虑、疼痛或不适等迹象？

   c. 发生问题行为的地点

   d. 问题行为在一天中的什么时间出现，或在一周中的哪几天出现

   e. 问题行为出现的频率（如 1 天 5 次；1 周 1 次）

   f. 问题行为随着时间变化的改变或发展

      （ⅰ）该行为持续了多久？

      （1）该行为初次出现是何时？

      （2）该行为出现前后可能发生了什么事？

      （ⅱ）对于首次出现的行为进行描述（如果与当前行为不同）

2. 前因事件。这个问题可能有助于确定猫的动机和 / 或预测问题行为可能何时发生的因素

   a. 上述的地点和时间

   b. 是否有其他宠物或人类家庭成员

   c. 情境事件（如是否忘记给予食物；当宠主用电脑时；看到一只室外猫后）

3. 宠主的反应（过去和现在）。宠主过去和现在对猫的反应可以揭示宠主是否有意或无意地强化了该行为

4. 治疗尝试（过去和现在）和宠主对疗效的感知。临床兽医可以专注于似乎有效的治疗，并为宠主提供尚未尝试过的治疗方案

5. 宠主关注的问题、期望和 / 或目标。一般来说，滋扰行为可能是正常的，只是宠主无法接受（即与宠主相关的问题），或者是正常行为的异常表达（即与猫相关的问题）。因此，宠主必须了解猫为什么会做出这些行为，并且至关重要的是，接受猫（至少偶尔）做出这些行为是其表达正常的物种特异性行为所必需的。为了获得宠主的"认同"，解决宠主的担忧，并且就他们的期望进行讨论和调整是非常重要的

6. 共病行为问题。滋扰行为可能是其他行为问题的临床症状

7. 一般信息

   a. 家庭人口统计信息

      （ⅰ）人类家庭成员或经常与猫接触的人

      （ⅱ）猫经常接触的家庭成员或者在室内或室外饲养的其他动物（如猫、犬）

   b. 生活环境

      （ⅰ）室内、室外、室内 / 室外、可以进入"猫露台"（封闭的室外空间）等

      （ⅱ）住宅的描述或房屋平面图，展示问题行为发生的位置、食物 / 水、猫砂盆、休息区等

   c. 病史，包括最近的诊断测试

表 12.2　医学和行为学的鉴别诊断将取决于具体的行为

行为	行为学鉴别诊断	医学鉴别诊断
		神经疾病、认知功能障碍和引起疼痛 / 不适的疾病（骨科、皮肤科疾病等）是过度叫唤、夜间活动和破坏性行为的鉴别诊断
过度叫唤	叫唤类型（喵喵声与嘶嘶声）可能有助于诊断 喵喵声 ● 寻求食物、注意力等 ● 玩耍 ● 充实感不足 / 无聊沮丧 ● 习得 / 被强化 ● 强迫症 ● 焦虑相关 咆哮 / 嘶嘶声 ● 攻击性唤醒	● 导致多食的疾病 ● 甲状腺功能亢进 ● 认知功能障碍 ● 视觉或听觉障碍
舔舐 / 啃咬 / 吮吸宠主的衣服 / 头发 / 皮肤	● 寻求关注行为 ● 玩耍 ● 异食癖 ● 强迫症或转移性行为 ● 其他焦虑 ● 正常 / 非营养性吮吸	● 胃肠道疾病 ● 导致多食或能量负平衡的疾病
夜间活动 / 唤醒宠主	● 寻求食物或关注的行为 ● 饥饿（如接受减肥饮食的猫） ● 基于焦虑或对环境刺激（噪声）的反应 ● 领地行为 ● 玩耍 ● 因缺乏充实感而感到无聊 / 沮丧 ● 白天睡眠过多或不活动	● 甲状腺功能亢进
破坏性行为	● 自我鼓励行为——正常探索 / 玩耍或抓挠 ● 转向攻击 / 转移性行为 ● 无聊 / 缺乏充实感 ● 寻求关注行为	

鉴别诊断

虽然某些形式的寻求关注行为明显更具有趣味和亲和力，如抚摸和恳求被抚摸，但其他行为，如猛扑（图 12.2）、追逐、抓挠和撕咬，必须与源于恐惧、领地意识、转向攻击、攻击性高度唤醒或掠夺行为的攻击行为区分开来。能够通过提供食物或注意力来解决（至少暂时解决）的过度叫唤可能是一种正常的交流或寻求关注行为。

间歇性强化计划可有力地强化学习行为。一个试图忽略叫唤但无意中强化叫唤的人可能会使猫表现出更强烈或更频繁的叫唤，因为它们知道坚持是有回报的。并非每次做出预期反应后都能给予奖励，此时就发生间歇性强化。这与连续性强化不同，在连续性强化中，每次行为或反应完成时都会给予奖励。

抚摸、提供食物或零食、对着猫说话或简单地进行眼神交流可能会奖励或强化不理想的寻求关注行为。对于一些猫来说，任何形式的回应，甚至是言语或身体对抗（如斥责或向猫喷水）都会在无意中强化不良行为。这些厌恶反应可能会削弱人与动物之间的联系，并导致猫对实施惩罚的人产生条件性恐惧。

图 12.2　这只 6 月龄的幼猫拒绝被忽视，会扑向宠主的双脚，爬上裤腿以寻求玩耍和关注

（由 Karen Sueda 提供）

缺乏正常行为表达途径的环境可能会促进猫以无聊或缺乏充实感为动机的某些行为。破坏性行为，如打翻或啃咬物体可能是自我安慰或正常的探索行为，当其他表达途径不可用时就会表现出来。

任何年龄段的新行为或突然行为都可能提示潜在疾病（表 12.2）。应考虑引起疼痛／不适的疾病（如骨科和皮肤科疾病）、认知功能障碍、感觉减退（视觉或听觉）、内分泌（甲状腺功能亢进）、代谢、肿瘤或神经系统方面的疾病。与年龄相关的疾病（如认知功能障碍）可能会导致过度叫唤等行为，通常被误认为是正常的寻求关注行为。

犬过度舔舐与潜在的胃肠道疾病有关[6]。尽管缺乏猫的相关数据，但可以考虑其潜在胃肠道疾病的可能性，特别是当其他临床症状提示胃肠道疾病时。舔舐或非营养性地吮吸人类皮肤或毛发可能是一种反常的自我鼓励行为、强迫性行为或寻求安慰的行为。对于频繁吞食非食用的物体或异食癖，其本质可能是具有强迫性，但首先应排除疾病问题。

病史问题采集

除了表 12.1 中的问题外，其他调查范围还包括以下内容。

- 活动水平：猫是很活跃还是更喜欢静静地待着不动？与老年猫相比，幼猫或年轻的成年猫可能更容易表现出顽皮的恳求关注行为。

- 丰容：该猫是室内猫还是室外猫？拥有哪方面的丰容，以及什么能激发该猫的积极性（食物、关注、玩耍、玩具）？

- 该猫典型的日常生活和活动是怎样的（其中包括与人或其他宠物互动的类型和频率）？该猫在一天中的什么时间最为活跃？

- 宠主安排猫独处的时间有多长？安排会有变化吗？

- 人与猫的关系：每位家庭成员与猫的关系如何？他们多久与该猫互动或玩耍一次？

- 环境是否有变化，如新加入的人／动物？

- 是否有任何家庭成员存在因猫啃咬或抓挠而受伤或感染的高风险（儿童、老人、免疫力低下者）？

- 不同的家庭成员对此类行为做何反应？该猫是否得到了抚摸／触碰、玩耍／玩具或食物的奖励？会受到正面惩罚吗（口头训斥／身体惩罚）？

- 为了消除问题行为做过哪些尝试，尝试的持续时间有多长？若选择忽视该行为的话,是被动回避(如不回应该行为),还是主动回避(如离开房间)?

- 该宠物对这些干预措施的行为学反应是什么(频率和 / 或程度的变化、攻击性增加或攻击性唤醒等)?

治疗方案

- 解决疾病问题和潜在的焦虑:治疗取决于实际的诊断。更多信息请参见第 8 章。

- 规避和管理策略:避免和减少可能导致焦虑或"黏人"行为的环境应激源。不合适的物品应安全存放,以避免强化破坏性行为。有用的工具包括防止猫啃咬的电线保护器或防止猫将物品从柜子上推下来的腻子。经常被撞倒的区域或物体可以被封锁,以最大限度地减少不必要行为的机会。

- 环境丰容:确保为猫的正常行为提供宣泄口,预防无聊和沮丧。宠主可以参考在线教育资源,如美国俄亥俄州立大学的室内宠物倡议网站,了解丰容的想法。

- 当猫可能要寻求关注或家庭成员无法给予关注时,可以提供特殊游戏、电动玩具、食物或其他高度激励性的独立游戏机会。如晚上和睡觉前提供额外的玩耍场所,以及晚上提供的漏食玩具,可能对存在夜间叫唤或夜间活动的猫有帮助。

- 全天为宠物提供觅食玩具和益智游戏可能会降低其寻找食物行为的频率,同时可以使宠物专注于自然捕猎行为(图 12.3、图 12.4)。玩耍的频率、与宠主的结构化互动(如训练)和抚摸可以纳入日常交互流程中,并在一天中的不同时间提供,尤其是在宠物更活跃的时候。增添另一只宠物在某些情况下可能会有帮助,但在其他情况下则不会。宠主应得到相应的建议。

- 对理想行为的正面强化:去除寻求关注行为的强化物(如给予关注、抚摸或按需喂食),奖励不与不良行为同时存在的平静行为。例如,在猫安静地坐着或响应命令时喂食,而不是在叫唤时。条件强化物(如响片)可以用来远程奖励平静行为,并训练猫听从指令,如"去某一位置"的指令。

图 12.3　猫在玩 Buster 漏食骰子，这是一种为犬设计的食物分发产品，但猫也能毫无困难地使用

（由 Karen Sueda 提供）

图 12.4　猫在玩一个宠主自制的漏食玩具，这个玩具由一个空水瓶制成，瓶子的侧面开有小孔

（由 Karen Sueda 提供）

- 负惩罚：在行为开始时忽视或转移注意力。这可以是被动的（无响应）
  或主动的（人离开房间）。如果这种行为持续存在或可能对宠主造成某
  种程度的伤害（如抓伤或咬伤），可能有必要远离宠物或离开房间。

宠主要为最初的"断绝爆发"做好准备。在断绝爆发期间，行为（如叫
唤）的频率或强度会增加，因为猫可能会更努力地尝试获得所需的回应。断
绝爆发期间的间歇性强化可能会加剧宠主的回应，但这是必须避免的。宠主
可能没有意识到眼神接触等细微的回应是对猫的奖励。因此，应对宠主详细
解释具体的强化因素。如果宠物一直被忽视，断绝爆发通常会减少。如果打
扰到人的睡眠，则考虑将猫安置在一个有充足资源的单独区域，包括漏食玩
具或定时喂食器。

- 可以使用中断性刺激或远程惩罚，只要刺激不会引起恐惧或痛苦。例如，
  正在叫唤或表现出破坏行为的猫可以被响亮的声音打断，如拍手或超
  声波警报。当猫平静下来后，可以得到奖励。
- 药物：精神类药物不适用于寻求关注行为。对于已确定存在行为学问题
  的焦虑症，可将药物与行为矫正结合使用来治疗。更多信息请参见附
  录 1。

寻求食物行为

寻求食物行为是一种正常的适应性行为，当宠物饥饿时会叫唤（图
12.5）。当该行为过度时，如果过于频繁或在宠主不方便的时间出现，这可能
会被视为一种滋扰行为或被认为是不可接受的。有时，这可能反映了潜在的
疾病。在人类和其他动物中，已有情绪或压力导致的暴饮暴食，以及受饥饿
以外的其他因素影响的记录[7]。Moesta 等的研究表明，猫的冲动控制与暴饮
暴食之间存在关系，这与人类的研究结果相似[8-9]。

夜间活动或持续叫唤（即使在喂食后或清晨）可以通过喂食时间表和宠
主的反应了解到（见第 5 章提及的特定物种的喂食时间表）。期望获得食物时，
踱步、喵喵声和呼噜声等形式的活动和请求可能会增加。成功获得食物的宠
物知道特定的人是食物分配的稳定来源。宠物会继续乞求食物。通常，在用
餐期间，猫从餐桌上索取人类食物或无意中吃到一口掉在地板上的食物，此
时强化发生。与其他寻求关注行为类似，间歇性强化（尤其是在断绝爆发期间）
会坚定地维持这种行为，宠主可能会发现很难持续忽视其寻求食物的行为。

图 12.5　喂食时猫叫唤。定时的喂食或互动可能会无意中强化先行的寻求关注行为

（由 Poorna Chowdry 医生和 Paul Beldan 医生提供）

寻求食物行为可能表现为在餐桌上为了食物出现乞求或叫唤、跳上可以获得食物的柜台、攻击或破坏行为（如啃咬袋子或打翻垃圾桶和食物容器）（图12.6）。

如果猫摄入的热量不足以满足新陈代谢的需求，它就会寻求食物，这可能伴随着体重减轻或体况不佳。代谢能量需求可能因品种、年龄、性别、生命阶段和活动水平，以及新陈代谢和食欲的个体差异而有所不同。然而，即使已经满足热量需求，非常可口的食物仍可能会鼓励其寻求食物[10]，并且可能伴随着体重增加。

猫是食肉动物，天生就喜欢捕食猎物。Kane 等已证实，猫会选择在 24 h 内少量、频繁地进食（商业化饮食为 8 ~ 16 次进食）。在野外，猫花大量时间捕捉猎物，并在吃掉已杀死的猎物之前持续捕猎[11-12]。玩耍与捕食行为密切相关[13]。

尽管猫有为捕食和获取食物努力工作的倾向（相对自由采食），但Delgado 及其同事的研究表明，与其他被测试物种不同的是，与自由采食相比，在家庭环境中提供食物益智玩具时，猫并没有表现出对于自由采食的强烈偏好[14]。然而，这项研究也表明了饥饿和所付出的努力之间的关系，因为自由

图 12.6　当寻求食物的行为给你带来麻烦时

（由 Karen Sueda 提供）

采食量更多的猫也更有可能消耗益智玩具中的食物，作者确定这是饥饿所致。与之相似，其他研究表明饥饿确实会增加玩耍和掠夺行为，尽管这两种行为都不是必须发生的。

从碗里进食并不涉及食物获取的自然掠夺程序或进食行为中的"食欲"部分。增加食物分配玩具或益智玩具有助于满足这种行为，还能让猫在一天中频繁地随意尝食和获取食物（图 12.4）。

Dantas 等注意到，在使用食物益智玩具和实施其他形式的行为矫正后，存在行为和健康相关的益处[15]。这些益处包括体重减轻、对人类和其他猫的攻击行为减少、焦虑和恐惧减轻、寻求关注行为停止，以及乱排泄行为解决。

诊断

宠主可能会抱怨他们的猫在"祈求"食物，或者认识到寻求食物是另一种不良行为的潜在动机。然而，主要的抱怨可能是"跳上柜台""让我们晚上睡不着觉"等，由临床兽医判断出寻求食物是其潜在原因。

与其他行为问题一样，寻求食物行为通过录像捕捉和观察、行为学和医学病史、体格检查和实验室诊断进行评估。然而，收集关于猫的饮食和喂养习惯以及有无其他临床症状的信息以排除可能导致多食的疾病尤为重要。

完整的病史包括有关饮食和饮食变化、热量摄入和代谢能量需求（metabolic energy requirement，MER）计算的信息。需要根据猫的活动水平、并发疾病和年龄来确定能量需求。当猫的饮食改变时，特别是由于医学原因（例如，常规日粮换为减肥饮食；干粮换为罐头以增加饮水量；不太可口的食物换为非常可口的特殊食物；取消零食等），可能会出现寻求食物的行为。

还应注意出现的临床症状，如体重减轻、体重增加、肥胖、食欲改变、多尿、多饮、胃肠道症状，以及导致吞咽困难的牙齿或口腔疼痛。

寻求食物行为可能表现为或伴有过度叫唤、破坏行为或爬上柜台（参见其他章节）。寻求食物或关注行为的动机可能会与焦虑相关的疾病以及表现为叫唤和夜间漫无目的游荡的认知能力下降或感觉能力下降相混淆。持续叫唤的宠物可能不舒服，应排除引起疼痛的情况。

关于食欲的问题可能表现为尽管摄入了足够的热量，但食欲突然增加或食欲旺盛。此时，应排除导致多食的一系列疾病（表 12.3）。需要一份完整且最新的宠物用药清单以排除医源性原因（如皮质类固醇或苯二氮䓬类药物）。

表 12.3　寻求食物行为的行为学和医学差异

	行为学	医学
寻求食物行为	● 习得 / 宠主强化 ● 无聊 / 沮丧 / 捕猎渠道不足 ● 与其他动物争夺食物的冲突 / 竞争 ● 强迫症 / 异食癖 ● 寻求关注行为 ● 基于焦虑的 ● 认知能力下降	多食 ● 内分泌疾病 　○ 糖尿病 　○ 肾上腺皮质功能亢进 　○ 胰岛素分泌过多 　○ 甲状腺功能亢进 ● 胃肠道疾病 / 吸收不良（感染性、炎性、肿瘤性） ● 颅内疾病（肿瘤） ● 怀孕、哺乳 ● 生长发育 ● 热量摄入不足或食物质量差（或口腔疾病 / 疼痛导致的食物预处理困难） ● 锻炼增加 ● 低温 ● 医源性

在大多数情况下，建议将全血细胞计数、血清生化检查、T$_4$和尿液分析作为最小数据库。可能需要进行腹部和胸部 X 线检查、超声检查、胃肠镜检查、内窥镜检查和活检。

病史问题采集

除了表 12.1 中的问题外，其他调查范围还包括以下内容。

- 饮食史，包括食物的类型（湿粮或干粮）、品牌、数量以及能量组成。零食和人类食物应包括在内。

- 当前使用的药物清单。

- 猫的日常喂食时间表和方案是什么，包括喂食的位置（私密或热闹区域）、频率（定时喂食或随意喂食）和容器（食物玩具、碗、手动喂食或自动喂食器）？

- 猫会吃餐桌上的食物吗？食物放在工作台面或其他宠物容易接触到的地方吗？食物是如何储存和隔离的？

- 其他动物在场吗？它们会争夺食物吗？

- 家庭构成是否有变化（新成员、宠物等）、日程安排或与家庭成员的互动？

- 宠物的饮食改变了吗？例如，常规的成猫维持饮食是否转变为减肥饮食或处方饮食？有没有从罐头换为干粮，或者反过来？自行为出现以来，是否加入了添加剂来增加食物的可口性？

治疗方案

- 解决寻求食物行为的潜在生理或病理原因（表 12.3）：确保提供营养和热量需求，并解决潜在的医疗问题。如果热量摄入增加，应该以适当的时间间隔给猫重新称重，以达到理想的体况，并根据需要监测体重是否过度增加或减少。

- 消除寻求食物行为的强化物：一旦生理需求得到满足，行为的强化因素就应该被消除。这包括不按猫的请求喂食和忽视猫在清晨的恳求。食物应该保存在猫拿不到的安全容器中。对于猫宠主来说，了解生理需求得到满足这一知识点通常会让他们安心，这样他们就可以更自信地忽略寻求食物行为（见前文关于负惩罚和断绝爆发的讨论）。

- 宠主可能需要注意不要把食物放在柜台上或猫可能吃到的地方。可以将食物放在防猫的容器里或另一个房间里。在某些情况下，如果猫倾向于从餐桌上偷吃食物，可能需要将其与宠主隔离开来并为其提供强化食物。如果猫正在攀爬觅食或发出声音，请参阅其他章节。

- 改变喂食程序和容器：食物和喂食路线应远离宠主，以避免全天或特定时间的强化。如果食物不是按猫的请求提供的，猫就会学着去别处寻找。食物可以按照设定的时间表或在猫表现出平静、安静的行为时提供。自动或定时喂食器可以设置为在猫叫醒宠主的常见时间之前进行食物分配，并且分配的时间可以逐渐改变以建立与人无关的更能接受的喂食时间表。自动喂食器可以更频繁地定时喂食更少量的食物，这与观察到的猫偏好最相符[16-18]。另外，可以将食物分配玩具留在外面，让猫在夜间和白天"按需"进食和捕猎，尽量减少或消除用碗喂食。除此之外，无论行为动机是什么，都可以提供其他形式的丰容。

- 减少家猫之间的竞争：如果来自其他动物的竞争阻碍了猫获得足够的食物、导致其吃得太快或寻求过多的食物，则应将食物移至远离动物的安静区域，如只有特定猫才能进入的封闭房间或有门区域（磁性门）。"富足之家"可为所有猫提供充足的资源，包括多个喂食点，以减少竞争。如果存在猫与猫之间的攻击或焦虑的情况，这些问题也应该得到解决。

不良的抓挠行为

用前爪抓挠物体是猫正常爪部护理行为的一个基本表现，它满足了猫的生理和行为需求。幼猫在5周龄时就开始抓挠[19]，这种行为会持续猫的一生。随着猫指甲的生长，外层角质化甲鞘失去血液供应并脱落，露出下面新的略尖的指甲。抓挠可以松动并去除这些外层的死甲鞘，同时有效地剥脱、锐化和护理爪部。无法抓挠的老年猫可能会长出又厚又大的指甲，这些指甲很脆，容易折断，而且更难缩回。抓挠的生理行为——伸、抓和拉，可拉伸肌腱和肌肉，并可能为猫提供上身锻炼。

抓挠标记也是一种交流方式。当猫抓挠时，会留下可视痕迹并留下来自趾间气味腺中的信息素。抓挠帮助猫界定它们的领地和管理社交空间，通过留下"名片"来通知同类最近谁去过那里。一些作者还提出，抓挠也可能有助于猫适应环境或帮助区分安全和不安全的位置[19]。散养猫的抓挠标记更多地出现在常走的路径上，而不是在领地的外围[19]。

猫可能会选择抓挠一个物体而不是其他物体，这是基于对抓挠材料的类型或质地及其所处位置的个体偏好。当提供合适的抓挠物时，相较于纸板、地毯和木材等其他材料，10 岁以下的猫更喜欢绳索。然而，10 ~ 14 岁的老年猫更喜欢地毯[20]。织物（通常是家具）和地毯是最常见的不恰当的猫抓挠物[21]。

猫可能也更喜欢抓竖直而不是水平的物体。一般来说，猫倾向于在恰当的（如猫树、简单的竖杆）和不恰当的（如沙发的侧面）物体上垂直抓挠。恰当的[20]和不恰当的[21]水平面抓挠频率都较低。倾斜的物体和悬挂或壁挂式立柱的使用频率最低[20–21]。

猫倾向于使用较矮的［< 91.4 cm（3 ft）］抓挠柱而不是较高的［> 91.4 cm（3 ft）］抓挠柱。然而，与较矮的抓挠柱相比，使用较高抓挠柱的家庭中不恰当的抓挠行为较少发生[20]。鉴于猫更喜欢抓挠大型织物覆盖的家具（如沙发、椅子）而不是松散的织物（如窗帘），抓挠物品的稳定性也可能起到一定作用[21]。

诊断

猫宠主认为猫抓挠不合适的物品非常常见。在一项调查中。83.9% 的猫宠主报告说，他们的猫抓挠了不合适的物品[2]。此外，不恰当的抓挠行为会增加弃养的风险[2]。

诊断的基础是宠主表示亲眼看见猫抓挠自己不可接受的物品，或事后发现物品损坏（图 12.7）。临床兽医必须确定抓挠是否与另一种行为问题（如猫间攻击、广泛性焦虑）并存，或者猫是否只是表达了正常的爪部护理行为，但其方式被宠主认为是不可接受的。

在多猫家庭中，可能很难确定哪只猫或哪些猫是罪魁祸首。多猫家庭可能涉及多只猫抓挠同一物品或不同的猫抓挠不同的物品。在被抓挠物品的房间进行录像可能有助于确定需要干预的是哪些猫。

虽然令人困扰的抓挠行为与任何特定的疾病无关，但抓挠减少可能是疾病或不适的常见迹象，尤其是关节炎或爪部痤病（如指甲撕脱、甲沟炎）。任何行为上的变化都需要兽医的检查。

病史问题采集

记录病史的目的是确定猫抓挠宠主不能接受的物品的潜在动机。详尽的调查可能会揭示抓挠是否继发于行为障碍，或者宠主反对抓挠是否是因为缺

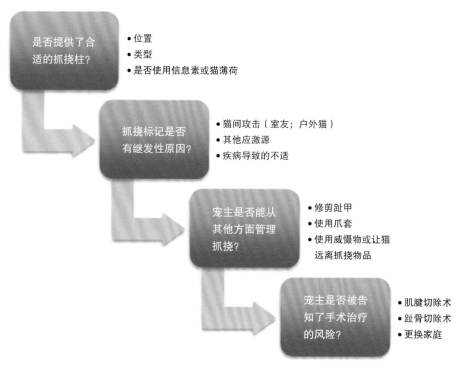

图 12.7　发现不可接受的抓挠行为之后的决策流程

乏对典型猫行为和饲养要求的了解。了解宠主对抓挠行为的耐受度也很重要，因为这将影响预后和治疗结果。

除了表 12.1 中的问题外，其他调查范围还包括以下内容。

- 描述猫在抓挠什么。物品的照片可能有助于确定损坏程度、识别材料类型（如织物、木材、地毯等），以及被抓挠物品的位置（如竖直、水平）。
- 被抓挠物品的位置，特别是与其他具有社交意义的区域（如最喜欢的休息区、食物和水、猫砂盆等）相关的位置。这些可以用房屋的平面图展示。
- 与猫抓挠相关的情况（前因事件）。例如，在游戏过程中或与另一只猫发生矛盾后，猫会抓挠物品吗？
- 提供允许猫抓挠的物品（如抓挠柱）、物品的描述（如高度、材质）、物品位置，以及猫抓挠物品的频率。
- 过去尝试过的治疗方法及其疗效。

- 共病行为问题。不可接受的抓挠可能是另一种行为问题的临床表现，尤其是与焦虑有关的问题。
  - 猫之间的攻击行为。
  - 广泛性焦虑。
  - 寻求关注行为。
- 宠主的担忧和期望。上述问题的答案可能会揭示宠主在猫饲养知识方面的差异。他们可能没有意识到抓挠是一种正常行为，猫喜欢抓挠的物品类型各不相同，并且室内外自由出入的猫可能仍然想抓挠室内的物品。此外，宠主对抓挠行为的容忍程度因人而异，取决于被抓挠的物品。对于一些宠主来说，对珍贵物品的任何损坏，即使是最小的损坏，也是不可接受的。例如，宠主可能会抱怨他们的猫弄脏了他们新沙发的内饰，却没有告知兽医在更换沙发之前的很多年中，同一只猫也会抓挠他们以前的沙发。其他宠主可能对猫的饲养有很好的了解，但不会修剪猫的指甲或表示担心猫可能抓伤人。

治疗方案

抓挠对于维持猫正常的身体和行为健康至关重要，因此宠主必须为猫提供一个可接受的抓挠渠道。治疗的目标是将抓挠转移到宠主认为可以接受的物品上。

- 提供可接受的抓挠柱。猫宠主可能没有意识到他们需要为猫提供合适的抓挠柱。在一项调查中，几乎 1/4 的宠主（23.9%）没有为他们的猫提供抓挠用品[21]。一些宠主可能认为可以到户外的猫不需要抓挠柱；然而，户外活动的猫仍然会在室内抓挠，如果有抓挠柱的话，它们会经常使用抓挠柱[19]。
  - 大多数猫喜欢用绳子做成的 < 91.4 cm（3 ft）高的竖直抓挠柱。然而，相当数量的猫（49.5%）也在地板上使用水平抓挠柱或倾斜抓挠柱（24%）[20]。同样，1/4 的 ≤ 9 岁的猫和 > 10 岁的猫更喜欢地毯而不是绳子[20]。因此，提供不同类型的抓挠柱以确定每只猫的个体偏好得到满足。被抓挠的不恰当物品的特征可以为我们提供线索，以找出猫喜欢的抓挠物品类型和摆放位置。
- 将抓挠柱放在抓挠区域附近。在散养的猫中，抓挠更多地出现在常走的路径上，而非领地的外围[19]。放置在房屋内经常被抓挠的区域的合适抓挠柱可能比放置在外围的偏僻位置使用得更频繁。尽管在被不适当抓挠的物品附近设置抓挠柱并不一定会阻止这种行为 [20-21]，但它至少提供了一种可接受、可实施的替代方法。

- 增强猫对抓挠柱的满意度。与不恰当的抓挠物相比，增加抓挠柱的吸引力可能是有帮助的。在抓挠柱上摩擦猫薄荷或木天蓼可能会吸引猫并鼓励其使用。

  ○ 费利威（Feliway™）系列中的 Feliscratch 是猫抓挠时产生的猫指间信息化学物质（feline interdigital semiochemical，FIS）的合成物。除了 FIS，Feliscratch 还含有一种模仿视觉信号成分的染料。在为期 4 周的研究中，按照指示将 Feliscratch 放在之前抓挠过的区域附近或猫的睡眠区域附近，74% 的猫的不良竖直抓挠得到解决，不良水平抓挠显著减少 [22]。

- 猫使用抓挠柱的奖励。被强化的行为更有可能在未来发生。可以鼓励猫使用抓挠柱，当它们这样做时，可以奖励它们零食、互动玩耍或表扬 / 关注。相比于从不进行奖励抓挠的宠主，奖励猫使用抓挠柱的宠主更有可能报告说他们的猫每天至少使用一次抓挠柱 [20]。

- 禁止猫进入或阻止猫使用不可接受被抓挠的区域。防止猫抓挠不恰当的物品可以避免其做出不良行为。除了减少进入房间的机会之外，双面胶带、塑胶地板保护垫、静态防震垫、运动启动压缩空气弹等障碍物可能会在猫抓挠时对它们造成伤害。每当使用基于惩罚的正面训练方法时，必须注意防止焦虑或厌恶情绪的泛化。

- 修剪猫的指甲。虽然修剪指甲不能防止抓挠行为，但保持较短的指甲也许会减轻抓挠可能造成的破坏程度。应当教会宠主利用奖励和耐心修剪猫指甲的正确方法。每一只新养幼猫的体检都应该包括一个简短的交谈和修剪指甲训练的示范。

- 解决抓挠的潜在原因。因为抓挠是一种交流方式，抓挠（尤其是如果猫对治疗有抵触的话）可能是更大的行为问题的表现，如猫间攻击、广泛性焦虑等。应获得更全面的行为史或考虑转诊给兽医行为学家。

  ○ 目前，已开发了一种对犁鼻器器官结合位点具有高亲和力的合成型猫信息素复合物（Feliway Optimum，法国诗华动物保健公司），以解决猫的多种行为障碍。在一项开放标签、无对照组的试验中，使用

Feliway® Optimum 治疗 4 周后,抓挠问题、排尿问题、恐惧和猫间冲突显著减少。

- 爪套。塑料爪套(如 Soft Claws®)可用于两只前爪。与修剪指甲类似,爪套并不能防止抓挠行为,但可以防止损坏家具。如果猫不配合,可能很难佩戴,并且即使戴上也可能不会维持很长时间。

- 趾骨切除术。"去爪术"在绝大多数情况下是可以避免的,只有在尝试过所有其他治疗方案后才可被视为最后手段。

  ○ 围绕去爪术的道德方面、实际操作方面以及短期和长期结局存在相当大的争议。Mills 等针对该主题发表了综述,包括术后疼痛管理和短期及长期并发症[23]。关于趾骨切除术后的行为后遗症,各种研究提供了互相矛盾的结果。虽然一些研究表明猫出现行为问题的频率增加(咬人、舔毛[24]和室内乱排泄[24-25]),但其他研究则表明去爪术与行为问题的发生率增加之间无关联[26-27]。有趣的是,一项研究发现华盛顿州西雅图市收容所中被去爪的猫的数量明显低于普通猫,但被去爪的猫在收容所中的时间明显长于未被去爪的猫[26]。

攀爬和跳上某物体

攀爬和跳上某物体是正常行为,但宠主认为这是无法接受的,这取决于猫想到达的位置(例如,跳到猫树上没问题,桌面则是不恰当的),以及是否会给宠主带来不便(例如,跳到壁炉架上是可以的,但当猫移动到壁炉架上方的电视上挡住视线时就不可以了)。常见的问题包括攀爬人或物体(如窗帘、纱门、家具),以及跳上高架表面(如柜台、桌子、置物架)。不可接受的攀爬和跳跃可能会导致破坏行为,如撕破窗帘、挠破或撕裂家具或物品被打翻/打碎。此外,宠主可能会就猫跳到正在备餐或用餐的柜台和桌子上的做法表示对其健康的担忧。

攀爬和跳跃是猫行为学和解剖学的决定性特征(图 12.8)。猫是在一个既是猎手又是其他动物的猎物这一环境下逐渐进化的。据观察,从家猫进化而来的非洲野猫(*Felis silvestris lybica*)能够在鸟类飞行途中跳跃捕捉鸟类,并且是出色的攀爬高手,它们利用树木进行逃跑和休息(图 12.9)[28]。家猫强大的后肢也使它们能够竖直跳跃,在一项实验中高达 1.6 m(5.2 ft)[29]。

选择性育种改变了攀爬、跳跃的体能和相关积极性。矮脚猫品种(如曼

图 12.8　尽管患有关节炎，但这只老年猫最喜欢的休息地点仍然是它的窗台休息区。随着年龄的增长，为了方便行动，宠主为它布置了不同高度的椅子

图 12.9　高处，尤其是靠近窗户或温暖电器的地方，是猫最喜欢的休息区域

（由 Karen Sueda 提供）

赤肯猫）可以跳跃，但可能无法跳得像其他猫一样高，这取决于它们后腿的相对长度 [30]。一些猫的品种比其他品种更活跃，因此可能更容易攀爬和跳跃；其中包括孟加拉猫、阿比西尼亚猫、暹罗猫和东方品种猫。波斯猫、布偶猫、缅因猫和斯芬克斯猫的活跃程度排名较低 [31]。

　　猫可能拥有攀爬和跳跃的本能驱动力，使得它们执行这些行为会得到天性上的满足。攀爬和跳跃的动机也是为了获得高处的奖励（正面强化）或逃离低处的不受欢迎的东西（负面强化）。房屋里最有趣的物品（如食物、小摆件）通常放在高架表面（如桌子、柜台、置物架）。由于成年猫的实物玩耍机制会受到较小尺寸 [32] 和新奇事物 [33] 的刺激，猫可能会被一些够不着的小物件吸引。同样，猫可能已经知道，如果它们跳到桌子或柜台上，到达人眼睛的高度，就更有可能与人进行社交互动。

　　把寻求高处作为一种防御策略可能是猫天生的一种本能。猫可能会通过攀爬或跳跃以远离地面上的不利情况。这可能包括在猫与猫之间或物种之间的竞争互动，或无生命物体（如真空吸尘器），或人（如爬行的婴儿、访客、试图抓住猫去看兽医的宠主）。

诊断

诊断不理想的攀爬或跳跃行为通常很简单，基于宠主的观察以及与临床兽医沟通他们所发现的造成困扰的行为（图 12.10）。在某些情况下，宠主可能没有看到猫，而是发现了被打翻或毁坏的物品。在有多只宠物的家庭中，使用安全摄像机录制视频可能有助于确定哪只（哪些）宠物有问题。

虽然对于不可接受的攀爬和跳跃在医学上没有具体的鉴别诊断，但甲状腺功能亢进或中毒导致的过度活跃 / 激动可能会导致猫异常地表现出这些行为。引起多食的疾病可能会促使猫在柜台或橱柜上寻找食物。生病的猫可能会变得离群索居，试图躲在壁橱里或橱柜顶上。

跳跃（或攀爬）的频率或能力下降可能是更严重和更常见的问题。跳跃困难或出现在高处的频率减少可能是疾病的表现，包括但不限于骨关节炎或神经病变，尤其是在老年猫中。

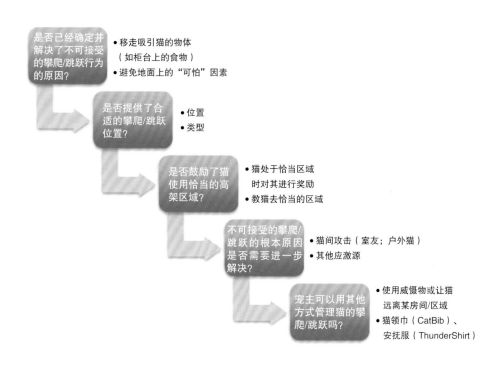

图 12.10　确定了不可接受的攀爬 / 跳跃行为后的决策流程

病史问题采集

由于攀爬和跳跃是正常的行为，但宠主无法接受，临床兽医必须确定是什么促使猫出现这种行为，并基于此原因制订一个治疗计划，既能满足猫正常的物种特异性行为，又能使这一行为按照宠主可接受的方式进行。

除了表 12.1 中的问题外，其他调查范围还包括以下内容。

- 猫正在攀爬或跳跃的物体的具体位置和详细描述。

- 猫攀爬或跳到这些区域后的行为。这可能有助于确定猫的动机。例如，猫是否吃柜台上的食物、盯着下面其他的猫、在一天的其余时间里躲起来、喵喵叫以引起注意等。

- 这些位置附近有什么？攀爬或跳跃的区域可能具有潜在的奖励性（如窗户、傍晚阳光充足的地方、柜台上的食物）或具有社交意义（如在电视前，另一只猫守着作为资源的猫砂盆）。

- 猫可以攀爬或跳跃的物体（如猫树、猫爬架）、对它们的描述（如高度、材料）以及它们的位置。

- 导致猫攀爬或跳到该位置的情境（前因事件）。例如，猫可能会在看到户外的猫时爬上纱门，或者在宠主准备食物时跳上柜台。

- 之前尝试过的治疗方法及其疗效。

- 共病行为问题。不可接受的攀爬或跳跃可能是另一种行为问题的临床症状。

  - 猫之间的攻击行为：攀爬或跳跃以逃离或接近另一只猫。

  - 广泛性焦虑：试图去一个隐蔽、安全的地方。

  - 寻求关注行为：走到宠主面前以引起他们的注意。

- 宠主的担忧和期望。应该正视并解决宠主的具体担忧。例如，如果猫跳到备餐区，照顾免疫受损家庭成员的宠主可能会特别担心疾病传播。老年猫的宠主可能会担心，猫跳到窗台上可能会跌落。

- 允许猫在这些区域攀爬或跳跃的情境。宠主可能会在上网时鼓励猫睡在他的桌面上，但在他试图工作时不会这样做。前后不一致的"规则"可能会使不良行为持续。

治疗方案

因为跳跃和攀爬是猫的本能，所以不可能完全消除这种行为。治疗的目标是将猫的跳跃行为重新引导到恰当的位置，同时减少猫向宠主不可接受的台面上跳跃的动机。

- 宠主教育。所有治疗计划的基础都始于解释猫的行为，以及治疗计划如何解决行为的潜在动机。这也是一个解决可能阻碍治疗成功的误解和宠主因素的机会。
  ○ 讨论为什么这只猫有攀爬或跳跃的行为。
  ○ 牢记宠主的期望，讨论猫的预后。一般来说，减少不可接受的攀爬或跳跃行为的预后是相当好的，只要宠主理解这是一种无法完全消除的正常行为，治疗的成功取决于宠主对治疗计划的坚持程度。
  ○ 讨论家庭成员一致性的重要性。当家里每个人都坚守规则时，猫学习得最好。对于猫在特定位置的可接受性或不可接受性，宠主可能在不同时间表现不一致。宠主可能会在柜台上喂他的猫，以防止犬吃猫粮；但不希望在他们为家人做饭时，猫在台面上。在这种情况下，如果宠主不想让猫出现在台面上，就应该找到新的喂食地点。

- 提供可接受的高架区域。为猫提供它想跳上去的高台表面，为它的成功到达做好准备。这些可接受的表面和位置应该满足其跳上不恰当位置的相同潜在动机。例如，如果猫跳上电视前的壁炉架以引起关注，可以在沙发附近放置一棵猫树，宠主可以在看电视时抚摸猫。如果猫在跳跃以躲避犬的时候把物品从置物架上撞了下来，可以把置物架上的物品清空掉，取而代之的是放一张猫床。可接受的高处选择可能包括猫树、窗上支架、猫爬架或指定的家具。在整个房屋里提供几个位置；猫可能想在一天的不同时间栖息在不同的地方。

- 鼓励和奖励猫使用可接受的高架区域。在窗户附近放置高架区域或将零食或玩具放在休息区可以激发猫探索它们。对于跳到台面上寻找食物的猫来说，清理厨房附近的置物架或书柜顶部，或者在附近放一棵猫树，并坚持在上面放猫的食物。这可能会鼓励猫在该位置觅食而不是台面上。如果你看到猫在使用猫爬架，给它一些关注或奖励。猫也可以被训练成根据提示去某个地方（如猫床或猫树上的搁板）。当宠主观察到猫将要在不可接受的区域攀爬或跳跃时，可将猫转移到可接受的位置（如"去你的休息区"）并给予奖励。

- 使不可接受的地方难以进入或不受猫欢迎。不要把食物或"有趣"的物品放在台面或桌子上，这会引诱你的猫跳到上面。你也可以通过使可着陆表面变小或不规则来阻止猫进入，或者撤掉帮助猫跳到更高位置的"中间层高"（例如，将椅子推入桌底，这样猫就更难登上桌面）。可使用倒扣（粗糙面朝上）塑料地板保护装置、运动激活压缩空气炮、静态防震垫或警报器（声音或超声波）等威慑手段来惩罚不可接受区域的侵入行为。这些方法应该被合理地使用，目的是增加猫使用可接受的高架区域的可能性，鼓励猫进入这些区域。宠主直接施加的喷雾瓶或其他类型的惩罚（如击打、拍打、抓挠）可能会暂时阻止猫跳起来，但通常会导致猫只有在宠主不在场时，才会攀爬或跳跃。

附加信息来源

一般信息

- Karen Pryor 的《猫的响片训练》（*Clicker Training for Cats*）。
- 《跟着行为学家解码您的猫》（*Decoding Your Cat by DACVB*）。
- 室内猫的基本需求：室内宠物倡议——美国俄亥俄州立大学（https://indoorpet.osu.edu/cats/basic-indoor-cat-needs）。

附加信息

- 美国猫科动物从业者协会提供的抓挠行为相关教育资源（https://catvets.com/content/scratching-resources）。
- 室内猫的基本需求：抓挠；俄亥俄州立大学室内猫倡议（https://indoorpet.osu.edu/cats/basicneeds/scratching）。
- 费利威（Feliway）系列中的 Feliscrath（https://www.feliway.com/us/Products/feliscratch-by-feliway）。

攀爬与跳跃

- 室内猫的基本需求：休息区。室内宠物倡议——美国俄亥俄州立大学（https://indoorpet.osu.edu/cats/basicneeds/perches）。

参考资料

1 Salman MD, Hutchison J, Ruch-Gallie R, et al. Behavioral reasons for relinquishment of dogs and cats to 12 shelters. J Appl Anim Welf Sci. 2000;3(2):93–106.

2 Patronek GJ, Glickman L, Beck A, et al. Risk factors for relinquishment of cats to an animal shelter. J Am Vet Med Assoc. 1996;209:582–588.

3 Salonen M, Vapalahti K, Tiira K, et al. Breed differences of heritable behaviour traits in cats. Sci Rep. 2019;9:7949.

4 Landsberg G, Hunthausen W, Ackerman L. Unruly behaviors, training, training and management –cats. In: Handbook of behavior problems of the dog and cat, 2nd ed. Oxford: Elsevier Saunders Ltd; 2003:323.

5 Duffy DL, de Moura RTD, Serpell JA. Development and evaluation of the Fe-BARQ: A new survey instrument for measuring behavior in domestic cats (Felis s. catus). Behav. Processes. 2017;141:329–341.

6 Bécuwe-Bonnet V, Bélanger MC, Frank D, Parent J, Hélie P. Gastrointestinal disorders in dogs with excessive licking of surfaces. J Vet Behav. 2012;7(4):194–204. Mugford RA. External influences on the feeding of carnivores. In: Kare M, Maller O, eds. The chemical senses and nutrition. 1977;25–50.

7 McMillan FD. Stress-induced and emotional eating in animals: A review of the experimental evidence and implications for companion animal obesity. J Vet Behav. 2013;8:376–385.

8 Moesta A, Bosch G, Beerda B. Choice impulsivity and not action impulsivity may be associated with overeating in cats Paper presented at: Proceedings of the 12th International Veterinary Behavior Meeting. 2019.

9 Giel KE, Teufel M, Junne F, et al. Food-related impulsivity in obesity and binge eating disorder—a systematic update of the evidence. Nutrients. 2017;9:1170.

10 Denenberg S. Begging: canine and feline. In: Horwitz DF ed. Blackwell's five-minute veterinary consult clinical companion: canine and feline behavior, 2nd ed. Wiley-Blackwell; 2017:736.

11 Leyhausen P. Cat behaviour. New York, NY: Garland; 1979.

12 Adamec RE. The interaction of hunger and preying in the domestic cat (Felis catus): An adaptive hierarchy? Behav Biol. 1976;18:263–272.

13 Witzel AL, Bartges J, Kirk C, et al. Nutrition for the normal cat. In: Little S ed. The cat: Clinical medicine and management. St Louis (MO): Elsevier Saunders; 2012:243–254.

14 Delgado M, Bain MJ, Buffington T. A survey of feeding practices and use of food puzzles in owners of domestic cats. J Feline Med Surg. 2019;22(2):193–198.

15 Dantas LM, Delgato M, Johnson I, Buffington T. Food puzzles for cats: Feeding for physical and emotional wellbeing. J Feline Med Surg. 2016;18(9).

16 Beaver BV. Feline behavior: A guide for veterinarians. St. Louis, MO: Saunders; 2003:212–246.

17 Bradshaw J, Casey R, Brown S. Feeding behaviour. In: The behaviour of the domestic cat. Wallingford, UK: CABI Publishing; 2012:113–127.

18 Mugford RA. Feeding of Carnivores. In: Kare MR, ed. The chemical senses and nutrition. Elsevier Inc; 1977:25. https://www.sciencedirect.com/book/9780123978509/the-chemical-senses-and-nutrition #book-info

19 Mengoli M, Mariti C, Cozzi A, Cestarollo E, Lafont-Lecuelle C, Pageat P, Gazzano A. Scratching behaviour and its features: A questionnaire-based study in an Italian sample of domestic cats. J Feline Med Surg. 2013;15(10):886–892.

20 Wilson C, Bain M, DePorter T, Beck A, Grassi V, Landsberg G. Owner observations regarding cat scratching behavior: An internet-based survey. J Feline Med Surg. 2016;18(10):791–797.

21 Moesta A, Keys D, Crowell-Davis S. Survey of cat owners on features of, and preventative measures for, feline scratching of inappropriate objects: A pilot study. J Feline Med Surg. 2018;20(10):891–899. 1098612X17733185.

22 Beck A, De Jaeger X, Collin JF, Tynes V. Effect of a synthetic feline pheromone for managing unwanted scratching. Int J Appl Res Vet Med. 2018;16(1):13–27.

23 Mills KE, von Keyserlingk MA, Niel L. A review of medically unnecessary surgeries in dogs and cats. J Am Vet Med Assoc. 2016;248(2):162–171.

24 Martell-Moran NK, Solano M, Townsend HG. Pain and adverse behavior in declawed cats. J Feline Med Surg. 2018;20(4):280–288.

25 Gerard AF, Larson M, Baldwin CJ, Petersen C. Telephone survey to investigate relationships between onychectomy or onychectomy technique and house soiling in cats. J Am Vet Med Assoc. 2016;249(6):638–643.

26 Fritscher SJ, Ha J. Declawing has no effect on biting behavior but does affect adoption outcomes for domestic cats in an animal shelter. Appl Anim Behav Sci. 2016;180:107–113.

27 Patronek GJ. Assessment of claims of short- and long-term complications associated with onychectomy in cats. J Am Vet Med Assoc. 2001;219(7):932–937.

28 Herbst M. Behavioural ecology and population genetics of the African wild cat, Felis silvestris Forster 1870, in the southern Kalahari (Doctoral dissertation, University of Pretoria) 2010. https://repository.up.ac.za/bitstream/handle/2263/28963/Complete.pdf?sequence=6 (accessed February 27, 2022).

29 Zajac FE. Thigh muscle activity during maximum-height jumps by cats. J Neurophysiol. 1985;53(4):979–994.

30 MunchkinCat. Can munchkin cats jump? Munchkin Cat Guide 2019. https://www.munchkincatguide.com/can-munchkin-cats-jump (accessed July 26, 2020).

31 Hart BL, Hart LA. Your ideal cat: Insights into breed and gender differences in cat behavior. Purdue University Press; 2013.

32 Hall SL, Bradshaw JW. The influence of hunger on object play by adult domestic cats. Appl Anim Behav Sci. 1998;58(1–2):143–150.

33 Hall SL, Bradshaw JW, Robinson IH. Object play in adult domestic cats: The roles of habituation and disinhibition. Appl Anim Behav Sci. 2002;79(3):263–271.

第 13 章　老年猫

Gina Davis 和 Ilana Halperin

概述

什么是老年猫,为什么我们需要用一个章节专门讨论它们的行为问题?

美国动物医院协会(AAHA)和美国猫科兽医协会(AAFP)的指南建议,7 ~ 10 岁的猫属于中年猫,10 岁以上的猫属于老年猫[1]。随着我们对猫的医疗和社会需求的理解不断加深,我们能更好地照顾它们,使它们在更长的时间内保持健康。因此,老年宠物猫的数量正在增长。至 2016 年,据估计美国有 5840 万只宠物猫[2],其中超过 18% 的猫年龄在 11 岁以上。这一结果表明,老年(> 11 岁)猫的数量与前几年相比有所增加(1987 年为 10.6%,1991 年为 11%,1996 年为 13.3%,2001 年为 16.8%),与 2011 年(20.4%)相比略有下降[2],这项研究还发现,76% 的受访者将宠物猫视为"家庭成员",20% 的人将它们视为"伙伴",只有 4% 的人将它们视为"财产"[2]。为了更好地服务这一重要的群体,我们越来越有必要去了解老年猫的特殊需求。

我们如何知道这些老年猫以何种方式在表现呢?如图 13.1 所示,一只猫在宠主看来可能是"正常的",但它仍可能在与疾病挣扎中。与任何其他动物一样,我们通过详细的病史来摸索它们的处境!我们已习惯利用伴侣动物的行为来为我们提供有关它们总体健康状况的线索。而一些病史则更加客观和真实,如"它呕吐了几次?"其他问题则有赖于对动物的观察——"猫在家里四处游荡时具体在做什么?多久做一次?"当我们从病史和体格检查中收集信息,然后制作问题列表和鉴别诊断时,可以看到多方面以及交叉的信息。

是医疗问题还是行为问题

对于一只老年猫,特别重要的是要避免问这样的问题:是医疗问题还是行为问题?因为答案通常是"两者兼有"。

也就是说,有些情况可能是伴有行为问题的疾病。识别和解决这些医疗状况对老年患猫的管理至关重要。大多数常见的医疗状况呈现一系列复杂的行为学临床体征,其中一些状况与主要基于行为的状况发生重叠。若未能识

图 13.1　老年猫应该重点考虑检查医疗和行为问题

（由 Iakov Kalinin/Adobe Stock 提供）

别这些导致行为改变的医疗状况，就不能及时进行适当的药物治疗，使临床兽医处于不利地位。

　　行为改变通常是猫的健康状况发生变化的第一表现，一些特定的行为表现可以指导临床兽医去做鉴别诊断，并有助于选择合适的诊断方法。以行为异常为主的老年猫的常见疾病包括骨关节炎、慢性肾病、认知功能障碍、牙齿/牙周病、甲状腺功能亢进、肿瘤、视力和听力丧失[3]。据报道，猫最常见的行为问题是弄脏房屋、焦虑、有攻击性、过度叫唤和心理/性格的变化[3-6]。同样，需要对目前的临床症状进行调查，确定潜在病因后才能进行适当的治疗。

　　表 13.1 中汇集了老年猫的许多常见疾病和宠主描述的行为表现。表 13.2 中列出了老年猫最常见的行为问题，以及应该考虑的医学鉴别。

　　本章内容：

- 老年猫就诊时重点考虑的病史、实际体况检查和诊断。
- 老年猫最常见的疾病表现出的行为问题。
- 老年猫最常见的行为问题以及对应的医学鉴别。

处理老年猫就诊的方法

　　对老年猫的总体检查方法与其他年龄组或其他物种没有明显区别。但需要强调的是，这些医疗和行为问题在这个年龄段比其他年龄段更常见。

表 13.1　老年猫许多常见疾病和宠主描述的行为表现

疾病	行为表现
骨关节炎	躲藏、理毛减少（可能是局部的）、活动减少、攀爬和跳跃减少、叫唤频率和特征改变
慢性肾病	居家训练遗忘（随着饮水量的增加，排尿量和排尿频率增加）、叫唤变多
认知功能障碍	定向运动障碍、互动减少、睡眠 – 觉醒节律紊乱、居家训练遗忘、焦虑加剧
牙齿 / 牙周病	理毛减少、互动减少、食欲下降 / 厌食
甲状腺功能亢进	叫唤变多、活动增加 / 焦虑不安、食欲增加、居家训练可能遗忘（随着饮水量的增加，排尿量和排尿频率增加）
糖尿病	跳跃减少、居家训练遗忘（随着饮水量的增加，排尿量和排尿频率增加）
系统性高血压	夜间叫唤、定向障碍、嗜睡、癫痫
肿瘤	疼痛：不安、叫唤、有攻击性、自残、睡眠节律改变 肠淋巴瘤：弄脏房屋、不安（呕吐、腹泻） 脑膜瘤：意识不清、癫痫、前庭功能障碍、强迫性行为、无端攻击、定向障碍、恐惧、焦虑、学习能力丧失、弄脏房屋、活动改变、叫唤、睡眠节律改变 肾脏肿瘤：疼痛（上述症状）、居家训练遗忘
失明	迷失方向、不愿跳跃、不愿外出、居家训练遗忘、焦虑、认知改变、有攻击性、夜间叫唤

表 13.2　老年猫最常见的行为问题以及应该考虑的医学鉴别

行为异常	常见的医学鉴别
不安	疼痛（关节炎、牙齿疾病、肿瘤）、重要感官丧失、认知功能障碍、甲状腺功能亢进、视力或听力丧失
过度叫唤	甲状腺功能亢进、疼痛
有攻击性	疼痛、肿瘤
弄脏房屋	任何引起多饮 / 多尿的疾病、骨关节炎、下泌尿道疾病

接诊 / 病史

和所有的患病动物一样，当老年猫出现行为变化时，全面了解病史是必不可少的第一步。美国动物医院协会（AAHA）和美国猫科兽医协会（AAFP）发布的老年护理指南，建议临床兽医将行为病史作为问诊的一部分[6-7]。因此，在评估老年患猫时，建议对以下内容进行额外的调查。

- 对所有老年患猫，询问以下方面的变化。
  - 睡眠 / 觉醒模式。
  - 睡觉的地方。
  - 游戏行为。
  - 叫声变化：音调和频率或模式。
  - 食欲：不仅要问患病动物吃多少，还要问什么时候吃，怎么吃，以及是否需要调整饮食才能吃完。针对宠物的进食量是否与平时一样多这一问题，如果宠主只是简单地回答"是"或"否"，那他可能忽略了增加调味或零食来鼓励患猫摄入完整膳食的必要性。
  - 灵活性（能跳上桌面、钻进箱子、爬楼梯等）。
  - 与人或其他宠物进行社交活动。
- 有特定症状的老年患猫。
  - 发病年龄。
  - 疾病进展情况。
  - 试图进行的干预及结果。

可以给宠主提供一份问卷以便在每次就诊时评估这些因素，内容包含老年猫最常见的身体变化情况，可以在每次就诊时进行比较，以发现变化。另一份问卷可以专门筛查猫的认知功能障碍。

体格检查

所有患病动物都需要做全面的体格检查，但对老年患猫的体格检查应强调以下几点：

- 骨科检查，以发现可能存在的骨关节炎、骨骼疼痛。
- 仔细评估水合状态，可能对有些条件不足的猫有困难，包括黏膜湿度，必要时评估泪膜情况。
- 颈部触诊检查甲状腺结节。

- 评估肌肉质量，确定肌肉评分和体况评分，因为老年猫常见肌肉丢失。

诊断

除了完整的全血细胞计数、血清生化检查和尿液分析外，老年猫的最小数据库还应包括血压测量。根据病史和体格检查结果，应考虑检测总 T_4。此外，应考虑进行维生素 B_{12} 检测，因为低钴胺素血症可能是新发或当前浸润性肠病的指标[8-9]。

有必要通过膀胱穿刺采尿，进行尿液培养来排除尿路感染，应根据主诉（乱尿、排尿困难、血尿）和存在的并发症来考虑，患有肿瘤或糖尿病的猫易发生尿路感染[10-11]。尿沉渣分析最好与尿液需氧培养和药敏试验结合判读，用来确认疑似感染，识别出耐药菌及其种类，这有助于在后续治疗期间区分是再次感染还是复发的[10]。通过病史可以区分 UTI 和亚临床菌尿或脓尿[10]。

影像学检查（腹部超声或胸部 X 线片）可根据主诉、病史、体格检查和最小数据库结果进行。

有行为症状的特定医学诊断

如前所述，导致老年猫行为变化的最常见原因有骨关节炎、认知功能障碍、高血压 / 慢性肾病、甲状腺功能亢进、糖尿病、重要感官丧失和脑膜瘤[4]，下面将重点讨论这些以及与牙齿疾病相关的行为表现。

骨关节炎

骨关节炎是一种最常见的与年龄相关的猫科疾病。一项针对 100 名猫宠主的调查发现，6 岁以上的猫 61% 患有四肢骨的骨关节炎[12]。这项研究还发现，被调查的 48% 的猫不止患有一处关节的骨关节炎[12]。另一项研究发现，90% 的 12 岁以上的猫都有退行性关节疾病的影像表现[12-13]。

与犬相比，猫的骨关节炎可能没有得到充分的认识，这是因为在医院对猫进行完全的活动能力评估存在挑战。我们通常没有机会观察患猫在诊室内的活动，如图 13.2 所示。与骨关节炎相关的典型临床症状是逐渐发作的，以及猫常常不会出现明显的跛行，使得诊断更加复杂化[13-15]。

识别骨关节炎的另一个障碍是宠主认为这些症状可能是"正常衰老"导致的[16-17]。此外，猫一天中有 80% 的时间是不活动的[18]，所以宠主几乎没有机会观察到猫活动能力的变化。

图 13.2　患骨关节的猫容易发生许多行为变化

（由 Adobe Stock 提供）

相关的行为异常

骨关节炎患猫的宠主描述的典型的行为相关临床症状包括：

● 躲藏。

● 在猫砂盆以外的地方或家具上小便。

● 整体理毛减少或局部理毛减少。

● 磨爪方式改变（如不在垂直面而在水平面）。

● 情绪变差。

● 与家庭成员的互动频率发生变化（增加或减少）。

● 与家里其他动物的互动减少或变得不耐烦，独自玩耍和捕猎行为减少。

● 叫声的特点和频率改变。

● 摩擦头部及身体的行为减少[17-19]。

另一项研究表明，骨关节炎的存在与睡眠时间增加、外出意愿降低、食欲下降、理毛时间减少、与人的社交增加、与其他动物的社交减少、容易焦虑/发怒、白天和晚上的叫唤有所增加都存在关联[20]。

诊断标准

临床兽医可以通过完整的行为病史来提高对猫骨关节炎的识别率，包括有针对性的问题，调查猫的理毛情况、抓挠行为、与人和其他宠物在家里的互动，以及如厕行为。

猫很善于耐受和隐藏慢性疼痛[13,19]，也不愿在诊室走动，所以一个完整的活动能力检查可能会受到阻碍，通过细致的骨科检查，有明显指征时拍摄

X 线片是帮助确定猫骨关节炎的关键[11,19,21]。

治疗

猫一旦确诊骨关节炎，适当的疼痛管理可以改善不良行为。改善环境，如降低猫砂盆的高度，可以帮助患有骨关节炎的猫容易进入猫砂盆，这样可以减少不必要的异常如厕行为。此外，一只患有骨关节炎的猫不能蹲着如厕，可以用一个高边、入口低的盒子来做猫砂盆。

慢性肾病

据报道，12 岁以上的猫慢性肾病（chronic kidney disease，CKD）的发病率为 28%，15 岁以上的猫为 80.9%[22-23]。

相关的行为异常

大多数临床兽医熟悉 CKD 的典型症状，包括体重减轻和多尿 / 多饮。一项研究发现，CKD 与下列行为在统计学上的显著相关性[20]：

- 白天和夜晚叫声增加。
- 容易弄脏房屋。
- 容易焦虑 / 发怒。
- 与其他动物的社交减少。
- 与人的社交增加。
- 外出意愿减少。

多尿和多饮可以导致如厕问题[1,20,24]。患有肾病的猫尿量变多，如果宠主不定期清理猫砂盆，猫砂盆环境就会很糟糕。膀胱迅速充盈，来不及上厕所和急迫性尿失禁可能会造成室内污染。患有骨关节炎和肾脏疾病的猫活动能力下降，不愿进入具有挑战性的猫砂盆（见上一节）时，以上情况可能会加剧（图 13.3）。

猫认知功能障碍综合征

认知功能障碍综合征（cognitive dysfunction Syndrome，CDS）是一种进行性神经退行性疾病。大脑变化包括神经元缺失、淀粉样蛋白沉积、脑萎缩和心室增大。CDS 的确诊是一种排除性诊断，但它也可能与其他疾病和行为问题并存[25-28]。

图 13.3 肾脏疾病可能会导致排尿的急迫性增加，使得老年猫在猫砂盆外小便

相关的行为异常

认知能力下降的表现可能开始于老年早期，但宠主不会发现这些轻微迹象。对于临床兽医来说，无论什么疾病，获得每只老年猫的全面病史很重要。患猫最显著的临床症状是睡眠–觉醒节律改变、和其他家庭成员的社交关系改变、叫唤变多、排便习惯改变、定向障碍或表现慌乱，以及活动能力改变[4,29]。

老年猫的临床症状表现更为明显。在 15 岁以上的猫中，多达 50% 的猫会表现出认知能力下降的迹象，而在 11 ~ 14 岁的猫中，患病率为 28%[4,30]。以上列出的是 CDS 患猫的常见临床症状，但这些症状可能因年龄而异。老年猫最常见的表现是活动的改变和过度叫唤；在较年轻的猫中，最常见的表现是社交互动的改变[30]。

诊断标准

普瑞纳研究所为临床兽医和宠主创建了一份信息手册和问卷，以便能够识别和记录认知障碍的表现（图 13.4）。在每半年一次的检查中，它可以用来跟踪症状的进展。DISHAA 的分类如下：

- 定向障碍（**D**isorientation）。
- 社交活动（**S**ocial **I**nteractions）。
- 睡眠–觉醒节律（**S**leep/Wake Cycles）。
- 弄脏房屋、学习和记忆能力（**H**ouse soiling, **L**earning, and Memory）。
- 活力（**A**ctivity）。
- 焦虑程度（**A**nxiety）。

图 13.4 猫 的 认 知 功能障碍的表现可能是轻微的，通常指的是行为改变，而不是特定的不安行为

每个部分都有具体的问题,这些问题的分数从 0（正常）到 3（严重）不等。临床兽医可以根据表中的结果来评估猫的认知能力从轻度、中度到严重的下降水平。有了早期的诊断，临床兽医和宠主就可以共同努力，减缓猫的病情恶化，提高猫的生活质量[30]。

治疗

治疗旨在解决猫表现的具体临床症状，并随着时间进行必要的调整。应制订管理策略，以帮助应对任何移动或活动水平的变化或限制，这些措施包括使用楼梯或坡道来帮助攀爬，或使用婴儿护栏来防止其进入混乱或不安全的可能导致受伤的区域。可能需要移动或改变猫砂盆来解决弄脏房屋的问题。环境丰容和关注时间表对提高学习和记忆能力、社交互动和缓解焦虑都很重要。全天有目的的与猫接触可以提供精神上的刺激，并有助于保持适当的白天 / 夜间睡眠时间[2,4,25,29]。

目前还没有批准用于治疗猫认知功能障碍的药物。但是，有两种被批准用于犬的药物也可以用于猫：

- 司来吉兰是一种选择性不可逆单胺氧化酶 B（MAOB）抑制剂，已批准在北美使用。对犬的作用还不清楚。该药不能与可能增加 5- 羟色胺的药物或补充剂一起使用，如 SSRI、TCA、曲马多、丁螺环酮和大多数麻醉药。猫使用 0.5 ~ 1 mg/(kg·d) 的剂量在治疗定向障碍、叫唤和情绪低落等方面有益[25]。

- 丙戊茶碱是一种黄嘌呤衍生物，可改善微循环。在一些国家（不是在北美）被批准用于治疗嗜睡、疲劳和精神迟钝等衰老症状。猫用剂量为 12.5 mg/ 猫，q12 h[4,25-26]。

鉴于上述药物未获批准或广泛使用，对猫来说，使用以下天然补充剂可能更好：

- 7 岁以上猫的饮食旨在解决氧化应激和损伤。临床兽医可以考虑在食物中补充鱼油、维生素 C、维生素 B、抗氧化剂和精氨酸，以减缓认知能力下降的进程 [4,25]。
- Senilife 是一种用于猫的混合成分，含有磷脂酰丝氨酸，磷脂酰丝氨酸是细胞膜的重要组成部分，可促进神经信号转导和增强胆碱能的传递 [25,29]。在临床和试验研究中都证明它能改善犬的认知能力。Senilife 的额外成分包括银杏叶、维生素 E、白藜芦醇和维生素 B$_6$。
- Activait 是另一种用于猫的补充剂，含有磷脂酰丝氨酸、ω –3 脂肪酸、维生素 E 和维生素 C、左旋肉碱、辅酶 Q 和硒。虽然该药在猫上的研究还不够充分，但在犬上的研究表明，它能改善犬的社交行为、定向障碍和弄脏房屋等问题。
- Cholodin-Fel 含有胆碱、卵磷脂、蛋氨酸、肌醇、维生素 E、锌、硒、牛磺酸和维生素 B[30] 等成分。

牙齿 / 牙周疾病

所有年龄段的猫都有牙周和牙髓疾病，但缺乏预防或定期牙周护理，随着时间的推移，牙菌斑、牙结石的积累（图 13.5）和骨质流失，使得老年猫牙病的发病率不断增加 [31]。一项研究发现，4 岁以上的猫其中 50% 患有至少影响一颗牙齿的牙周病，但在 8 岁以上的猫中比例上升到了 93%[32]。

相关的行为异常

在猫中，与牙周病相关的最常见的异常行为有 [20]：

- 理毛减少。
- 与其他动物的社交减少。
- 食欲下降。

口腔疼痛也会导致夜间叫唤 [33]。值得注意的是，与牙周病相关的临床症状可能很微妙，有时并不仅仅是牙周病独有的症状 [34]。

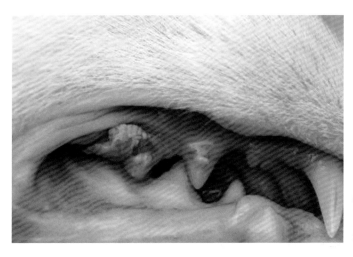

图 13.5 任何年龄段的猫都会发生牙齿疼痛和牙周病，但缺乏常规牙科护理的老年猫更常见

根据一位作者的经验，尽管有严重的牙周病，猫还是可以吃得很好；因此，任何出现食欲减退症状的患猫都应该进行彻底的检查，而不是草率地得出结论，即使存在牙周病，那是食欲减退的唯一原因吗？对于那些食欲正常的猫，但已经出现进食犹豫，不能咬住、咀嚼和吞咽食物，不能很好地理毛，流涎，用一边牙齿咀嚼，漏食或不愿意吃硬的食物等情况，临床兽医也可能更倾向于将牙周病列入鉴别诊断列表的前列[35]。

诊断标准

由于多种与年龄相关的疾病可能会表现出理毛减少、食欲下降以及与其他动物社交减少等非特异性症状，这些患猫需要进行彻底的检查。肾脏疾病、肿瘤和与骨关节炎相关的疼痛可导致食欲下降。骨关节炎和认知功能障碍可能会导致猫花更少的时间梳理毛发，与其他动物的社交减少可能是由于骨关节炎疼痛、肾病、肿瘤、认知功能障碍或重要感官丧失。因此，对这些患猫的评估至少应包括仔细的口腔检查、骨科检查、全血细胞计数、生化检查和尿液分析。

甲状腺功能亢进

甲状腺功能亢进是猫最常见的一种与年龄相关的疾病[36]。在美国，甲状腺功能亢进实际上是老年猫最常见的内分泌疾病，10 岁以上的猫发病率为 10%[37]。相比之下，在世界范围内，老年猫甲状腺功能亢进的发病率为 1.5% ~ 11.4%[36-37]。

甲状腺功能亢进的典型临床症状包括体重减轻、多食、多饮、多尿、叫唤增多、躁动、活动增加、呼吸急促、心动过速、呕吐、腹泻、有攻击性和被毛杂乱[36,38]。

相关的行为异常

宠主可能观察到的甲状腺功能亢进相关的行为异常有：

- 夜间叫唤增加[33]。
- 焦虑不安。
- 活动增加。
- 因多饮、多尿、腹泻，经常在猫砂盆外排泄。

正如在肾脏疾病的章节中所讨论的，患有多饮 / 多尿的猫需要更频繁地清理猫砂盆；猫增加排尿后如果宠主不及时清理，猫砂盆的环境将变得很糟糕。膀胱迅速充盈，来不及上厕所和急迫性尿失禁可能会造成室内污染。腹泻也会这样。

在 2010—2015 年，一项关于宠物猫健康的宠主问卷调查显示，甲状腺功能亢进的猫表现为夜间叫唤增加、多饮、食欲下降、理毛减少、外出的意愿下降[20]。

诊断标准

如果不加以治疗，甲状腺功能亢进可导致甲状腺素毒性心脏病[36,39]、胃肠道疾病（典型的腹泻和呕吐）[36,40]，并可通过激活肾素 – 血管紧张素 – 醛固酮系统使肾脏疾病恶化或进展；甲状腺功能亢进患猫的肾小球毛细血管压力增加和蛋白尿可能会导致肾脏疾病的进一步恶化[36,41-42]。

应考虑到甲状腺功能亢进在老年猫中是很常见且可治疗的，不治疗会导致不利影响，诊断时首先要排除甲状腺功能亢进以外的导致叫唤增加、如厕问题、理毛减少、体重减轻或活动增加的潜在原因。

甲状腺功能亢进的诊断包括甲状腺素浓度持续升高（平衡透析法检测总 T_4 或总 T_4 + 游离 T_4），并伴有一种或多种与甲状腺功能亢进相关的典型临床症状。这些临床症状如下[36]：

- 体重减轻。
- 多食。
- 多尿。

- 多饮。

- 叫唤增加。

- 焦虑不安或活动增加。

- 呼吸急促、心动过速。

- 呕吐、腹泻。

- 被毛杂乱。

- 冷漠、食欲不振、嗜睡。

病史收集包括仔细调查活动水平和叫唤模式，以及饮水、排尿和呕吐或腹泻的情况。

老年猫的体格检查必须包括甲状腺触诊。临床兽医需要注意即使触诊不到甲状腺结节，也不能排除甲状腺功能亢进，因为 4% ~ 9% 的甲状腺功能亢进患猫可能存在异位甲状腺组织[36,43]。一项对 2096 只甲状腺功能亢进患猫进行的研究发现，其中 3.9% 的患猫有甲状腺异位组织[43]。相反，触诊到肿大的甲状腺时应怀疑甲状腺功能亢进，但由于猫可能会患甲状腺无功能性腺瘤[44-46]，所以甲状腺肿大并不总是甲状腺功能亢进。甲状腺出现不对称或结节性增大更有可能提示是甲状腺功能亢进[45-46]。

每次就诊应记录体重以及体重减轻情况，即使患猫的体况评分正常（图 13.6），每次评分应始终结合进食和食欲变化进行[36,47]。

图 13.6 甲状腺功能亢进是导致老年猫行为变化的常见原因

（由 Pixabay 提供）

如前所述，怀疑甲状腺功能亢进的猫应进行详细的病史调查、体格检查（体况和肌肉评分、心音听诊、甲状腺结节触诊）、全血细胞计数、血清生化检查和尿液分析，这些检查可以进一步了解猫的全身健康状况，且在治疗甲状腺功能亢进之前了解肾功能也很重要。

用特定的激素检测是否为甲状腺功能亢进时，仅用总 T_4 的结果就足以诊断 90% 以上的猫甲状腺功能亢进 [42,48-49]。如果临床症状和病史与甲状腺功能亢进一致，单次总 T_4 检测在正常参考范围内，则需要调查是否有其他的基础疾病，几周后再重新检测总 T_4，因为甲状腺素的正常波动或早期、轻度甲状腺功能亢进患猫并发其他疾病病时可能导致单次总 T_4 测量值在参考区间内 [36,42]。有些病例需要检测总 T_4、游离 T_4 和 TSH 来诊断 [36,42]。

由于甲状腺功能亢进常伴有高血压，因此需要测量血压。兽医诊疗时带来的应激可能人为导致猫的血压升高，需要进行眼底检查以确定是否有高血压性视网膜病变 [36]。

糖尿病

糖尿病的发病因素有很多，也被证实 7 岁以上的猫患糖尿病的风险更高 [50]。

相关的行为异常

行为改变包括：

- 多饮 / 多尿。
- 跳跃减少。
- 猫砂盆使用减少。

糖尿病患猫因末梢神经病变而出现跳跃能力减弱，宠主可能认为猫只是改变了休息地点（图 13.7）。正如在慢性肾脏疾病章节中所讨论的，猫因多饮 / 多尿会在猫砂盆外排尿 [8]。如果糖尿病患猫有末梢神经病变，它很难爬进高边的猫砂盆，也会导致室内污染问题 [51]。

图 13.7　饮水量增加、排尿量 / 频率增加只是糖尿病患猫的两个行为表现

（由 Liz Stelow 提供）

诊断标准

对于有上述行为表现而就诊的猫，我们可以用以下方法来诊断猫是否患有糖尿病：

- 全面的病史和体格检查，包括询问猫的如厕习惯和活动能力的变化、猫是否会跳跃、是否会在家里的不同地方待上一段时间，以及进行步态分析，以评估猫的走路姿势。
- 血清生化及血糖检测。
- 尿液分析，最好进行尿液培养（尤其是尿液有活性沉渣时）。
- 如果血糖水平不能明确是高血糖时，可以检测血液果糖胺。
- 血液总 T_4 检测排除甲状腺功能亢进 [50]。

系统性高血压

猫系统性高血压可能是原发性的，也可能继发于慢性肾病或甲状腺功能亢进 [50]。研究发现，在其他明显健康的猫中，高血压的发病率为 13% [52]，患有 CKD 的猫中，高血压的发病率为 < 25% [53] ~ 65% [54]，患有甲状腺功能亢进的猫中，高血压的发病率为 10% ~ 90% [54]。这些多样的结果可能是人为造成的，猫在医院里通常会因焦虑导致血压升高 [53-56]。

相关的行为异常

与高血压相关的行为表现包括：

- 夜间叫唤 [33]。
- 定向障碍。
- 嗜睡。
- 继发于高血压性脑病的癫痫发作 [57]。

出现以上症状的老年猫应进行血压测量，并筛查可能导致高血压的常见基础疾病——肾病和甲状腺功能亢进 [55]。

肿瘤

肿瘤有多种类型，此处列出的临床症状是与老年猫常见肿瘤类型相关的。肿瘤可能会引起疼痛、腹泻、恶心/呕吐、食欲不振和沉郁 [33,58-60]。肿瘤引起的疼痛相关的行为变化包括活动减少、烦躁不安、叫唤、有攻击性、自残和睡眠节律改变 [5]。

淋巴瘤是猫最常见的肿瘤之一，其中又以消化道淋巴瘤最常见[61-62]。与恶心和腹泻等胃肠道症状相关的行为变化包括弄脏房屋和烦躁不安[5]。

猫最常见的原发性脑瘤是脑膜瘤[63]，其次是颅内淋巴瘤[64-65]。与脑膜瘤相关的临床症状包括意识改变、癫痫发作和前庭功能障碍[64]。与犬不同的是，猫更有可能出现部分性或复杂的癫痫发作，可能表现为强迫性行为、无缘无故的攻击、定向障碍、恐惧或焦虑[65-66]。中枢神经系统疾病引起的行为表现包括学习行为的丧失、弄脏房屋、活动能力或意识改变、叫唤、恐惧或焦虑增加、睡眠节律改变[28,64]。

猫泌尿系统肿瘤包括肾脏淋巴瘤（猫最常见的泌尿系统肿瘤），其次是移行细胞癌（译者注：已更新名称为尿路上皮细胞癌）[67]。膀胱移行细胞癌虽然少见，但值得注意的是可能会导致下泌尿道症状和腹痛[67]，这可能与行为改变有关。膀胱肿瘤可能会导致弄脏房屋[20]。

诊断标准

在病史和体格检查中，导致怀疑肿瘤的症状包括体重减轻、弄脏房屋、呕吐、腹泻、发现肿块、精神差或外围淋巴结病变。血清生化检查可提示高钙血症或高球蛋白血症。全血细胞计数可提示贫血（通常是非再生性贫血，肿块有出血时可表现为再生性贫血）。仅凭病史或体格检查很少能诊断出肿瘤。影像学检查从胸部 X 线片和腹部超声开始，以发现淋巴结病变、积液或肿块（原发性或转移性）。消化道淋巴瘤可能需要通过胃镜检查或剖腹探查及活检来诊断。如果在体格检查中发现骨骼疼痛，可对这些部位进行有针对性的 X 线检查。细针抽吸或活检对于鉴别肿块或淋巴结病变是必要的检查。如怀疑累及骨髓，可进行骨髓抽吸或活检。

失明

视力下降或失明随时都可能发生，但老年猫最常见，表现的临床症状都与行为有关。

相关的行为异常

与失明有关的行为变化可能是失明本身的反应，也可能继发于导致失明的原发疾病，如颅脑损伤[66]或高血压导致的视网膜脱离[67]。直接由失明引起的行为变化可能包括定向障碍、不愿跳跃[66-67]、不愿外出[66]。失明导致的行为变化也可能表现为弄脏房屋[9,66]、焦虑、认知能力变化、有攻击性[8]和夜间叫唤[33]。当大脑损伤继发失明时，宠主可能会描述为猫性格发生变化、有攻击性、丧失习得习惯、弄脏房屋、烦躁不安和有强迫性行为等[66]。这些症状很容易被误认为骨关节炎和认知功能障碍的表现，或被宠主视为"年老导致的动作缓慢"。

诊断标准

应对出现上述任何一种症状的猫进行彻底的评估，来排除是否失明。包括测量血压，如果发现有高血压，检查常与高血压相关的疾病（甲状腺功能亢进和慢性肾病）。对于那些表现出不愿跳跃或外出的猫，进行彻底的骨科检查，如果有必要，进行 X 线检查，可以帮助区分是视力下降还是骨科疾病。不能跳跃可能是糖尿病引起的神经病变（如糖尿病章节所述），因此有这类症状的猫重点要排除这种疾病。最后,进行神经学检查,包括精神状态评估、步态、姿势反应和颅神经检查，来重点排除颅内疾病[66]。

特定的行为诊断及医学鉴别

如前所述，疾病状况往往因为行为的改变而变得明显。那么，什么样的行为改变跟疾病没有关系呢？有时行为的改变是由情绪引起的而不是生理上的原因。这里所考虑的"行为"包括焦虑、过度叫唤、有攻击性（对人或其他猫），以及弄脏房屋（包括如厕和尿液标记）。其他行为，如睡眠和饮食习惯的改变，最有可能是疾病的原因。

焦虑

焦虑是一种影响犬和猫的常见行为问题[3,68]。焦虑的定义为对一件不良事件的情绪预期，也就是说，它是对一些可能真实或不真实的不愉快事件的预期[69]。我们经常广泛地使用这个术语,但重要的是,当我们使用它进行诊断时,要有针对性。宠物可能会产生与某一特定事件相关的情境性焦虑，如被关起来（笼子）或就诊引起的焦虑，它也可能是一个广泛的诊断，如分离性焦虑或广泛性焦虑。

一只老年猫的焦虑表现为：

- 坐立不安或踱步。

- 叫唤（哀号、哭泣、嘶吼）。

- 回避行为（躲藏、离群）。
- 黏人行为（寻求关注、跟随）。
- 发怒（其他人摸它时）。

老年猫可能会在以后的生活中出现之前没有的焦虑表现，或者轻度和亚临床焦虑可能会恶化。生理上的变化、舒适度的下降、感官的衰退，以及家庭的变化都可能导致适应能力下降。对于老年猫，疼痛（无论来源如何）是需要考虑的主要疾病。更多信息见第 7 章。

那些以前从未处理过老年猫焦虑问题的宠主，需要了解环境和家庭变化引发的猫焦虑。尽可能保持环境和日常生活的一致对缓解焦虑很重要。认可和奖励理想的行为，忽略并尽量避免不良行为。也可以考虑使用加巴喷丁、氟西汀或苯二氮䓬类药物。

过度叫唤

宠主描述的过度叫唤可能是猫的叫声过大或在不适当的时候叫（图13.8）。临床兽医的任务是要确定发生这种行为的原因。一般来说，行为原因可能包括对食物的需求或寻求关注，受外界刺激的反应或威胁，或者发情[70]。从医疗上排除的主要原因包括与疼痛相关的疾病、感官变化（如视力或听力损失）或代谢性疾病（如甲状腺功能亢进），这些疾病都在前文提到[4,25]。

当排除医疗因素或有其他原因时，临床兽医需要考虑行为原因或并发疾病。最有可能诊断为焦虑、认知能力下降或者寻求关注[4,25,71]。此外，我们即使已经成功治愈一种疾病，猫可能还会持续过度叫唤，这时也需要解决和管理。

病史可提供重要的信息，以帮助确定潜在的原因。包括每天叫

图 13.8　老年猫的过度叫唤有很多原因（疾病和行为原因）

（由 Unsplash 提供）

唤的时间和频率、环境变化、其他家庭成员的出现，以及宠主的回答都可提供重要的细节。

如果焦虑或 CDS 是最有可能的原因，请参阅前文讨论的相关内容。此外，宠主应该意识到，对日常生活变化的焦虑、家庭成员的出现或离开、外部环境因素，以及伴发的疾病或感官变化可能会对这些诊断有影响。

对于寻求关注的猫，管理将是治疗计划的重要部分。确保满足猫的所有生理需求，包括对身体能力的变化进行必要的需求调整。与年轻时相比，年老的猫可能有不同的社交需求。固定的节奏对于焦虑的群体来说非常重要。调整不同的游戏风格，包括选择新奇的采食玩具。注意避免无意中强行给予猫关怀，而应试着预测它可能倾向表现出的行为，并试图吸引猫参与到理想的互动中 [25]。

服用抗焦虑药或其他药物可以促进睡眠。

攻击性

宠主可能不容易察觉到猫有攻击行为。特别是猫与猫之间发生攻击时，向对方表现出的是沉默和威胁的肢体语言。宠主通常会错认为一方很强势，另一方是受害者。当攻击对象为人时，表现出的行为可能更加明显，但具体原因不清楚。详情请参阅第 10 章和第 11 章的内容。

当老年猫第一次出现攻击性时，诊断具有挑战性。可能需要考虑许多交叉因素，包括医疗因素引起的不适或疼痛，以及那些可能会让猫感到嗜睡、恶心的原因等。这些病因会导致猫易怒和耐受性下降 [68]。内分泌紊乱导致的攻击性不常见，如肝性脑病、弓形虫感染或重金属中毒性疾病 [38]。

随着年龄的增长，常见的身体不适、感官变化或衰退以及家庭变化等因素，可能会导致焦虑和恐惧增加，在某些情况下会产生攻击行为。

即使一种疾病已经得到了诊断、治疗或管理，临床兽医仍然需要为行为管理和给药提供指导。

弄脏房屋

对任何一只猫来说，在猫砂盆外排泄可能是一个明显有疾病的行为表现，尤其是老年猫。这种情况可能源于某种疾病,但也可能因行为问题而持续存在。例如，一只猫可能因腹泻导致频繁的排便疼痛，如果它刚好在猫砂盆里感到疼痛，就会产生并持续厌恶使用猫砂盆。因此，对于临床兽医来说，除了药物治疗外，制订一个行为治疗计划很重要。

猫的疼痛经常被漏诊。之前在猫砂盆中排泄时的疼痛和 / 或与接触和使用猫砂盆产生的相关疼痛可能会导致猫选择在不同的地方排泄。临床兽医需要详细了解病史，才能帮助宠主认识到猫在如厕时可能产生疼痛。疼痛管理必须纳入行为治疗计划中。

感官的变化也可能影响猫正确使用猫砂盆。随着视力下降，猫可能会变得更不愿意在光线昏暗的地方使用猫砂盆。感官衰退也会导致焦虑的增加，从而影响猫在室内的去向。

有关弄脏房屋的更多信息，请参阅第 6 章。

总结

对老年猫的评估，需要考虑多个交叉因素。需要对医疗疾病和行为变化进行综合观察，以制订完整的诊断和治疗计划。除了彻底的体格检查外，详细的病史也非常重要，跟踪每次就诊的行为变化也非常重要。治疗计划不仅要解决具体的医疗问题，还要纳入任何相关的行为治疗计划，以充分满足老年猫的需求。

参考资料

1 Quimby J, Gowland S, Carney HC, DePorter T, Plummer P, Westropp J. 2021 AAHA/AAFP feline life stage guidelines. J Am Anim Hosp Assoc. 2021;57(2):51–72.

2 AVMA. AVMA pet ownership and demographics sourcebook: 2017–2018 edition. 2018.

3 Gunn-Moore DA. Cognitive dysfunction in cats: Clinical assessment and management. Top Companion Anim Med. 2011;26(1):17–24.

4 Bamberger M, Houpt KA. Signalment factors, comorbidity, and trends in behavior diagnoses in cats: 736 cases (1991–2001). J Am Vet Med Assoc. 2006;229(10):1602–1606.

5 Landsberg GM, DePorter T, Araujo JA. Clinical signs and management of anxiety, sleeplessness, and cognitive dysfunction in the senior pet. Vet Clin: Small Anim Pract. 2011;41(3):565–590. Seibert LM, Landsberg GM. Diagnosis and management of patients presenting with behavior problems. Vet Clin North Am Small Anim Pract. 2008;937–950. doi:10.1016/j.cvsm.2008.04.001

6 Seibert LM, Landsberg GM. Diagnosis and management of patients presenting with behavior problems. Vet Clin North Am Small Anim Pract. 2008;38(5):937–950.

7 American Association of Feline Practitioners. Feline focus–2008 AAFP senior care guidelines.

Compend Contin Educ Vet. 2009;31(9):402–407.

8 Stelow E. Behavior as an Illness Indicator. Vet Clin Small Anim Pract. 2020;50(4):695–706.

9 Laflamme D, Gunn-Moore D. Veterinary clinics of North America: small animal practice. Nut Aging Cats. 2014;761–774. doi:10.1016/j.cvsm.2014.03.001.

10 Weese JS, Blondeau JM, Boothe D, Breitschwerdt EB, Guardabassi L, Hillier A, Lloyd DH, Papich MG, Rankin SC, Turnidge JD, Sykes JE. Antimicrobial use guidelines for treatment of urinary tract disease in dogs and cats: Antimicrobial guidelines working group of the international society for companion animal infectious diseases. Vet Med Int. 2011;2011:263768.

11 Weese JS, Blondeau J, Boothe D, Guardabassi LG, Gumley N, Papich M, Jessen LR, Lappin M, Rankin S, Westropp JL, Sykes J. International Society for Companion Animal Infectious Diseases (ISCAID) guidelines for the diagnosis and management of bacterial urinary tract infections in dogs and cats. Vet J. 2019;247:8–25.

12 Slingerland LI, Hazewinkel HAW, Meij BP, Picavet P, Voorhout G. Cross-sectional study of the prevalence and clinical features of osteoarthritis in 100 cats. Vet J. 2011;187(3):304–309.

13 Hardie EM, Roe SC, Martin FR. Radiographic evidence of degenerative joint disease in geriatric cats: 100 cases (1994–1997). J Am Vet Med Assoc. 2002;220(5):628–632.

14 Lascelles BDX. Feline degenerative joint disease. Vet Surg. 2010;39(1):2–13.

15 Clarke SP, Mellor D, Clements DN, Gemmill T, Farrell M, Carmichael S, Bennett D. Prevalence of radiographic signs of degenerative joint disease in a hospital population of cats. Vet Rec. 2005;157(25):793–799.

16 Bennett D., Morton C. A study of owner observed behavioural and lifestyle changes in cats with musculoskeletal disease before and after analgesic therapy. J Feline Med Surg. 2009;11(12):997–1004.

17 Klinck MP, Frank D, Guillot M, Troncy E. Owner-perceived signs and veterinary diagnosis in 50 cases of feline osteoarthritis. Can Vet J. 2012;53(11):1181.

18 Robertson SA. Moving forward with detecting osteoarthritis in cats. Vet Rec. 2019;185(24):754.

19 Hardie EM. Management of osteoarthritis in cats. Vet Clin North Am: Small Anim Pract. 1997;27(4):945–953.

20 Sordo L, Breheny C, Halls V, Cotter A, Tørnqvist-Johnsen C, Caney S, Gunn-Moore DA. Prevalence of disease and age-related behavioural changes in cats: Past and present. Vet Sci. 2020;7(3):85.

21 Stadig S, Lascelles BDX, Nyman G, Bergh A. Evaluation and comparison of pain questionnaires for clinical screening of osteoarthritis in cats. Vet Rec. 2019;185(24):757.

22 Bartlett PC, Van Buren JW, Neterer M, Zhou C. Disease surveillance and referral bias in the veterinary medical database. Prev. Vet Med 2010;94(3–4):264–271.

23 Marino CL, Lascelles BDX, Vaden SL, Gruen ME, Marks SL. Prevalence and classification of

chronic kidney disease in cats randomly selected from four age groups and in cats recruited for degenerative joint disease studies. J Feline Med Surg. 2014;16(6):465–472.

24 Carney HC, Sadek TP, Curtis TM, Halls V, Heath S, Hutchison P, Mundschenk K, Westropp JL. AAFP and ISFM guidelines for diagnosing and solving house-soiling behavior in cats. J Feline Med Surg. 2018;20(6):NP2.

25 Landsberg GM, Denenberg S. Behavior problems of the senior cat. In: Feline behavioral health and welfare: Prevention and treatment. Rodan I, Heath S, Elsevier, St. Louis, Missouri, USA; 2015:344–356.

26 Gunn-Moore D, Moffat K, Christie LA, Head E. Cognitive dysfunction and the neurobiology of ageing in cats. J Small Anim Pract. 2007;48(10):546–553.

27 Denenberg S, Liebel FX, Rose J. Behavioural and medical differentials of cognitive decline and dementia in dogs and cats. In: Landsberg G, Maďari A, Žilka N, eds. Canine and feline dementia. Cham, Switzerland: Springer International Publishing; 2017:13–58.

28 Landsberg GM, Nichol J, Araujo JA. Cognitive dysfunction syndrome: A disease of canine and feline brain aging. Vet Clin Small Anim Pract. 2012;42(4):749–768.

29 Overall K. Manual of clinical behavioral medicine for dogs and cats. St. Louis, Missouri, USA: Elsevier Health Sciences; 2013:432–439.

30 Landsberg GM, Denenberg S, Araujo JA. Cognitive dysfunction in cats: A syndrome we used to dismiss as 'old age'. J Feline Med Surg. 2010;12(11):837–848.

31 Whyte A, Gracia A, Bonastre C, Tejedor MT, Whyte J, Monteagudo LV, Simón C. Oral disease and microbiota in free-roaming cats. Top Companion Anim Med. 2017;32(3):91–95.

32 Gengler W, Dubielzig R, Ramer J. Physical examination and radiographic analysis to detect dental and mandibular bone resorption in cats: A study of 81 cases from necropsy. J Vet Dent. 1995;12(3):97–100.

33 Little SE. Managing the senior cat. In: The cat. St. Louis, Missouri, USA: WB Saunders; 2012:1166–1175.

34 Ray M, Carney HC, Boynton B, Quimby J, Robertson S, St Denis K, Tuzio H, Wright B. 2021 AAFP feline senior care guidelines. J Feline Med Surg. 2021;23(7):613–638.

35 Clarke DE, Caiafa A. Oral examination in the cat: A systematic approach. J Feline Med Surg. 2014;16(11):873–886.

36 Norsworthy GD, Carney HC, Ward CR. 2016 AAFP guidelines for the management of feline hyperthyroidism. J Feline Med Surg. 2016;18(9):750-750.

37 Peterson M. Hyperthyroidism in cats: What's causing this epidemic of thyroid disease and can we prevent it? J Feline Med Surg. 2012;14(11):804–818.

38 Overall KL. Medical differentials with potential behavioral manifestations. Clin Tech Small Anim Pract. 2004;19(4):250–258.

39 Syme HM. Cardiovascular and renal manifestations of hyperthyroidism. Vet Clin North Am Small Anim Pract. 2007;37(4):723–743.

40 Vaske HH, Schermerhorn T, Armbrust L, Grauer GF. Diagnosis and management of feline hyperthyroidism: Current perspectives. Vet Med Res Rep. 2014;5;85.

41 Langston CE, Reine NJ. Hyperthyroidism and the kidney. Clin Tech Small Anim Pract. 2006;21(1):17–21.

42 Vaske HH, Schermerhorn T, Grauer GF. Effects of feline hyperthyroidism on kidney function: A review. J Feline Med Surg 2016;18(2):55–59.

43 Peterson ME, Broome MR. Thyroid scintigraphy findings in 2096 cats with hyperthyroidism. Vet Radiol Ultrasound 2015;56(1):84–95.

44 Norsworthy GD, Adams VJ, McElhaney MR, Milios JA. Relationship between semi-quantitative thyroid palpation and total thyroxine concentration in cats with and without hyperthyroidism. J Feline Med Surg. 2002;4(3):139–143.

45 Norsworthy GD, Adams VJ, McElhaney MR, Milios JA. Palpable thyroid and parathyroid nodules in asymptomatic cats. J Feline Med Surg 2002;4(3):145–151.

46 Boretti FS, Sieber-Ruckstuhl NS, Gerber B, Laluha P, Baumgartner C, Lutz H, Hofmann-Lehmann R, Reusch CE. Thyroid enlargement and its relationship to clinicopathological parameters and T4 status in suspected hyperthyroid cats. J Feline Med Surg. 2009;11(4):286–292.

47 Bellows J, Center S, Daristotle L, Estrada AH, Flickinger EA, Horwitz DF, Lascelles BDX, Lepine A, Perea S, Scherk M, Shoveller AK. Evaluating aging in cats: How to determine what is healthy and what is disease. J Feline Med Surg. 2016;18(7):551–570.

48 Feldman EC, Nelson RW. Canine and feline endocrinology and reproduction. St. Louis, Missouri, USA: Saunders; 2004.

49 Scott-Moncrieff JC.Feline hyperthyroidism. In: Feldman, E, Nelson, RW, Reusch, CE, Scott-Moncrieff, J, eds.Canine and feline endocrinology, 4th ed. St. Louis, Missouri, USA: Elsevier Health Sciences; 2014:136–195.

50 Sparkes AH, Cannon M, Church D, Fleeman L, Harvey A, Hoenig M, Peterson ME, Reusch CE, Taylor S, Rosenberg D. ISFM consensus guidelines on the practical management of diabetes mellitus in cats. J Feline Med Surg. 2015;17(3):235–250.

51 Bennett N. Monitoring techniques for diabetes mellitus in the dog and the cat. Clin Tech Small Anim Pract. 2002;17(2):65–69.

52 Bijsmans ES, Jepson RE, Chang YM, Syme HM, Elliott J. Changes in systolic blood pressure over time in healthy cats and cats with chronic kidney disease. J Vet Int Med. 2015;29(3):855–861.

53 Kobayashi DL, Peterson ME, Graves TK, Nichols CE, Lesser M. Hypertension in cats with chronic renal failure or hyperthyroidism. J Vet Int Med. 1990;4(2):58–62.

54 Belew AM, Barlett T, Brown SA. Evaluation of the white-coat effect in cats. J Vet Int Med. 1999;13(2):134–142.

55 Acierno MJ, Brown S, Coleman AE, Jepson RE, Papich M, Stepien RL, et al. ACVIM consensus statement: Guidelines for the identification, evaluation, and management of systemic hypertension in dogs and cats. J Vet Int Med. 2018;32:1803–1822.

56 Hanås S, Holst BS, Ljungvall I, Tidholm A, Olsson U, Häggström J, Höglund K. Influence of clinical setting and cat characteristics on indirectly measured blood pressure and pulse rate in healthy Birman, Norwegian Forest, and Domestic Shorthair cats. J Vet Int Med. 2021;35(2):801–811.

57 Geddes RF. Hypertension: Why is it critical? Vet Clin Small Anim Pract. 2020;50(5):1037–1052.

58 Fox SM. Painful decisions for senior pets. Vet Clin Small Anim Pract. 2012;42(4):727–748.

59 Jergens AE. Gastrointestinal disease and its management. Vet Clin North Am Small Anim Pract. 1997;27(6):1373–1402.

60 Marsilio S. Differentiating inflammatory bowel disease from alimentary lymphoma in cats: Does it matter? Vet Clin Small Anim Pract. 2021;51(1):93–109.

61 Paulin MV, Couronné L, Beguin J, Le Poder S, Delverdier M, Semin MO, Bruneau J, Cerf-Bensussan N, Malamut G, Cellier C, Benchekroun G. Feline low-grade alimentary lymphoma: An emerging entity and a potential animal model for human disease. BMC Vet Res. 2018;14(1):1–19.

62 Sato H, Fujino Y, Chino J, Takahashi M, Fukushima K, Goto-Koshino Y, Uchida K, Ohno K, Tsujimoto H. Prognostic analyses on anatomical and morphological classification of feline lymphoma. J Vet Med Sci 2014;76:807–811.

63 Saito R, Chambers JK, Kishimoto TE, Uchida K. Pathological and immunohistochemical features of 45 cases of feline meningioma. J Vet Med Sci. 2021;83:1219–1224.

64 Motta L, Mandara MT, Skerritt GC. Canine and feline intracranial meningiomas: An updated review. Vet J. 2012;192(2):153–165.

65 Tomek A, Cizinauskas S, Doherr M, Gandini G, Jaggy A. Intracranial neoplasia in 61 cats: Localisation, tumour types and seizure patterns. J Feline Med Surg. 2006;8(4):243–253.

66 Falzone C, Lowrie M. Blindness and behavioural changes in the cat: Common neurological causes. J Feline Med Surg. 2011;13(11):863–873.

67 Griffin MA, Culp WT, Giuffrida MA, Ellis P, Tuohy J, Perry JA, Gedney A, Lux CN, Milovancev M, Wallace ML, Hash J. Lower urinary tract transitional cell carcinoma in cats: Clinical findings, treatments, and outcomes in 118 cases. J Vet Int Med. 2020;34(1):274–282.

68 Landsberg GM, Hunthausen W, Ackerman L. Fears, phobias, and anxiety disorders. In: Behavior problems of the dog and cat. Edinburgh, London, New York, Oxford, Philadelphia, St Louis, Sydney, Toronto: Saunders Elsevier; 2013;182–183, 327–344.

69 Notari L. Stress in veterinary behavioural medicine. In: Horwitz DF, Mills DS, eds. BSAVA manual of canine and feline behavioural medicine. BSAVA Library; 2009:136–145.

70 Landsberg G. Feline behavior and welfare. J Am Vet Med Assoc. 1996;208:502–504.

71 Černá P, Gardiner H, Sordo L, Tørnqvist-Johnsen C, Gunn-Moore DA. Potential causes of increased vocalisation in elderly cats with cognitive dysfunction syndrome as assessed by their owners. Animals 2020;10(6):1092.

第14章 猫的家庭关系

Sun-A Kim 和 Elizabeth Stelow

概述

众所周知，猫是非常受欢迎的宠物。此外，虽然存在单猫家庭，但这并不是常态。在大多数家庭中，猫需要与其他猫、儿童、犬或其他种类的宠物住在一起。因此，必须考虑这些家庭成员之间的关系。第11章关注的是猫与家中其他猫之间具有攻击性的关系。但是，我们如何培养正向的关系呢？猫应该如何与儿童、犬和其他宠物相处？

本章主要关注猫的家庭关系中的4个主要方面：

- 猫和儿童，尤其是新猫或新儿童的引入。
- 猫和家养犬。
- 猫和其他种类的家养宠物。
- 向有儿童、其他猫、犬或其他宠物的家庭引入一只新猫。

虽然这些建议略有不同，但有一些共同的主题，包括：提前计划、安全第一和缓慢推进。

猫和儿童

根据2017—2018年美国宠物拥有量和人口统计原始资料，美国约有25.4%的家庭养猫，平均每户养1.8只猫。这意味着全美有超过5800万只家养猫。在美国，"犬被认为是人类最好的朋友"，猫紧随其后，成为受欢迎程度仅次于犬的宠物[1]。

猫和孩子生活在一起的益处和风险

也许Charles Dickens超越了他的时代，他说："有什么礼物比一只猫的爱更伟大呢？"有证据表明，猫可能被孩子认为是收到的最好的礼物。每年，被收养到家中的猫的数量都在增加，但更重要的是，多数是被有孩子的家庭收养。有研究报告称，几乎所有的孩子都想要一只宠物，没有宠物的孩子经常渴求一只宠物，并寻求与邻居的宠物接触[2-3]。尽管如此，在同一个家庭中养猫和孩子还是有利有弊的。

益处

关于和猫一起生活的好处和坏处，可以展开一场辩论。当看到关于评估疾病、压力和人际关系的这些证据时，饲养动物对人类整体健康的益处可能会让许多人感到惊讶[4]。"Zooeyia"是一个相当新的术语，旨在强调动物对人类健康的重要性。Zooeyia被定义为"动物对人类健康的积极影响"，由两个希腊词根 zoion（动物）和 hygiea（健康）组成。hygiea 源于 Greek Goddess Hygiea（古希腊健康女神海吉亚），也是卫生（hygiene）的词根[4]。伴侣动物的积极影响数不胜数，在各种情境下都能见到，如有助于自闭症谱系障碍（autistic spectrum disorder，ASD）儿童的社交和行为发展，支持以及改善他们的心理健康和生活质量[5]。在一项对 ASD 自闭症儿童及其宠物的研究中，研究人员发现，与宠物犬相比，自闭症儿童更重视与宠物猫的关系，他们对宠物猫比对宠物犬表现出更多的视觉关注[6]。养猫的积极影响不仅限于自闭症儿童的社交情感和认知发展[7-8]，还包括对正常发育儿童的社交情感支持的影响。养猫为所有儿童提供了学习照顾他人的机会；体验来自照顾动物的爱、尊重、感情和友谊[9-11]；并有助于提高儿童的整体注意力和积极性[12]。养猫的最大优势是其好处不仅限于一小群猫或儿童，而是对共生关系中的所有人有益。猫依赖人类获得食物、爱、关注和温暖的家。作为回报，儿童和成人都喜欢可爱、毛茸茸、令人想抱抱的动物，它们给我们的生活带来了欢乐和爱。

风险

尽管猫很可爱，但它们是有锋利牙齿和爪子的掠食性动物。因此，在有儿童的家庭中，猫的攻击行为可能是个问题。虽然并不常见，但任何品种、体型、年龄或性别的猫都可能出现攻击各种年龄段儿童的行为。攻击行为可能来自多种动机和原因，包括恐惧、防御、领地意识、重新定向、过度玩耍、疼痛和不适。当猫试图逃跑时被追逐或抱起，它们很可能会抓或咬，无论是意外还是防御性的。为了解决猫的攻击行为，与能够洞悉事件始末的专业人士合作至关重要。

猫也会在玩耍时伤害儿童；事实上，猫科动物的一种攻击行为被称为"不当玩耍"或"因玩耍而产生的攻击行为"[13]。因此，宠主提前制订好环境管理策略至关重要，这样猫就不会处于鼓励不当游戏行为的情况之中，而只会促进可接受的游戏行为。

对于父母来说，照顾孩子已经是很大的责任了，而承担收养一只或多只猫的额外责任意味着额外的承诺，如在度假时寻找保姆，花费时间和精力训练/护理宠物，以及清理/处理动物造成的混乱[9]。

尽管如此，但如果采取某些措施为每个人/动物提供所需的资源和保护，猫和儿童也可以舒适地生活在一起。

管理猫和孩子之间的关系

当一个家庭中同时有猫和孩子时，必须满足许多考虑因素。猫和孩子的安全都是最重要的。但是目标应该超越最基本的安全措施：猫如何与孩子一起茁壮成长？无论这个家庭是要添一只猫还是一个孩子，或者只是想确保他们可以做自己想做的任何事，以下问题都可以指导有孩子的猫宠主提供最佳环境。

- 猫的猫砂盆、食碗和水碗应该放在哪里？它们应该放在幼儿无法触及的安全且安静的地方。如果猫砂盆需要重新放置，建议一点一点地移动，并且不要离猫日常待的地方太远。食物和水可以移到更远的地方，只要能把猫引入到新的地点就可以。

- 猫有逃跑的（可躲藏）空间吗？即使是最善于社交和最宽容的猫也可能需要一个空间，当周围的事情变得太嘈杂、混乱或有压力时，它可以离开（并藏身其中）。当猫发出需要空间的信号时，孩子们可能会缺乏躲避猫的冲动控制。给猫提供足够的孩子（尤其是年幼的孩子）无法进入的躲藏空间，让它有时间减压。"安全空间"可以垂直空间的形式出现，如猫爬架、猫搁板或书柜。或者房子可以安装带有猫门的婴儿门，这样猫就可以进入孩子们不能进入的房间。如果猫有一个封闭的户外空间，如"猫露台"，那也可以是一个无儿童区。图 14.1 显示了一个猫露台的例子。

- 这只猫喜欢怎么玩？有些猫玩起来很粗鲁，而另一些猫则非常温柔。有些可能需要逗猫棒的诱惑，而其他猫可能会选择探索人类正在做的任何活动。应该根据所有参与者的个性，决定允许孩子如何与家猫玩耍（请不要用手直接与猫玩耍！），并建立针对特定玩具的使用指南。

图 14.1 带有猫门的 "猫露台" 为原住猫提供了丰容的环境和一个属于它自己的空间
（由 Sun-A Kim 提供）

逗猫棒让猫的牙齿和爪子远离人的手。可以扔柔软的猫薄荷玩具或者玩捡东西的游戏。捉迷藏可能对所有个体来说都是有益的。

- 猫和孩子晚上应该睡在一起吗？这是一个应该与猫协商的决定。有些猫想和人拥抱，有些猫喜欢在晚上探索和 "打猎"。一些孩子知道他们有一个同伴后睡得更好；而另一些孩子，当晚上有一只猫在他们周围徘徊时，很容易醒来。因此，所有参与者的个性将再次决定是否应该允许猫和孩子睡在一起。

- 孩子们如何与猫互动？像成年人一样，孩子们以许多不同的方式接近猫，有时是在同一天。他们可能一会儿温和耐心，一会儿又粗暴吵闹。但是，他们可以学会尊重猫的身体、听觉，以及作为被捕食者和捕食者的天性。孩子永远都应该学会如何尊重地与猫互动[14-15]。

- 猫如何与孩子们互动？大多数猫似乎都和家里的孩子相处得很好。对于猫来说，周期性地选择远离孩子引起的混乱是很自然的事情。但是，如果有孩子的家庭中的猫很少出现，看起来特别孤僻，或者在与孩子互动时变得具有攻击性，则应该寻求诊断和治疗。有些猫不太适合有孩子的家庭，更适合没有孩子的宠主。

- 猫所处的环境是否足够丰富？第 3 章讨论了家猫的环境丰容；但这里值得重复提一下。猫是高度敏感的动物，尤其是对它们所处的环境。环境中最轻微的不平衡都可能会成为应激源。另一方面，当提供一个适宜居住的环境时，猫可以更好地对有压力的情况做出反应。行为方面的环境丰容是一种积极促进健康行为和情绪的疗法。

- 宠主了解猫的肢体语言吗？至关重要的是，宠主能够分辨出他们的猫何时变得应激、恐惧、沮丧、对突然袭击感兴趣，或对在身边的孩子有潜在风险。此外，儿童（即使是幼童）也应该学会"读懂"他们的猫[15-16]。许多在线资源可供宠主和孩子了解更多关于猫的肢体语言。Maddie 基金网站就是其中之一，网址是 https://www.maddiesfund.org/feline-communication-how-to-speak-cat.htm。

为原住猫提供行为方面的环境丰容

- 是否为猫提供了足够的垂直空间（即猫树、猫爬架等）？有足够的安全空间可供逃跑吗？
- 是否为充分的游戏行为提供了足够的玩具？是否为了防止无聊而轮换玩具？宠主是否花足够的时间和猫玩耍？
- 是否在规定的用餐时间以适当的分量提供营养均衡的日粮？能否保证总是有干净的碗或喷泉提供的干净的水？
- 猫砂盆是否足够大，是否装满了猫喜欢的猫砂，并放在最佳位置？是否经常保持猫砂盆卫生，每天清理猫砂 1 ~ 2 次？
- 猫最喜欢的猫抓板是否放在安全理想的位置？

把一个婴儿带进一个有猫的家庭

管理家中猫和孩子之间的关系从未停止。但是一个关键时期是为带婴儿回家做好准备。家猫的日常生活很快就会被打乱。它与家庭中成年人的关系会发生变化。婴儿的出生会给人和伴侣动物带来压力。因此，应该做好准备慢慢地、有条不紊地应对变化。尽早做好适当的准备比晚准备，更能成功地应对变化。

这些准备工作包括 3 个不同的阶段：

- 重新安排猫的生活方式，以适应新生儿带来的变化。
- 让猫适应婴儿的新物品，以及婴儿的声音和气味。
- 向新生儿介绍猫。

每一个阶段都很重要，应该小心对待，这样猫和婴儿才能有好的开始。

重新安排猫的生活方式

重要的是，在婴儿出生之前很久就要准备好房子（为猫留出空间）[15]。准父母需要考虑以下事项：

- 猫的资源需要转移吗？如果当前的猫砂盆位置不在婴儿出生后能继续使用的地方，那么必须提前将其重新安置到新位置。同样，猫的食物和水需要放在婴儿够不到的地方，尤其是当它还在蹒跚学步时[14]。

- 大家将如何遵守猫的喂食时间表？当婴儿出生时，白天似乎变得更长了，睡眠时间则变少了。责任似乎成倍地增加，管理最简单的家务可能是大家最不想做的事情。也可能有些时候你忘记喂猫或者不小心喂了它两次，因为你忘了你之前已经喂过猫了。因此，使用清单或日历来记录猫的喂食时间是个好主意。还有，猫喜欢常规和规律的喂食时间；所以即使由保姆喂猫，保持规律的喂食时间也会让你的猫非常开心。如果猫不是按顿饲喂，建议将其转换为按顿饲喂。这样，可以控制喂食的位置和时间，并且当婴儿开始活动时，不需要考虑一直有猫食物的存在[15]。

- 休息区需要改变吗？如果猫目前大部分时间都待在育儿室，提前做好准备，在婴儿到来之前慢慢过渡到新的地方。比起突然的变化，猫更善于适应缓慢的变化，所以要小幅度地移动猫窝/垫料，直到最终到达新的位置。

- 有猫的安全空间吗？当猫和婴儿在一起而无法监督时，为猫提供一个舒适的安全空间。安全空间可以是一个猫爬架、窗户上的休息区（图14.2）、婴儿门后面的房间、壁架（图14.3）或一个高高的书柜。应该有各种各样的资源[15]。

- 如何安排与猫玩耍的时间？正如每天散步对犬来说很重要一样，游戏时间对猫来说也很重要。当一个婴儿出生并一直是家里每个人关注的焦点时，猫和它的需求可能很容易被忽视，尤其是它的玩耍时间。猫需要关注和日常锻炼，否则，它们可能会开始表现出负面的行为变化。因此，写日志来记录你可以投入多少时间以及多久与猫玩耍一次，这可能会非常有助于让猫感到快乐和被爱。

- 猫晚上会睡在哪里？也许一个更好的问题是"婴儿晚上睡在哪里？"如果婴儿要睡在育儿室，避免婴儿和猫之间未被注意到的互动是很重

图 14.2　猫专用区域

（由 Hyunjin Yoo 提供）

图 14.3　猫需要一个安全空间，这可能包括搁板架和猫步道

（由 Wooyul Jung 提供）

要的。安装在育儿室门框上的纱门或高婴儿门（图 14.4）可以防止猫进入，同时允许声音传播[14]。当婴儿在育儿室睡觉时，猫将能够与父母一起睡觉。如果婴儿要睡在父母的卧室里，就不要让猫在睡觉时进入卧室[14]。猫和婴儿依偎在一起平静睡觉的画面可能会让人感到温暖和甜蜜；但实际上，睡着的猫有很小的可能性会堵住婴儿的鼻子和嘴巴，导致窒息。因此，在无人看管的情况下，始终将婴儿和猫分开是很重要的[14]。

让猫对婴儿的到来做好准备

猫需要习惯新家具、玩具和其他准父母添置的不计其数的新东西。这件事做得越早越好[15]。

- 治疗任何可能存在的行为问题：一般来说，最好在行为问题恶化之前尽早治疗。但是，解决任何可能因新生儿而恶化或对新生儿构成威胁的问题尤为重要。如果猫宠主意识到有问题，他们可以填写 Fe-BARQ 问卷（https://vetapps.vet.upenn.edu/febarq）。根据 Fe-BARQ 的结果，宠主可以咨询兽医或兽医行为学家[17]。

图 14.4　保持门关闭或添加高婴儿门将防止猫在没有监督的情况下进入婴儿的房间

（由 Sun-A Kim 提供）

- 让猫习惯婴儿用品：猫对新物品很敏感，婴儿往往会用到很多新物品。随着新生儿的出生，除非经过精心计划，否则猫可能会觉得自己的家突然被新的外来物品轰炸，成为猫应激和焦虑的来源。因此，整理一份清单并制订一个计划，列出需要什么物品（即家具、衣服、婴儿车、汽车座椅等），以及如何逐步将新物品引入家中，这样猫就不会被突然涌入的新物品弄得不知所措。应该注意的是，婴儿床、汽车座椅和婴儿车是猫爬上去当床的理想场所。因此，掩盖这些区域使猫难以进入将是维护安全家园的关键。猫喜欢毛茸茸的毯子和躺在舒适的床上。因此，父母需要保持警惕，防止猫睡在婴儿可能睡觉的床上，因为这有必须防止的窒息的危险。

- 让猫习惯婴儿的气味：猫对气味极其敏感。家里有了新生儿意味着猫会闻到很多新的气味（如婴儿用品的香味），它的感官可能会变得有些不知所措。不可能提前准备好未出生婴儿的所有物品（乳液、香波、面霜等），但有一些简单的解决方案，迂回地去帮助猫轻松地过渡。例如，宠主可以在自己身上涂一些婴儿乳液或面霜，这样猫就可以逐渐适应新的气味。婴儿出生后，可以带婴儿使用过的物品回家让猫闻一闻[15]。

- 让猫习惯婴儿的声音：猫对声音也非常敏感。许多人可能没有意识到的一个令人惊讶的事实是，猫能够听到比人类和犬更高的频率！就像新生儿会带来许多新的气味一样，一种全新的声音也会被引入家中。这些可能包括：
  - 婴儿哭闹、咿呀学语、婴儿尖叫、婴儿大笑。
  - 玩耍的声音（敲击、鼓掌、拍打）。
  - 幼儿音乐（通常是高音、欢快的）。
  - 常见电子婴儿玩具的声音。

  猫可能还没有准备好应对这些新的刺耳的声音，如婴儿的哭声。因此，提前引入这些声音将有助于减少应激和抑制猫的感官。这些声音可以从网上下载，也可以由一个也有孩子的熟人录制。当猫在做它喜欢的事情（如玩耍、吃零食等）时，可以以最低音量播放其中一种声音。如果猫没有表现出任何紧张或焦虑的迹象，那么音量可以随着时间的推移而增加。

- 为未来找一个猫保姆：抚养新生儿会导致不可预测的情况，可能需要突然和意外地离开家。因此，重要的是要有一个可靠的人，他已经知道猫的需求和日常习惯，只需打一个电话就可以让他来照顾猫。因此，猫保姆应该提前与猫见面，并被告知关于猫的所有相关信息。

把婴儿介绍给猫

婴儿和猫的初次见面可以顺利进行，没有任何戏剧性事件——也就是说，如果准父母们成功准备好了迄今为止提供的所有提示。在为见面的那天做了所有的期待和准备之后，应该以和平常一样的方式从问候这只猫开始，就像任何其他普通的一天一样。不要对婴儿的到来大惊小怪，应该让这一天感觉平平无奇，因为"没有戏剧性"就意味着和平过渡的成功开始！

新父母应该寻求朋友或家庭成员的帮助来进行初次介绍。父母应该先在没有婴儿的情况下进入家中，以便问候猫[14]。然后朋友 / 家庭成员可以把婴儿带进来。如果猫有兴趣或坚持要检查婴儿，那么父母中的一方应该用毯子盖住婴儿，并让猫闻婴儿的毯子。请记住，没有必要故意将婴儿介绍给猫。

从那一刻起，新父母应该确保只有当婴儿在场时才给予猫关注。这似乎违背直觉；毕竟，当婴儿睡在婴儿床里时，父母将有更多的时间抚摸猫并与猫玩耍。但是，只在婴儿出现时给予猫关注将有助于猫期待婴儿的出现。相反，如果只有当婴儿不在时才会关注猫，猫就会期待婴儿离开[15]。

将一只新猫引入有孩子的家庭

本章前面讨论的注意事项与将猫引入有孩子的家庭中相关。必须制订一个计划，说明资源将用于何处，谁是主要负责照顾的家庭成员（最好是成年人），并尊重和善待猫。

如果是成年猫，最好评估它与儿童一起生活的历史。事实上，理想的情况是只有当成年猫之前表现出可以容忍孩子的存在时，才能将它们收养到有孩子的家庭中。将新家指定为"收养"家庭将使猫很容易被送回，如果事实证明它不能适应有孩子的家庭。

如果这只新猫是一只幼猫，那么需要担心的历史就少了，但与孩子们相处时需要遵守的规则就多了。幼猫乐于接受粗暴玩耍的教育（尤其是用手），并且很容易被鼓励去爬它们不应该爬的东西（人们的裤腿、窗帘等）。给它们穿衣服或穿上可能有害的东西也很有诱感力，因为它们不太可能挣扎。因此，年龄较小的孩子应该对幼猫可以做的和不允许做的事有明确的基本规则；他们在一起的时间应该得到仔细的监督。可以让年龄较大的孩子参与制订规则，以此鼓励他们思考规则的价值（从而获得认同）。

与婴儿或儿童生活在一起的猫

不应该在婴儿在身边时惩罚猫，因为不应让猫把惩罚与孩子联系在一起，这只会引起它们的恐惧或不适。相反，只有当婴儿在身边时，好的和积极的事情才会发生（如玩耍、零食等）。要注意的是，爬行的婴儿很容易让猫感到惊讶或害怕，因此，作为一项规则，婴儿和猫永远不应该被单独留在一起。

应在猫的安全空间周围安装带有猫门的婴儿门，以防止婴儿接近。图14.5 和图 14.6 给出了一个例子。可以沿着墙壁安装一个架子或猫步道，这样猫就可以移动到一个安全的空间，而不必在房屋的任何地方都需要踩在地板上。猫是一种倾向于避免和逃离不适或害怕的情况的动物。猫的回避行为不仅是为了它的安全，更重要的是为了婴儿的安全。

图 14.5　婴儿门系统允许婴儿和猫保持独立空间

（由 Sun–A Kim 提供）

图 14.6　婴儿门也允许猫和婴儿安全地相互接触

（由 Sun-A Kim 提供）

猫与犬

猫和犬能成为最好的朋友吗？还是它们注定要扮演卡通角色中的对手？虽然这当然取决于所讨论的猫和犬，但有充分的证据表明猫和犬的宠主可以持乐观态度。

"有抱负的宠主不应盲目相信流行的假设，但了解和尊重特定物种的行为对于建立家庭平衡至关重要。"

——Menchetti 等 [18]

在 Menchetti 的研究中，接受调查的 1270 名宠主中有 62.4% 报告说，他们住在同一家庭的猫和犬一起玩耍 [18]。其他回应表明，58.1% 的猫和犬相互追逐，40.9% 的猫和犬打架，43.9% 的猫玩犬的尾巴，63.8% 的猫进行某种形式的伏击（受访者可以选择多个选项）。据报道，许多猫和犬相互梳理被毛，睡在一起，吃饭时相互容忍对方靠近食物。图 14.7 给出了一个正向关系的例子。

Thompson 的一项研究发现，一对猫犬中的猫似乎是决定它们关系友好

图 14.7　猫和犬有可能相处得很好

（由 Krista Mangulson/Pexels 和 Sun A Kim 提供）

程度的主要控制者；这是因为在评估关系的友好程度时，宠主更看重"猫的因素"而非"犬的因素"。此外，猫在犬面前的舒适度比犬在猫面前的舒适度更能预测友谊[19]。

猫和犬有着天壤之别，因此一起饲养它们可以使可爱度加倍；问题也可能会加倍。当动物年幼时没有适当的社会化时，它们之间的问题会变得更加困难[20-21]。犬的社会化窗口期为 3 ~ 14 周龄，猫为 3 ~ 8 周龄。猫在幼时遇到犬，将来可能更容易接受与犬生活在一起[21]。此外，当猫首先被带到家中时，它们似乎相处得最好[20]。

如果犬宠主希望收养一只猫，或者相反，回答以下问题很重要：

- 你的犬（猫）以前见过猫（犬）吗？
- 互动进行得如何？
- 它们相处融洽还是一方害怕另一方吗？

如果宠物曾经的体验是正向的，那么它与另一只猫/犬和谐相处的概率就会大大增加。

然而，话虽如此，但可能仅仅因为你的猫遇到了一只犬，并与其他犬进行了成功的会面，并不一定能保证在家里顺利收养一只新犬。因此，宠主可能希望首先尝试寄养一只犬，与犬一起生活几周或几个月，看看他们的猫如何与新的家庭成员互动和相处。任何家庭最不希望的事情就是欢迎一只新犬回家，却因为这两只动物似乎无法相处，而生活在持续的混乱和压力中。然而，在养犬时，如果家庭动态保持平静与和平，新成员平稳过渡的机会几乎是肯定的！因此，强烈建议寄养犬有一段试用期或试运行一下，看看你的猫对新成员的反应和适应能力。

当猫和犬第一次会面时

当欢迎一只新动物来到家里时，两只动物最初应该用安全门隔开，这样当两只动物准备好见面时，它们就可以通过安全门相见。图 14.8 显示了这种布置的示例。在第一次见面之前，如果宠主还没有设置安全门，应给犬戴上项圈和牵引绳，以便安全会面。当两只动物会面时，给它们美味的食物总是理想有帮助的，这样它们就能够通过会面来体验、创造和加强正向联系。然而，即使会面是正向且和平的，但为猫保持设置一个逃跑的安全路径和地方也是至关重要的，因为任何时候它都可能需要逃跑。

布置环境

维持家庭和平与和谐的最重要因素是让每位成员都能在家庭环境中感到安全。首先，让我们检查一下当前的环境，并记住犬是被认为生活在 2D 空间中的动物，但猫是 3D 动物。了解这些情况是成功准备的关键。

检查当前情况

- 有猫的安全空间吗（猫专用区域）？
- 猫砂盆放在哪里？或者你想把猫砂盆放在哪里？
- 食碗和水碗放在哪里？或者你想把食碗和水碗放在哪里？

有猫的安全空间吗（猫专用区域）？犬和猫生活在一起的，一个重要的因素是保持"猫专用区域"。通常，当猫和犬生活在一起时，犬会成为"追逐者"，猫会成为"被追逐者"。因此，在房屋的每个角落提供多层次的垂直空间至关重要，如果猫遇到危险，可以撤退到那里。猫步道是理想的选择，但如果不可行，猫爬架或猫树也是不错的选择。

你想把猫砂盆放在哪里？虽然许多第一次养犬的宠主看到自己的犬吃猫粪便时会感到震惊，但这是常见的犬类行为，也是宠主常见的抱怨。为了防止犬吃猫粪便，猫砂盆应该放在一个安全且安静的地方，不被犬打扰。如

图 14.8　当向养猫的家庭引入一只新的幼犬时，建议使用幼犬围栏来帮助这些动物相互适应。猫可以看到、听到和闻到幼犬，并且可以选择靠近或远离围栏

（由 Sun-A Kim 医生提供）

果猫砂盆需要换位置，那么建议一点一点地移动猫砂盆，并且不要离猫通常度过一天的地方太远。

你想把食碗和水碗放在哪里？通常情况下，犬是贪吃的食客，饲喂时，它们会立即进食。相反，大多数猫更挑剔，倾向于在一天中少量多次地吃东西。所以，如果猫的食碗放在犬容易够到的地方，那么你可能会有一只一直饥肠辘辘的猫。因此，猫的食碗和水碗应该放在犬够不到的高度，但不要离猫通常休息的地方太远。如果碗需要重新放置，每天一点一点地将碗移到猫可以安全和不受干扰地进食的地方。

猫和其他宠物

除了对生活在同一家庭中的猫和犬的研究外，对猫与其他物种共享生活空间的研究很少[22]。因此，我们转向猫的自然史作为指导。

正如本书中多次提到的那样，猫被广泛认为既是捕食者又是猎物[23]；它们与其他物种的互动也是以这种对立关系为指导。从猎物的角度来看，犬是唯一可能将猫视为猎物的家庭宠物[23]。但是，从捕食者的角度来看，许多受欢迎的宠物都有被家里的猫攻击的潜在风险。

2016 年，AVMA 报告称，25% 养猫的美国家庭中，4.1% 至少养了一只鸟。同年，14% 的美国家庭总共拥有超过 1 亿只异宠，包括 200 多万只兔子（1.2%

的美国家庭）、350万只小型哺乳动物、600万只爬行动物和7600万条鱼（8.3%的家庭）。图14.9和图14.10显示了猫与小型哺乳动物紧密生活在一起。该报告没有说明有多少拥有异宠的家庭也养猫。但是，它确实指出，在拥有宠物的7100万家庭（占美国家庭总数的57%）中，只有20.4%的家庭只养猫，而25%的家庭拥有不同宠物品种的各种组合[1]。因此，许多养猫的家庭很可能也有小型哺乳动物、鱼类、鸟类或爬行动物。这些大类中的许多物种被认为是散养家猫的潜在猎物[24]。

尽管据宠主报告，猫的伙食很好，可以随意获取湿粮或干粮，但有一些家猫显然会捕食活的猎物，而且它们捕食的猎物类型似乎存在明显的差异。

我们不可能要求家猫不猎杀与它们生活在一起的家养猎物，所以应该考虑那些与猫生活在同一家庭的猎物的安全。安全的措施是为猎物提供安全的住所（图14.11），并在猎物玩耍时锁住猫。

安全住所包括（但不限于）好奇的猫无法破坏的住所结构。此外，住所应安置在防止猫跟踪、凝视或以其他方式威胁敏感物种（如兔子、小型哺乳动物和鸟类）的地方。最后，住所不应该被试图测试其安全性的猫移动或打翻。

鸟类、兔子或小动物在家里的玩耍或锻炼范围应是猫被暂时或永久性禁止进入的区域。

图14.9　猫和兔子可以互相容忍，甚至成为亲密的伙伴，但当它们在一起时，应该总是受到宠主的监督（由 Liz Stelow 提供）

图 14.10　猫和豚鼠也可以友好相处，但应始终受到监督

（由 Amanda Aguilera 提供）

图 14.11　当好奇的猫住在家里时，将小动物关在安全的住所里非常重要

（由 Amanda Aguilera 提供）

向家庭引入一只新猫

无论这只新猫是否会与儿童、其他猫、犬或其他动物共享空间，都必须制订周密的计划以确保每位成员的舒适。有一些基本的准备工作需要考虑，无论家中是否有其他物种；此外，还有一些物种特有的因素需要解决。

决定引入一只猫

当决定给家里引入一只猫时，有许多考虑因素，包括：

- 所有人类家庭成员对养猫（或特定的猫，如果有的话）有何感想？
- 它将如何适应其他家庭宠物？
- 房屋的大小和布局适合养猫吗？是否有足够的空间用于休息、进食和丰容？
- 家人是否为猫的日常护理、饲喂和健康维护制订了计划？
- 家人是否在猫可能无法与家中的其他动物或人类友好相处时做好了准备？是否有应急计划[25]？

如果没有打算养猫，这些考虑就变得无关紧要了。根据拜耳 2012 年的一项研究，超过 50% 的宠主报告说，他们并没有想养猫，而是他们的猫"找到了他们"[26]。

无论如何做出的决定，将猫带回家都需要考虑猫是否顺利能适应。

引入新猫的准备工作

为了满足一只新猫的舒适度，需要向其提供猫砂、食物、水、休息区、玩耍时间、爱以及必要时一个安全的藏身之处。

满足猫的需求（特别是食物、猫砂和安全空间）可能需要让儿童和犬（或许还有其他物种）远离这些资源。因此，可能需要对家中的婴儿门、高大的猫树或壁架以及其他设施进行调整。猫的躲藏区应该是一个安静的空间，而不应该是一个人经常进出的房间；宠主可能需要在猫到来之前将经常使用的物品从其中移除。

其他宠物可能也需要提前调整休息时间。如果一只犬在一天中的某些时间将被关在笼子里或隔离起来，那么在猫到来之前它就应该进行训练。如果犬习惯了在家里自由活动，则更需要这样做。笼内训练和让犬愿意待在远离家人的房间里可能需要时间和耐心，不应该操之过急。应该以积极的方式强化犬的变化，并按照犬感觉舒服的节奏进行。

如果家里有兔子、雪貂、鸟类或其他习惯了自由活动的小动物，它们的作息时间和进入特定空间的方式也需要调整。

为了尽量避免食物资源的竞争，所有散养的宠物都应该定时饲喂而不是自由采食。这样，需要在单独的房间或休息区独自进食的宠物可以有单独的时间进食。这确保了所有宠物和人都能互相尊重。

引入

没有一种"正确的方法"来给家里引入新猫。但是，可以采取一些措施来最大限度地提高平稳过渡的可能性。这些步骤如下[15]：

1. 保持隔离。一开始，让新来的动物与原住动物分开。用一扇门将它们隔开。塑料可以来回交换以促进新来的动物适应环境。或者，原住动物和新来的动物可以在每天的特定时间内交换空间。一旦新来的动物适应了，并且在门口没有表现出过分的好奇或明显的侵犯行为，小心翼翼地进行第2步。

2. 在相邻空间中喂食。在关着的门的两边给新来的动物和其中一只原住动物喂食。如果有多只原住动物，请在此过程中轮换它们。以一起进食的方式，在新来的动物和原住动物之间建立了正向的联系。如果每只动物都愿意以这种方式进食，请进行第 3 步。

3. 提供视觉接触。使用婴儿门、纱门、航空箱或半开的门，让原住动物能够看到新来的动物。必须确保所有相关成员的安全；动物们不应该被允许进行身体上的互动，直到它们能够在没有攻击性的情况下这样做。一旦达到这种状态，请进行第 4 步。

4. 提供物理接触。允许新来的动物在直接监督下与原住动物互动，以避免受伤（图 14.12）。仔细观察过度兴奋或攻击性的迹象。允许这些会面发生在有足够撤退机会的大空间里。开始时保持简短的会面，随着时间的推移延长会面时间。继续在这些会面的成功基础上再接再厉，直到新来的动物融入家庭。

在整个过程中，最好让所有的猫都待在室内，因为打斗很可能发生在猫从户外回来后或对新气味做出反应。

虽然建议逐步引入，但这并不能保证未来新猫一定会被接受。研究表明，新猫和原住猫之间未来的攻击行为最好通过新猫在第一次会面时是否咬伤或

图 14.12　**当引入一只新猫或幼猫时，监督其与原住动物的互动**

（由 Pixabay 提供）

抓伤其中一只原住猫来预测。家庭中猫的数量、猫的年龄或性别、房屋的大小或介绍新来动物的方法似乎不会影响未来攻击行为的可能性。

总结

猫可以（也确实）与儿童、其他猫和其他类型的宠物一起快乐地生活。并不是说每只猫都会在各种类型的家庭中茁壮成长。但是，通过适当的规划，对猫和家庭生活的充分了解，以及与专家的充分接触，爱猫的家庭就有希望在猫友好型家庭中实现和谐。

参考资料

1 AVMA. AVMA pet ownership and demographics sourcebook: 2017–2018 edition. 2018.

2 Kidd AH, Kidd RM. Children's attitudes toward their pets. Psychol Rep. 1985;57(1):15–31. https://doi.org/10.2466/pr0.1985.57.1.15.

3 Kidd AH, Kidd RM. Social and environmental influences on children's attitudes toward pets. Psychol Rep. 1990;67(3I):807–818. https://doi.org/10.2466/pr0.67.7.807-818.

4 Hodgson K, Darling M. Zooeyia: An essential component of "One Health." Can Vet J. 2011;52(2):158–161. http://www.statcan.gc.ca/pub/82-230-x/82-230

5 Byström KM, Lundqvist Perssontt CA. The meaning of companion animals for children and adolescents with autism: The parents' perspective. Anthrozoos. 2015;28(2):263–275. https://doi.org/10.1080/08927936.2015.11435401

6 Grandgeorge M, Gautier Y, Bourreau Y, Mossu H, Hausberger M. Visual attention patterns differ in dog vs. cat interactions with children with typical development or autism spectrum disorders. Front Psychol. 2020;11:2047. https://doi.org/10.3389/fpsyg.2020.02047

7 Endenburg N, Van Lith HA, Kirpensteijn J. Longitudinal study of Dutch children's attachment to companion animals. Soc Anim. 2014;22(4):390–414. https://doi.org/10.1163/15685306-12341344

8 Hart LA, Thigpen AP, Willits NH, Lyons LA, Hertz-Picciotto I, Hart BL. Affectionate interactions of cats with children having autism spectrum disorder. Front Vet Sci. 2018;5(Mar). https://doi. org/10.3389/fvets.2018.00039

9 Fifield SJ, Forsyth DK. A pet for the children: Factors related to family pet ownership. Anthrozoos. 1999;12(1):24–32. https://doi.org/10.2752/089279399787000426.

10 Kidd AH, Kidd RM. Children's drawings and attachment to pets. Psychol Rep. 1995;77(1):235–241. https://doi.org/10.2466/pr0.1995.77.1.235

11 Triebenbacher SL. Pets as transitional objects: Their role in children's emotional development. Psychol Rep. 1998;82(1):191. https://doi.org/10.2466/pr0.82.1.191-200

12 Borgi M, Cirulli F. Children's preferences for infantile features in dogs and cats. In:

Humananimal interaction bulletin (Vol. 1, Issue 2). 2013.

13 Curtis TM. Human-directed aggression in the cat. Vet Clin North Am Small Anim Pract. 2008;38(5):1131–1143.

14 Bergman L. Ensuring a behaviorally healthy pet-child relationship. Vet Med. 2006;101:670–682.

15 Bergman L. Expanding families: Preparing for and introducing dogs and cats to infants, children, and new pets. Vet Clin North Am Small Anim Pract. 2008;5(38):1043–1063.

16 Heath S. Feline aggression. In: Horwitz D, Mills D, Heath S, eds. BSAVA manual of canine and feline behavioural medicine. Gloucester, UK: BSAVA; 2002:216–228.

17 Duffy DL, de Moura RTD, Serpell JA. Development and evaluation of the Fe-BARQ: A new survey instrument for measuring behavior in domestic cats (Felis s. catus). Behav Processes 2017;141:329–341. https://doi.org/10.1016/j.beproc.2017.02.010

18 Menchetti L, Calipari S, Mariti C, Gazzano A, Diverio S. Cats and dogs: Best friends or deadly enemies? What the owners of cats and dogs living in the same household think about their relationship with people and other pets. PLoS One. 2020;15(8):e0237822.

19 Thomson JE, Hall SS, Mills DS. Evaluation of the relationship between cats and dogs living in the same home. J Vet Behav. 2018;27:35–40.

20 Fawcett A. Cats and dogs compatibility. Anthrozoology Research Group. 2008. www.petnet. com. au/welfare.asp (accessed July 26, 2021).

21 Feuerstein N, Terkel J. Interrelationships of dogs (Canis familiaris) and cats (Felis catus L.) living under the same roof. Appl Anim Behav Sci. 2008;113(1–3):150–165. https://doi.org/10.1016/j.applanim.2007.10.010

22 Bernstein PL, Friedmann E. Social behaviour of domestic cats in the human home. In: Turner DC, Bateson P, eds. The domestic cat: The biology of its behavior, 3rd ed. Cambridge, UK: Cambridge University Press; 2014:71–80.

23 Landsberg G, Hunthausen W, Ackerman L. Behavior problems of the dog and cat, 3rd ed. Edinburgh, UK: Elsevier Health Sciences; 2012.

24 Dickman CR, Newsome TM. Individual hunting behaviour and prey specialisation in the house cat Felis catus: Implications for conservation and management. Appl Anim Behav Sci. 2015;173:76–87.

25 Rodan I. Importance of feline behavior in veterinary practice. Feline behavioral health and welfare. 2015;2.

26 Volk JO, Thomas JG, Colleran EJ, Siren CW. Executive summary of phase 3 of the Bayer veterinary care usage study. J Am Vet Med Assoc. 2014;244(7): 799–802.

第 15 章 兽医诊所中的猫

Margie Scherk

概述

作为兽医，我们坚信并倡导预防医学的重要性。然而，当我们带自己的猫前往诊所时，我们可能会感到忧虑，这种感觉与我们的客户并无二致[1]，但客户并没有我们多年科学训练的背景。客户愿意将他们的猫带到诊所，这不仅体现了他们对猫的爱，也彰显了他们对兽医的信任。

猫在兽医诊所的经历是怎样的？它们的心理和情绪状态如何？这些经历对于它们的生理状态有怎样的短期或长期影响？它们能记住多少次经历，是否会对下一次就诊有影响？本章的目标是基于科学的证据，在可能的情况下，结合事例（传闻／观察结果）以及作者的一些大胆的拟人化想象，来探讨这些问题。

从猫的视角设想一下这样一个场影：航空箱出现了，你的照护人显得紧张不安，她追逐着你，试图把你强行塞进航空箱。你本能地反抗，并可能采取自我防御。空气中弥漫着人类的汗味、恐惧的气息，甚至可能有血的味道。你可能因为极度焦虑而呕吐或失禁！最终，你被关在航空箱里。大家都筋疲力尽。然后，你被放进一辆"车"里，这辆"车"会在你不动的时候移动。你可能会感到恶心；当然，你肯定也很害怕。你一遍又一遍地尖叫。你可能会呕吐或再次失禁。最后，"车"停下来了，你被带到一个嘈杂且陌生的街道上，进入一个充满窒息气味和声音的地方！救命啊！你已经处于紧张和焦虑状态……小心！

为什么这会是默认的场景？因为这是猫的正常生理反应，坦率地说，是人类的失误让就诊变得有如此大的压力（图 15.1）。

首先，猫对新环境的自然反应是忧虑的。它们天生谨慎，因为它们的杏仁核"预先适应"了感知到的威胁，并做出反应[2-3]。这意味着任何不寻常的事情，比如待在一个很少使用的航空箱中乘车，这对于它们来说是灾难性的[4-5]。

其次，更糟糕的是，人类（宠主、家庭成员、诊所工作人员、兽医）并

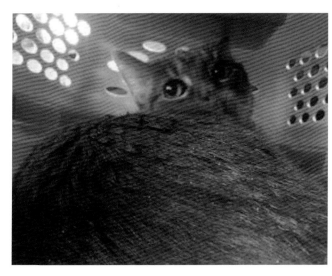

图 15.1　**这只猫的身体姿势和面部表情显示出恐惧**
（由 Fish Griwkowsky 提供）

不一定能做到减少猫在就诊时的恐惧感。这并不是因为他们不愿意更好地照顾猫的情绪，而是因为他们往往缺乏必要的知识和具体的操作计划[4-5]。关注动物情绪需求的动物福利是一门相对较新的学科。

目前，围绕动物福利的理念和实践已超越了"五大自由"的范畴。我们不仅仅满足于保障动物的基本生理需求，而且开始关注它们的各种经历[6]。这些不同类型的经历及经历的好或坏会对猫的生理和情绪产生短期和长期的影响[7]。

McMillan 描述了与压力和痛苦相关的神经生物学机制；事实上，有证据表明，精神上的痛苦可能比身体疼痛带来更多折磨。在情绪风险很高的情况下，许多物种（包括猫）会反复让自己面临伤害和痛苦[8]。然而，生病或健康时被带去看兽医似乎并不属于这一类。频繁就诊和长期住院会对猫的福利产生深远的负面影响。

猫科医生的目标必须是将猫的福利放在首位

一次压力过大的就诊会对猫造成持久伤害，因此应予以避免：

- 当猫感到压力时，照护人的压力会更大。
- 照护人可能会选择其他诊所或放弃就诊。
- 猫的就诊压力过大会使医护人员的工作难以开展，并可能导致受伤。
- 由于猫的压力过大，诊断数据的临床意义就会降低。

● 压力过大的就诊会给患猫造成伤害。

当猫感到压力时，照护人也会感到压力

Kitty 的宠主 Susan 讨厌带 Kitty 去看兽医：Kitty 非常讨厌去兽医诊所，我只有在它不得不去的时候才带它去。我相信预防性医疗保健，但这对我和 Kitty 来说压力太大了，我实在没有理由这么做。当我把它放在航空箱里时，它会挣扎；在去诊所的路上，它会一直哀号；当别人抱它时，它会躲起来，然后试图咬人。我为工作人员感到难过，但我讨厌看到它如此不安。我也不喜欢看到他们如何处置！这一切都让我感到内疚。另外，我讨厌给它吃药。我希望它爱我，并在家里享受美好的生活。

照护人"往往更在意我们对宠物的关怀，而不仅仅是我们对专业知识了解的深度。"对意大利的 1111 名猫宠主进行的调查显示，他们对猫在兽医诊所的良好体验和行为表现非常关注[11]。从前往诊所开始，到诊所内每个角落、就诊的各个阶段以及猫回到家后的每一刻，都会对猫的福利状况进行评估。重复就诊不仅导致猫的压力不断增加，并波及猫在其他旅行中和猫在家中的行为。保定被认为是导致攻击行为的主要原因。

更换兽医的主要原因便是人们对猫福利不佳的担忧[11]。另一项对 3000 多名受访者进行的网络调查显示，影响猫当前疫苗接种状况的因素之一是宠主针对猫压力感知的态度[12]。随着猫与人关系的不断加深，宠主希望能以更体贴的方式对待他们的伴侣动物[13]。

当患猫感到压力时，兽医团队也会受到影响

与精神紧张和暴躁的患猫接触会让人精神疲惫，并可能对兽医团队成员造成身体伤害。据报道，猫咬伤和抓伤是兽医诊所最常见的伤害之一[14]。

让我们从兽医团队成员的角度来看这个问题：Kitty 明天下午 3 点有个预约。Kitty 在诊所里总是很暴躁，早上大家看到它的名字出现在预约表上，每个人都有点焦虑。事实上，在它预约结束之前，大家会一直很紧张、焦躁。预约结束后，整个团队都会如释重负，团队内部又恢复了和谐和融洽的工作氛围。

但这不仅是对猫实际或潜在的身体伤害的恐惧。猫的痛苦也会引起人类的痛苦。许多在兽医诊所工作的人员在与猫打交道时会感到不自在，因为他

们认为猫"更难看懂"[4]。人类在生理上也天生会对威胁做出反应，但我们如果任由自然反应（变得紧张、希望通过加强控制或使用束缚物来避免风险）占上风，便会激起猫的反应。在潜意识中，我们可能会建议猫在就诊前服用镇静药（如加巴喷丁），或采取措施减少与 Kitty 接触的频率，以缓解我们自己的压力，但却将此合理化为减轻 Kitty 痛苦的一种手段。通过意识到自己的反应，我们可以降低反应性的、本能的自我防御，防止这种恶性循环的发生。

由于恐惧和应激的生理影响，我们难以获得准确的诊断结果

在诊疗过程中，我们不仅会面临猫出现难以评估的恐惧、应激或唤醒的影响，还要应对那些影响体检并使诊断和行为评估复杂化的因素[15]。在诊所测量的血压、直肠温度、心率（HR）和呼吸频率（RR）比在家测量的值会显著升高[16]。肾上腺素和皮质醇水平升高会导致应激性高血糖（± 糖尿）、血清乳酸浓度升高、生理性或应激性白细胞升高、低钾血症[17]和碱尿症。重要的是，应激性高血糖一般会在应激后 90 min 内缓解[18]。这支持 ALIVE 的观点，即可通过测量果糖胺或在压力事件发生至少 2 d 后在家中自然环境下采集尿液样本来诊断猫糖尿病[19]。

在家中采集的尿液样本中皮质类固醇与肌酐的比值（基于提取的皮质类固醇结果）与在诊所采集的样本相比有所上升[20]。在为期 3 周的实验性住院研究中发现，如果猫遭遇了不规律且不可预测的清洁、饲喂、社交互动和治疗操作，我们则会发现猫的尿液皮质醇持续升高，这个现象反映猫承受着慢性压力。同时它们的促肾上腺皮质激素敏感性增加，垂体对促黄体生成素释放激素的敏感性降低。对于兽医从业人员和照护人来说，至关重要的是认识到当猫感到压力时，它们的探索和游戏行为会减少，会长时间保持警惕和试图躲藏。能够躲藏起来的猫其皮质醇水平较低，这表明为猫提供躲藏空间或减少暴露于诱发恐惧的刺激对猫的福利至关重要[21]。从神经化学的角度来说，皮质醇水平的升高会干扰猫在受惊吓时的适应性[2]，而当猫在试图保护自己时反复受到负面回应，则可能会导致不恰当的学习[5]。

应激对猫的影响

如果不解决或忽视猫情绪上的痛苦，我们就有可能对患猫过度医疗化。情绪上的痛苦可能与身体上的痛苦一样严重，甚至更甚。事实上，将这两者

分开是人为的。两者相互影响：许多物种因应激、焦虑和恐惧而影响身体健康。特发性膀胱炎只是与猫应激有关的众多疾病中的一种[22-23]。McMilla 指出："如果不充分关注情绪和幸福感，仅仅努力促进和维持最佳健康状态是远远不够的，效果也会大打折扣"[24]。

在多次就诊或长时间住院（超过几小时或几天）的情况下，由于持续感知到威胁且无法应对，猫的生理和神经化学反应会导致疾病的发生。在一项研究中发现，健康的笼养猫在喂食时间被改变且变得不可预测后，短短 5 d 内，就出现了所谓的"生病行为"，包括呕吐、腹泻、厌食、食物和水摄入减少、疲倦、整体活动水平下降、梳理行为减少、社交互动减少、嗜睡、疼痛样行为增强，甚至发热等症状[25]。另一项研究评估了健康猫（绝育后）住院 3 ~ 5 d 的行为变化，结果表明，无论最初的行为类型是"友好的"还是有明显"攻击性"，2 d 后它们的态度都有所改善[26]。这表明，即使在寄养或最少干预的情况下，只要保持清洁和固定的喂食时间，猫的状态也能得到改善。

研究进一步发现，焦虑和挫败感可能会削弱猫的局部免疫能力。然而，通过温柔的抚摸、提供认知丰容以及积极的互动等行为干预、能够提升猫的满足感，从而增强 IgA 介导的免疫反应，并降低收容所中猫患呼吸道疾病的风险[27]。

Belew 等利用无线电遥测植入物，来测量血压和心率，发现当研究用的猫群在模拟诊所就诊时，会出现"白大褂效应"或情境性高血压[28]。在整个就诊期间，这种趋势有所减弱，但并未完全消失。他们认为，猫应当在安静、无干扰的条件下适应诊所环境。

有趣的是，当比较在家与在诊所进行检查时的压力水平时，两者差异不大。不过，需要注意的是，在这项交叉研究中，两个地点均采用了低压力处理手段。研究通过检测血清皮质醇和葡萄糖浓度、体温、心率、呼吸频率、血压以及行为参数来评估压力水平。研究发现，相较于家中，诊所内的猫血糖水平较高，躲藏行为也更多。此外，如果猫熟悉检查流程和兽医，在第二次就诊时，不论是在家还是在诊所，其皮质醇水平都能有所降低[29]。

让猫轻松就诊

兽医致力于为患猫提供最优质的医疗服务。在过去的 30 年里，人们对疼痛的认识以及预防、识别和减轻疼痛的重要性已成为兽医护理的一部分，就像以前治疗生理疾病一样重要。Herron 简洁地阐述了这一点："确保动物情绪健康的责任与兽医对动物生理健康的责任同等重要"[30]。尽管许多兽医因宠主的意愿"阻碍"兼顾情绪和生理健康的护理，而感到道德上的困扰，但在促进猫情绪健康的范畴内，我们仍然还有许多可以做的事情[31]。

想要在诊所内减少猫的恐惧和焦虑，就需要我们意识到与患猫互动的正确方式，并考虑到物理环境和社交环境对患猫的影响。这不能简单地用抗焦虑药或镇静药来代替，尽管在某些情况下这些药物的使用可能是必要的。我们的目标是提供一种更加积极的、低压力的体验，或者是一种让它们感觉自己能够承受的体验[32]。作为独居动物，猫会预测新环境中的威胁。通过回避或逃跑来应对恐惧或冲突。当我们无法提供安全环境时，我们需要为它们提供机会，让它们在我们安全地进行诊断和提供护理的同时，继续以符合物种本能的方式（躲藏／退避，仍然能够收集感官信息）来应对环境中的挑战[33]。

Rochlitz 进行了简明的总结："如果猫有多种行为选择，并能对其所处的物理环境和社交环境进行一定程度的控制，只要避免极端情况，那么它就能以更加灵活有效的策略来应对各种刺激"[34]。

对于猫、照护人和兽医团队来说，如何改善这种状况？猫的糟糕经历从家中开始，在诊所中持续，回家后还需要一段时间才能恢复。因此，让猫更舒适地就诊的途径包括以下 4 个步骤：

1. 教导照护人如何让猫对兽医护理更加适应。

2. 通过优化诊所环境，使用对猫更温和的照明设备、降低噪声水平、使用信息素、提供舒适的垫料及家具等，让猫更加舒适。

3. 学习并使用减轻患猫的恐惧和应激的处置及诊断技术。

4. 如果上述所有方法未能达到让猫充分放松的效果（或在接触宠主之初），则可在必要时使用药物。

教宠主如何让猫更适应就诊

作为第 1 步，兽医可以给宠主提供一些训练方法，理想状态下从幼猫时期就开始。其中包括帮助猫在以下方面感到安全和舒适：

- 模仿体格检查的操作方法。
- 待在航空箱中。
- 在航空箱中乘车。
- 药物注射（尤其是注射剂和液体）、修剪指甲、梳理被毛以防止打结、刷牙，都可避免不必要的兽医诊所就诊。

模拟体格检查的操作方法

从幼猫开始（但任何时候都为时不晚！），教会宠主以类似体格检查的方式操作，可以减轻猫在诊所的压力。宠主可以从兽医那里学习如何抱起猫、触摸猫的脚趾、揉搓猫耳朵内部、抬起猫的尾巴、触摸猫的腹部，以及（轻轻地）打开猫的嘴巴。这种训练可以用食物和抚摸作为奖励，也可以作为人与宠物间增进感情的一种方式。

待在航空箱中

确保猫将航空箱视为一个安全的空间，它们可以选择在里面舒适地睡觉，是减少就诊焦虑的重要部分（图15.2）。坚固且易于清洁的航空箱应易于拆卸，以便猫可以在底部休息，旅行时可以盖上顶部，在诊所时再取下。这样猫就可以根据自己的焦虑状态自行进行探索或躲藏。

在车里的航空箱中

教会猫外出并不一定是件坏事，也并不总是将前往兽医诊所联系在一起，这一点非常重要。有关这方面的有用建议，请参阅一个展示猫在航空箱内训练的视频（https://www.fundamentallyfeline.com/getting-your-cat-in-the-cat-carrier），以及一个展示汽车旅行的视频（http://catalystcouncil.org/resources/health_welfare/cat_carrier_video）。

碰撞测试表明，将航空箱放置在汽车后座的脚部位置是最安全的。在事故中，即使航空箱顶部（如手柄）系有安全带，安全带也未脱落，但航空箱外壳可能会破裂，猫会被甩向前方。

训练步骤：一旦猫喜欢上航空箱

事实证明，把航空箱放在外面也可以让它成为一个对猫来说舒适的区域！！！

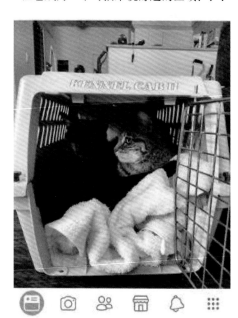

图15.2 **对猫来说，航空箱训练可减轻旅途中的压力**

后，宠主便可以将航空箱放入车内的脚部位置，启动汽车并再次熄火，然后返回家中。应在多个环节给予猫食物，以强化猫的积极体验。在此基础上进行后续训练，包括绕街区驾驶、驾车到达目的地并将航空箱从车里取出、驾车前往兽医诊所以及在不接受兽医团队成员进行任何操作或评估的情况下进入诊所，每一步都要通过奖励来强化。

给猫用药和进行其他治疗，减少猫住院次数

宠主可以学习口服给药、皮下输注液体、在家修剪指甲，以及其他偶尔需要依靠兽医工作人员进行的低压力护理方法。Fundamentally Feline 网站上（http://www.fundamentallyfeline.com/how-to-videos）有关于如何皮下输注液体、如何给药，以及如何让这些过程更好地被接受的精彩视频。

以猫友好的方式布置我们的诊所

如果猫已经适应了外出就诊，重要的是避免它在诊所里受到伤害。如前文所述，我们可以考虑如何在诊所的布局、氛围和医疗团队的行为方面为猫提供最佳支持。本节将讨论如何调整诊所的物理空间，使其成为对猫友好的场所。

接待区 / 候诊区

接待区 / 候诊区对猫来说存在着视觉挑战。为了避免猫看到其他猫或被犬嗅探，应将航空箱放在宠主旁边的椅子或架子上，放在宠主的腿上也是不错的选择。用毛巾覆盖航空箱会更有帮助，诊所会为此准备些毛巾（图 15.3）。前台人员应尽量低声交谈，确保猫看不到其他猫、犬或陌生人。为猫营造安全的环境。

应尽快将宠主和猫请进诊室。如果所有诊室都被占用，宠主最好带着猫在车里等待，直到诊室准备好为止。诊室应尽可能没有其他动物的气味和香味。在诊室中使用猫面部信息素 F3 插入式扩香器有助于安抚猫[35-36]。

诊室

要使猫在诊室中感到舒适，需要具备几个基本条件：
- 应该为患猫提供躲藏区；喜欢高处的猫可能会喜欢猫爬架。
- 避免嘈杂的设备、流水声或其他患猫的声音。播放轻柔的音乐可以起到舒缓作用。

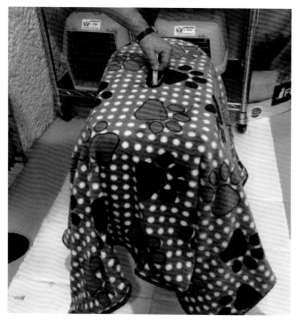

图 15.3　猫笼罩

（由 Tamara Iturbe 提供）

- 气味应为中性的或令猫愉悦的；信息素可能会起到安抚作用。
- 保持光线柔和。
- 在猫接触的表面上覆盖毛巾或垫子。

　　进入诊室后，兽医可以鼓励猫自己走出航空箱。如果猫不愿意出来，最好拆卸航空箱将猫抱出，而不是将猫倒出航空箱或伸手将它们拉出来。猫应该有机会探索周围环境，并找到让它们感觉舒适的区域，不管是在航空箱底部、体重秤上、座位下面、诊室的水槽里，还是在宠主的腿上。在采集病史过程中，它们可以自由探索或观察，熟悉各种感官刺激，并希望能逐渐感到安全。

　　在整个就诊过程中，动作要轻柔，轻声细语，鼓励猫的自我放松行为，保持冷静，并在猫焦虑时尝试安抚[30]。应避免与猫的直接眼神接触，眯着眼睛侧视可能会对猫有所安抚。鼓励猫主动接近兽医：发出颤音，缓慢眨眼，并伸出手让猫嗅闻。如果猫接受，可以轻轻抚摸其头顶或下巴，直到猫表示愿意进一步亲近。不要抚摸猫腰部以下的部分[37]。

　　让猫在整个就诊过程中都待在诊室中。一项随机交叉研究显示，猫在宠主在场的诊室中感受到的压力要小于宠主不在场的诊室。通过心率和恐惧、焦虑与应激（FAS）评分结果显示，与宠主分离和在处置区的所有参数值都较高，表明压力水平较高。这意味着，应提前收集和准备就诊所需要诊断和治疗耗材，或带入诊室以备使用。

重要的是，每个人都应该理解，猫在诊室中的负面情绪不一定要被完全消除，相反，只要意识到猫负面情绪的存在，就可以采取相应措施，使猫能够应对。

有关猫的感官以及如何使诊室更适合猫，请参见专栏 15.1。这些概念的总结见表 15.1。

学习和使用能最大限度减轻患猫恐惧和应激的处理和诊断技术

与患猫接触的所有工作人员都必须阅读、检查和确认猫发出的信号。FAS 量表是一个非常有价值的工具，可帮助评估患猫的情绪／精神状态。它定义了猫在恐惧、焦虑、应激或沮丧的特定状态下所表现出的身体和行为迹象，以及如何接近猫。这有助于告诉我们需要如何改变，在本次和之后的就诊中与患猫接触的方式。请参阅第 8 章了解更多信息。

"无恐惧宠物"提供的课程和资料非常有用，所有工作人员都应该熟练运用。网址为 https://fearfreepets.com。该项目推荐使用以下工具来帮助减轻猫的压力。

就诊前

- 服用晕车药［茶苯海明 12.4 mg/ 猫，PO，持续 8 h；马罗匹坦 1 mg/kg，PO，持续 24 h］。
- 服用抗焦虑药加巴喷丁（5 ~ 10 mg/kg，PO，就诊前 90 ~ 120 min 给药，持续 12 h）、苯二氮䓬类药物（阿普唑仑、劳拉西泮）或曲唑酮（50 mg，就诊前 90 ~ 120 min，PO，半衰期未知[57-58]）。
- 加压服（compression garments）。

就诊期间

- 院内镇静。
- 宠主和猫是否有首选的医疗服务人员、首选的入口、特定的已知触发因素、最喜欢／最有效的分散注意力技巧、偏好的检查位置或最喜欢的样本采集姿势[13,59]。

请注意，作者认为在就诊前使用抗焦虑药或在就诊期间使用镇静药是最后的手段。例行使用镇静药就意味着没有足够重视满足患病动物的情绪需求。工作人员应评估照护人的肢体语言，并尝试帮助他们放松。倾听他们对猫使

专栏 15.1　物理和社交环境：站在猫的角度

以人为中心设计的物理环境对猫的状态和反应有什么影响？从安全的家中被带走后，猫的情绪已经被唤醒，它们进入了一个充满了嗅觉、视觉、听觉、触觉刺激，可能还有味觉刺激的陌生环境。

1. 嗅觉感受

我们主要是视觉动物，但对猫来说，最重要的感观是嗅觉。Mills 等认为，感官偏好是一种个体特征 [39]。猫的嗅觉上皮表面积为 20 cm²，而人类仅为 2 ~ 4 cm² [40]。此外，像许多其他物种一样，但与人类不同的是，它们有一个犁鼻器系统，可以检测到为种内交流而存在的化学物质（包括信息素）。总的来说，环境的"气味"提供了对猫生存至关重要的信息，这些信息是我们无法理解的，但决定了猫的行为 [3]。当猫进入诊所后，它们会被各种气味包围：清洁和消毒产品、尿液、粪便、肛门腺的味道，我们试图通过清洁和使用除臭剂或我们认为令人愉悦的香气来掩盖这些气味。异味虽然可能会被这些"令人愉悦"的香味掩盖，但猫仍然能闻到混杂着排泄物的味道、猫砂、人类气味、异丙醇和恐惧信息素的气味。在寄养或住院期间，猫会用自己或其信息素的气味来安抚自己 [41]。当猫从兽医诊所回家时，如果失去了自己特有的气味，其他猫可能会攻击它们 [3]。当猫探索一个空间并感到舒适时，它们会将这些气味纳入自己的安全记忆库中……但如果这种经历会让它们产生负面关联，那么这些气味就会引发恐惧、焦虑或应激 [41]。

针对嗅觉的建议：我们应该意识到我们不能像猫一样能闻到许多气味，且不会有它们的那种强烈感受，应尽量寻找气味轻的消毒剂，并避免在猫附近使用（确保物体表面彻底干燥），谨慎使用异丙醇，尽量减少接触其他动物的气味和信息素的暴露，保持良好的通风，不与其他动物共用毛巾，注意防护手套和口罩上的各种气味和信息素，并考虑在整个诊所以及衣服 / 手上使用信息素。应避免在猫周围使用挥发性液体 / 精油，因为它们可能会附着在猫的被毛上，并通过梳理被毛摄入。清洗掉猫的气味或使用清洁产品会降低它们的安全感。在笼子里放两条毯子或毛巾，每天只更换一条，这样可以保持猫的气味。

猫薄荷、木天蓼（*Actinidia polygama*）、忍冬（*Lonicera tatarica*）和缬草根（*Valeriana officinalis*）可为诊所里的猫提供嗅觉丰容的体验 [42]。

在未确定猫是否因此变得兴奋或放松前，不应在检查前给猫使用猫薄荷。

2. 视觉感受

猫的视觉是为捕猎而进化的。猫的视野比人类宽广（200°，而人类只有 180°），而且有较高比例的视杆细胞与视锥细胞，因此它们能够在昏暗的光线下（黎明和黄昏）检测到运动的物体，而且它们在这时候最活跃。猫的眼睛能通过放大（即更长）的瞳孔将光线聚焦到透明带上，这使它们在光线不足的情况下也能发挥优势。虽然存在争议，但它们看到的颜色似乎与患有红绿色盲的人相似：它们看到的是蓝色调、黄色调

专栏 15.1 （续）

和一些绿色调[43]。且它们看到的颜色饱和度不及人类。猫也是近视眼：它们的视力为 20/100 ～ 20/200，这意味着它们只能聚焦 25 cm 左右的距离[32,44]。近距离捕捉猎物依靠的是它们的触须[40,45]。它们更容易看到快速移动的物体而不是慢速移动的物体。猫的晶状体灵活性较差，因此无论远近，它们对细节的辨识能力都很差，所以运动是关键的刺激因素。有趣的是，室内饲养的成年猫的晶状体更僵硬，视力更差[40]。可在该网站中查看相关信息：https://www.livescience.com/40460-images-cat-versus-human-vision.html。强光、快速移动的物体、任何朝它们脸部袭来的东西都会给它们带来压力，并有可能引发恐惧反应。

针对视觉的建议：考虑在诊室降低灯光亮度并安装调光开关。注意人的移动方式，尽量减少突然、快速的移动。在操作过程中，让猫躲在毛巾下或航空箱半遮掩的门后减少视觉刺激。确保猫在诊所内不会看到其他猫或犬。从患猫身后为其进行检查和治疗，避免视觉直接接触。

3. 听觉感受

猫的耳朵可以独立旋转、侧向和向后转动，因此它们具有在看到猎物之前确定其位置所需的听觉敏锐度。它们能感知的频率范围为 48 ～ 85 kHz，高频超声波范围比我们能感知的大约高出一个八度[46]。它们也能听到低音频的声音，包括男性的声音，而且极低频的声音也能通过它们的肉垫感知到[3]。因此，我们发出的声音对它们来说过于响亮，而它们却能听到我们听不到的声音，如节能灯泡、调光器、某些电脑和电视显示器等发出的声音。在安全的熟悉环境中，它们可以忽略这些刺激，但在陌生环境中，这些声音（或气味或动作）可能会给它们带来压力。

针对听觉的建议：在诊所里，会有很多陌生的声音，这些声音通常都很响亮或突然响起，如嘶嘶声（喷射瓶）、嘘声、哔哔声、叮咚声、铃声等。说话时要轻声细语，并用毛巾阻挡环境的噪声——覆盖在航空箱上、围绕猫、猫笼门上、猫笼底面等。慢慢打开注射器盒或包装纸，或在另一个房间打开。安静地关闭笼门。白噪声可以帮助抑制干扰性背景噪声[30]。

避免使用可能引起猫恐惧的音乐：包括重金属和摇滚乐，但即使是古典音乐也可能有问题[47]。Snowden 等报告称，听觉丰容 / 情绪唤醒具有物种特异性[48]。Hampton 和 Paz 的研究分别表明，猫专用音乐似乎对猫有益，但在第 1 份研究报告中，古典音乐的效果并不比静音好，而在第 2 份报告中，古典音乐则对猫有帮助[49-50]。要安抚唤醒或受惊吓的猫，以亲和性声音（呼噜声、颤音、吱吱声）和奖励性声音为基础的音调最为有效。嘈杂的叫声、不和谐的声音、短促的"噔噔"声可能会导致猫的恐惧和防御行为[48]。

4. 触觉感受

抚摸对猫非常重要。与抚摸尾巴根部相比，猫更喜欢被抚摸颞部，此时它们表现出

专栏 15.1 （续）

较少的负面反应。对抚摸口周和非腺体区域的反应介于其他评估区域之间[51]。

在猫身上，保定确实是一种"少即是多"的现象。Moody 等评估了猫在体格检查过程中对被动保定和全身保定的负面反应。他们评估了猫在被保定期间的行为和生理反应（每分钟舔舐次数、耳朵位置、瞳孔直径、呼吸频率、被释放后是否停留在检查台上）。在被动保定状态下，猫可以选择站立、坐下或躺下，并且四肢可以完全自由活动。全身保定（full-body restraint，FBR）时，猫侧卧，背靠着宠主，宠主抓住猫的前腿和后腿，前臂穿过猫的颈部。猫的头部、身体或四肢几乎不能动弹。在进行"FBR"时，猫的挣扎次数增加；在被保定期间，猫舔嘴唇的次数增加，呼吸频率增加，瞳孔放大，耳朵向侧面或背面倾倒；从"FBR"中释放后，更多的猫从检查台上跳下[52]。

抓后脖颈或使用镇静夹会让一些猫变得"平静"，并处于半不动状态[30]。夹子虽然方便，可以不用手进行束缚，但"夹颈"和抓后脖颈仍然存在争议，因为通过抑制来控制行为会导致冻结反应（一种负面的情绪状态），并非让猫真正放松，这在伦理上备受争议。ISFM/FAB 猫科动物专家小组强烈支持这样一种观点，即绝不应将抓后脖颈作为例行的保定方法，只有在别无选择的情况下才可使用[53]。随着时间的推移，抓后脖颈、用夹子夹住、强烈或粗暴的保定已被认为是一种不恰当的处理技术[33]。按摩或抚摸猫的口周和颞腺部位有助于防止猫产生恐惧感，建议用这种方法来代替抓后脖颈[54]。

猫脸颊上的触须可以感知猎物的靠近，并引导猫发动致命攻击[55]。这些极其敏感的结构还能探测空气的流动，以反映捕食者（包括照护人）或猎物的动向。除了位于猫脸颊上的触须外，猫的下巴、耳前区、腕关节以及跗关节背面也有触须。猫不喜欢潮湿或寒冷的环境，也不喜欢湿滑的表面。下面的"体格检查"部分将讨论触须的位置，以此作为了解猫的情绪状态的一种方式。

针对触觉的建议：用毛巾或柔软的羊毛垫覆盖物体表面（检查台、笼底、地面）。给予皮下注射液时应将液体加热至体温。不要剪掉猫的触须！

5. 味觉感受

猫似乎缺乏品尝甜味的能力，但能尝到咸、酸、苦和鲜味（肉味/氨基酸的味道）。此外，它们还能尝到水的味道[55]。猫的味蕾数量少于人或犬。它们对食物的喜好受早期经验的影响很大，但在情绪良好的情况下，它们可能会调整自己的选择[56]。

针对味觉的建议：提供适口的食物或零食（如 Churo、Catit Creamy、Temptations、SmartBites 等）可改变患猫的情绪状态使其感到愉悦，并可用于对抗性条件反射[30]。苦味药物可以藏在喂药零食中，也可以在给药前放入 4 号明胶胶囊中。服药后再给予可口的零食，以确保药物通过食道。

表 15.1 所示的诊所清单可以让我们根据科学依据，想象周围环境中的哪些因素会对猫造成威胁。有了这些信息，诊所团队就可以采取措施减少或完全消除这些威胁。

表 15.1　感官威胁和管理技巧

感官	威胁	减少威胁的方法
嗅觉	犬、其他猫、人、尿液、粪便、肛门腺分泌物的气味、呕吐物、血液、消毒剂、异丙醇、药物、除臭蜡烛、芳香疗法、香水、洗衣液（费利威？）	避免使用强力消毒剂，确保物体表面彻底干燥；避免使用异丙醇；保持良好的通风；不要共用毛巾；在房间、衣服/手上使用信息素。更换 2 条毛巾中的 1 条，以保持自身气味。避免使用挥发性液体/精油
听觉	犬、其他猫、奇怪的声音、电话、传真、电脑打印机、门、水声、离心机、洗碗机、音乐、交通、喷雾器/喷雾瓶、嘘声	轻声细语；用毛巾隔绝周围的噪声——盖在猫笼上、猫周围、猫笼门上、猫笼底面等。安静地打开产品包装和关闭笼门。播放白噪声。避免嘈杂的音乐。使用呼噜声、颤音、鸣叫声安抚患猫
视觉	犬、其他猫、奇怪的人、反光、接近脸部的东西、强光、奇怪的衣服（白大褂）、口罩、手套、黑暗的轮廓、突然的移动	调低亮度。尽量减少突然、快速的移动。处理过程中利用毛巾减少视觉接触或覆盖部分笼门。防止看到其他猫或犬。穿着便装（而非白大褂）
触觉	寒冷、潮湿、湿滑、保定、血压仪袖带充气、针头、被注射器注射、冰冷的皮下注射液/注射剂、刺痛的注射	用毛巾或柔软的羊毛垫覆盖物体表面。以最低程度轻柔地保定。将皮下注射液加温至体温。不要剃毛！
味觉	奇怪的食物、药物	提供适口的食物和零食；掩饰药物的苦味；在服药后提供零食

用的言语和语气（是否贬低或紧张），并安抚他们。兽医团队和照护人的肢体语言可能会向过度警觉的患猫传达非预期的信息；帮助照护人放松有助于安抚猫的情绪。

对于懵懂的患猫（例如，从未去过兽医诊所的猫，无论年龄大小），我们有机会为其奠定积极情绪体验的基础。对于这些猫，我们可以在进行检查、接种疫苗等工作时提供零食（在桌面上被动递送，而不是用手递送）（图15.4）。我们可以保证，不会阻止、责罚或纠正它们的恐惧行为；相反，我们会提供毛巾、毯子等物品，以控制它们对感知到的威胁的暴露程度。

但是，对于已经对就诊产生恐惧/焦虑倾向的猫来说，使用零食或玩具来激发它们的欲望有可能会造成矛盾和困惑的情绪状态，从而导致更激烈的自我防御。在这种情况下，使用抗焦虑药有助于减少猫的恐惧感，从而使猫在随后的就诊过程中不再需要化学辅助。

体格检查

工作人员的肢体语言应适合与猫互动。我们微笑并露出牙齿是为了表达喜悦或想与人交往的愿望，而猫则是在完全不同的情况下才会露出牙齿。同样，直视他人的眼睛意味着诚实和真诚，但对猫来说，这意味着威胁和即将发动攻击。

检查应从猫的背后进行，因为直视猫的面部会被猫视为威胁。尽量压低自己的身体，避免赫然出现在猫面前俯视猫，也能减少威胁感。可以在猫笼底部用毛巾盖住猫后再进行检查。

这需要整个兽医团队有意识地学会"说"猫的语言。大多数诊所都有一位猫代言人；如果没有，则应指定一位与猫关系最好的人担任此角色。通过 AAFP 猫友好实践项目（https://catvets.com/cfp/veterinary-professionals）或 ISFM 猫友好诊所项目（https://icatcare.org/veterinary/cat-friendly-clinic），他们的职责是解决"设施猫化"的实际问题。同样重要的，或者说更重要的是，要教会人们放慢速度，保持平缓的动作，并使用轻柔的声音，而不是刺耳的语调。练习用毛巾包裹猫，而不是以抓后脖颈作为保定方式（图 15.5）。学习如何评估面部表情（反映最快速的情绪变化）以及姿势和动作。学会通过观察胡须的位置来评估猫的情绪状态[27]。每个人对肢体语言／面部表情的解读能力越强，

图 15.4　在诊所接种疫苗或采集样本时采用的正向调节

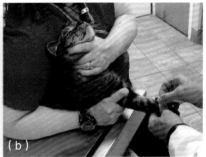

图 15.5　（a）在猫友好的诊疗过程中，抓后脖颈是不必要的，而且会适得其反。（b）这张图片展示了在进行臂头静脉注射时较为温和的保定方法

团队就能越恰当地调整自己的行为，帮助猫放松情绪，至少避免紧张情绪升级。无论猫的防御性（"攻击性"）如何，它们实际比你更害怕。此外，应激／恐惧和疼痛的表现也很相似；很多猫既疼痛又恐惧（https://www.felinegrimacescale.com）。

　　所有员工都应该掌握"读懂猫"的关键技能，特别是猫触须的常见位置，这些位置预示着猫的不同情绪状态。例如：

- 放松、满足——触须处于中立位置，略微向外侧伸展。
- 感兴趣、投入——触须朝前呈扇形展开，嘴巴紧闭，嘴唇放松，鼻吻丰满。
- 捕猎——触须朝前呈扇形，向前移动以探查猎物的颈部。
- 恐惧、焦虑、应激——触须朝向后方，耳朵通常侧向或向后压纸，可能伴有张嘴叫唤。
- 自卫——触须朝向前方，耳朵竖起并侧向。
- 痛苦——触须向前伸展，但鼻吻扁平且紧绷。

面部表情

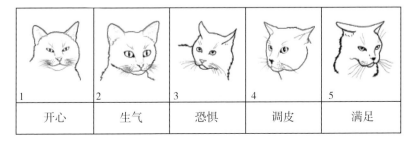

1	2	3	4	5
开心	生气	恐惧	调皮	满足

样本采集处理

与检查类似，采集样本时也应远离猫的脸部进行，尽量使用没有异响的电推子（或不剃毛），尽量少用或不用异丙醇，在柔软、不易滑动的表面上尽量减少保定。由工作人员以轻柔的声音柔和地进行手法操作极为重要。提前准备好所有必要的材耗（注射器、贴有标签的试管、载玻片等）后，照护人可以缓慢而平静地进入房间。因为猫已经适应诊室，避免将猫转移到其他房间（如治疗区）进行操作。由于样本采集最好在诊室内进行，因此在大多数情况下，照护人都会与猫在一起[60]。使猫保持冷静有助于照护人保持冷静。如果无法做到这一点，应要求照护人暂时离开诊室。

让猫保持对自己身体的控制感。作者首选内侧隐静脉（图 15.6）采血，因为当猫的后肢被翻转时，前躯仍可以保持胸侧位置。在这种体位下，不需要调整猫的位置，就可以进行膀胱穿刺术采集尿液样本，如果尚未进行其他检查，也可以在这种体位下测量血压（在采集其他样本之前）（图 15.7）。如果这条静脉不能提供所需的样本，则可将猫的前肢侧放以采集颈静脉样本。另外，采集颈静脉样本时，可以让猫保持胸侧位置（图 15.8），而不是将猫的前肢移到桌子边缘——这就好比将人吊在悬崖或窗外，使威胁直接进入其视野，然后用嘈杂的电推子和有异味又凉的异丙醇接近他们，最后再用针刺入。

血压仪袖带应放置在与心脏处于同一水平位置的四肢或尾巴上（图 15.9）。尾部测量结果受肌肉状况和年龄的影响较小，并且具有远离猫脸部的优点[61]。使用多普勒仪时，操作者最好使用耳罩式耳机，以防止猫在定位动脉时听到探头在被毛上发出的噪声。如果做不到这一点，将机器音量调得越小越好。

图 15.6　内侧隐静脉采血的体位

图 15.7　用毛巾辅助摆位，以便进行隐静脉内侧采血和膀胱穿刺尿液采集

如果猫在操作过程中极度不安，继续尝试操作有可能会造成猫对诊所的长期反感或负面关联。在这种情况下，临床兽医有两种选择：使用化学保定或暂停就诊，让猫在安全、安静的空间（如猫笼中的航空箱）中放松。将检查分成几个部分，中间穿插休息时间，这样可以让猫放松下来，并认为检查过程是安全的。

图 15.8　**颈静脉穿刺的体位**

只要猫不是太兴奋，使用玩具或食物分散它们的注意力可能会有效。有时，让照护人离开可能比让照护人陪在猫身边更好。与直觉相反，一项通过压力传感器对健康且意识清楚的猫进行连续直接血压测量的研究发现，当猫被熟悉的人抚摸时，其平均血压要比被陌生人抚摸时更高（无论其是否活跃）[62]。

住院治疗

如果猫需要住院治疗，不仅要保证日常管理的一致性，还要了解猫的社交需求。尽管猫是独居动物，但它们仍然需要一定程度的互动。

图 15.9　**血压仪袖带的位置与心脏和耳机保持一致，可减少患猫听到外放的噪声**

对有些猫来说，每天与它们交谈就足够了，而有些猫则希望被抚摸。如前文所述，猫有各自的抚摸偏好。虽然有些猫会喜欢全身抚摸，但这并不意味着所有猫都会喜欢。很多猫只喜欢抚摸头部。因为猫无法预知将要发生的事情，就像人恐惧或疼痛时一样，唯一的现实就是当下的体验。应根据患病动物和照护人的需要，考虑提供定期探视的机会。

在兽医诊所内应限制猫与其他猫或其他物种的社交互动，尤其是当猫需要住院治疗时。笼子不应面对其他笼子；猫不应看到治疗台。应尽量减少嗅觉、听觉和视觉交流。用于其他患猫的毛巾应从嗅觉空间中移除（如及时送到洗衣房），以消除该区域的恐惧 / 警报信息素。应让猫远离吵闹的猫和犬。

在猫笼中提供多种独立的资源是很困难的，但也应加以考虑[63]。利用垂直空间也有帮助。利用航空箱顶部作为猫的休息区和藏身处，可使猫远离猫砂盆。水和食物应尽可能远离猫砂盆。垫料应柔软，猫笼应尽可能安静且表面不反光。在猫窝和食物放置区域的门上挂一条毛巾，这样既可以增加私密性，又不会完全遮挡光线或影响观察。如果可能，可将猫砂盆放在相邻的隔间里。应为没有严重疾病的猫提供玩耍和探索的机会。可以做一个玩具盒，如图 15.10 所示。作者并没有对其进行消毒和重复使用，而是建议照护人将其带回家，让他们在家里制作玩具或改装成益智喂食器。这种低成本的工具还带来了额外的好处，即照护人可以向朋友介绍，从而促成更多转介绍。

不锈钢会给猫带来很多感官上的挑战。它反光、冰冷、噪声大。猫笼的地板应该铺上毛巾或绒布，而不是报纸，这样既温暖又柔软。如前所述，用毛巾盖住笼门的一半可以减少笼内的反光，但这可能吓到猫。调暗灯光和 / 或旋转轨道灯，使其朝向远离患猫的方向，可以帮助猫放松。笼门的锁扣在关门时会发出很大的声音：贴上胶带或关门时格外小心将有助于减少噪声。对所有工作人员来说，在笼子里待上 5 min，向外观察，就能了解患猫的感受了。

靠近猫笼里的猫时，不要堵住整个入口，这一点很重要。挡住所有光线并将猫困住可能会让它们感到威胁。允许它们选择靠近甚至试图离开。快乐的猫会有控制感。

图 15.10 可以用塑料容器制作一个简单的玩具盒，里面装有猫粮、软体玩具或猫薄荷

回家

探访结束后，猫通常会自愿进入航空箱。如果不止一只猫被装在同一个航空箱里，可以提供一个干净且没有猫气味的备用航空箱，以帮助减少猫之间因恐惧而产生的攻击行为。直到猫适应了家庭环境和家庭成员，就诊才算真正结束。回家的猫会面临不利局面。就诊可能是为了预防性医疗保健，包括剃毛（对猫来说这意味着外观改变），或者猫可能正在麻醉或生病后的恢复期。它们可能留置着饲管，或需要反复服药。它们不再属于以前的那个和谐的群体。

回家后，将航空箱放在一个房间里，关上房门，打开航空箱。让猫在进入家中其他地方之前，先梳理自己，去除诊所的气味，并重新建立其他猫熟悉的气味。也可以在所有猫的前胸上涂抹一些滑石粉 / 婴儿爽身粉，让它们闻起来气味都是一样的。

大多数照护人都害怕给猫用药；他们可能害怕受到伤害、对猫有负罪感、没有遵循建议的技能，所有这些都可能导致疗程被缩短。在开具口服药物时，药片通常比液体更容易让猫服用，皮下注射则更简单。（您更愿意选择哪种方式？）根据诊所的规定，可以将每天注射 1 次或 2 次的注射药物预抽后带回家。药片可以装在药袋或药丸面团中，也可以磨碎（视药物而定）混入零食或 Churo 或 Catit Creamy 中。如果药物味道苦涩，可以将其放入 4 号明胶胶囊中，既可以掩盖味道，还可以一次服用多种药物。所有药片和胶囊都应该用水或食物送服，以减少食道狭窄形成的可能性。

皮下注射液（在诊所或家中）在加热至猫体温后更容易被猫接受（图 15.11）。（请参阅附录中的客户手册）将液体或任何药物与食物或其他奖励搭配在一起会使猫更容易接受治疗。

专栏 15.2 提供了如何进行治疗的网络资源。尽管我们可能更倾向于专业制作的视频，但对于照护人来说，其他

图 15.11　**为皮下注射液体加温的设置**

专栏 15.2　关于如何进行治疗的网络资源

拥有一个 YouTube 链接库或自己制作诊所"操作指南"视频是非常有用的。非专业人士制作的 YouTube 视频可能比专业医护人员制作的视频更有说服力。找到您和您的员工以及照护人认为最好的视频。有很多不错的链接。一些有用的说明性短片示例包括：

- 如何给猫喂药（见下文）。
- 如何测量血糖：www.veterinarypartner.com/Content.plx?A=605。
- 如何更换 KittyKollar（视频）和使用 E-tube（宣传册）：www.kittykollar.com。

还包括如何用注射器喂食、刷牙等。猫照护人喜欢展示自己的技能并帮助他人。

同样，当照护人想了解更多有关宠物医疗状况的信息时，也可以参考精选的网络资源。

在 www.partnersah.vet.cornell.edu 网站上有一系列康奈尔大学的关于许多护理和疾病诊疗的视频。其中包括为猫刷牙、给猫喂药或胶囊、给猫服用液体药物、为猫量体温、为猫修剪指甲。其他免费视频包括照顾糖尿病患猫、胃肠道疾病患猫、猫肾病护理指南、管理猫的破坏性抓挠行为，以及宠主进行癌症护理的指南。

icatcare 网站上的所有内容都由 ISFM 制作，非常优秀，网站为 http://icatcare.org/advice/general-care。他们有一个内容丰富的资料库，提供有关猫疾病诊疗和一般护理的资料，包括一些视频。

猫慢性肾病：www.felinecrf.org。

猫糖尿病：www.felinediabetes.com，www.petdiabetes.com。

猫家长在 YouTube 上发布的家庭视频对宠主来说可能更具有共鸣和慰藉作用，相比之下，那些精心策划的专业视频可能稍显逊色。

照护人的压力以及诊所团队的精力、言语和肢体语言对患猫的情绪体验起着重要作用。如前所述，对照护人进行教育以创造一种从家里到车上再到诊所的轻松过渡也会让人受益匪浅。让诊所变得舒适、温馨，不那么临床化，也可以减少照护人的白大褂反应。

必要时使用改变体验的药物（"化学保定"）

作者认为，镇静药不应该被常规用于将猫带到诊所或兽医就诊期间。人们很容易相信这样的借口，即镇静药对猫更人道，而且能让兽医团队快速完成手术，缩短猫的就诊时间。要想真正做到尊重猫、体恤猫，就必须花时间和精力改变诊所的感官环境和处理方式，让猫学会能够自己应对。问问自己，这样做是为了谁？

在尝试了所有的低压力操作方法后，Sophia Yin 建议"如果你认为已经采取的措施不足以让猫在整个就诊过程中保持平静和配合，在猫变得高度亢奋或反应激烈之前应考虑少使用注射镇静剂，因为在早期阶段使用镇静剂效果更好"。

应使用可逆性药物，尽可能减少猫意识混乱的程度。推荐的方案是使用20 ~ 30 μg/kg 右美托咪啶和 0.2 ~ 0.4 mg/kg 布托啡诺进行 IM 给药，随后使用 1/2 体积（右美托咪啶体积）的阿替美唑进行 IM 给药。老年猫、病猫或心脏病患猫不应使用右美托咪啶。可使用丁丙诺啡代替布托啡诺，剂量为0.02 mg/kg，IM 或通过黏膜途径给药。在整个镇静和恢复期都需要对猫进行监护[59]。在镇静过程中将棉花塞入猫的耳朵，用毛巾遮盖猫的眼睛，以减少外部刺激。应监测肌肉紧张度、心率、呼吸频率和血压。

总结

正如 Heath 简洁地指出："由于情绪与健康复杂的相互联系，如果不兼顾情绪健康，就无法促进身体健康"[33]。这其中的关键是让猫感觉到它们在就诊过程中有控制权和选择权，通过持续评估患猫的情绪反应并调整我们的应对措施，我们可以改变环境，从而改善患猫在诊所中的体验。

如何给予皮下注射液

将液体加热至体温

1. 使用未开封的包装袋：

　　a. 取下外面的保护袋。

　　b. 微波 2 ~ 3 min（视微波炉而定）。

　　c. 按摩加热后的注射液包装袋，使热量均匀分布。

　　d. 在手腕上测试注射液包装袋温度。应该感觉温度适中，与体温相似。

2. 如果包装袋已经被使用，而且连接输液管，则不要用微波炉加热，否则连接管会融化并封住包装袋。

　　a. 用水壶或锅烧水。

　　b. 将包装袋放入花瓶或高的直立容器中，开口朝向上，使其保持在水面以上。

　　c. 将热水倒入花瓶中，注意不要碰到开口部。

d. 将计时器设定为 5 min 左右（取决于用过的包装袋中剩余液体量）。

e. 按摩加热后的包装袋，使热量均匀分布。

f. 在手腕上测试包装袋温度。应该感觉温度适中，与体温相似。

将新输液管连接到输液袋

1. 将滚轮滚到关闭位置，准备输液管。

2. 取下输液管的盖子，小心不要碰到输液管的末端。

3. 从输液袋的接口处取下末端。

4. 将静脉输液管的尖端插入接口。

5. 挤压静脉输液管的滴壶，使其充满一半的液体。

6. 将滚轮滚到打开位置，打开输液管，向输液管注入液体。

给猫输液

1. 将装有液体的输液袋挂在窗帘杆或淋浴杆上，将盖好盖子的输液管垂下来。

2. 将未使用过的带盖针头连接在输液管上。

3. 坐在舒适的地方。我更喜欢坐在地板上，这样猫会有安全感。

4. 如果您愿意，可以用毛巾将猫包裹起来，露出头部和肩膀，然后将它抱在怀里。

5. 取下针上的盖子。

6. 让猫背对着你，用惯用手手持针头，放在猫的背上，针头朝向猫的头侧。

7. 用非惯用手在猫的肩膀之间提起一个皮肤帐篷。

8. 吹气（把毛吹开），用力将皮肤帐篷拉到针头上，注射并用手固定针头上的皮肤帐篷。

9. 打开静脉输液管的滚轮，按照兽医的指示输液。

10. 由于液体是温热的，一旦针头位置正确，猫应该会很舒服。给予猫食物和表扬也无妨！

11. 输完一半的液体后，将针头向后拔出一部分（但仍留在皮下），这样您就可以将针头移到另一侧肩膀上，然后再次完全插入。这有助于液体量分布。

12. 关闭静脉输液管，拔出并丢弃针头，安全地用无菌盖重新盖好输液管。

13. 拔出针头时，用你的非惯用手将皮肤捏在一起。

恭喜你！你做到了！

注意

1. 在你逐渐适应这个过程时，在颈后两处剃掉被毛可能会有帮助。这样您就能确保针头扎到了皮下。被毛会重新长出来的。

2. 你的猫看起来就像戴了护肩。液体会顺着一条腿流到身体的一侧，甚至流到爪子上。这些液体将在 12 ~ 24 h 内被吸收。如果液体没有被吸收，则需要减少用量。请联系兽医。

3. 如果注射部位有液体渗出，甚至有少量血液渗出，也不必担心。

参考资料

1 Volk JO, Thomas JG, Colleran EJ, Siren CW. Executive summary of phase 3 of the Bayer veterinary care usage study. J Am Vet Med Assoc. 2014;244(7):799–802.

2 Overall K. Facing fear head on: Tips for veterinarians to create a more behavior-centered practice dvm360.com, September 30, 2013 (accessed June 30, 2020).

3 Bradshaw J. Normal feline behaviour:… and why problem behaviours develop. J Feline Med Surg. 2018;20(5):411–421.

4 Bayer HealthCare. Bayer Veterinary Care Usage Study III: Feline Findings. 2012.

5 Heath S. Understanding feline emotions:… and their role in problem behaviours. J Feline Med Surg. 2018;20(5):437–444.

6 Mellor DJ. Updating animal welfare thinking: Moving beyond the "five freedoms" towards "a life worth living". Animals. 2016;6:21. doi:10.3390/ani6030021.

7 Overall K. Fear factor: Is routine veterinary care contributing to lifelong patient anxiety? dvm360. com, August 31, 2013 (accessed June 15, 2020).

8 McMillan FD. A world of hurts – is pain special? J Am Vet Med Assoc. 2003;223(2):183–186.

9 Hargrave C. Anxiety, fear, frustration and stress in cats and dogs – Implications for the welfare of companion animals and practice finances. Companion Anim. 2015a;20(3):136–141.

10 Hargrave C. In-practice management of stress in cats and dogs – Improving the welfare of companion animals and practice finances. Companion Anim. 2015b;20(5):292–299.

11 Mariti C, Bowen JE, Campa S, Grebe G, Sighieri C, Gazzano A. Guardians' perceptions of cats' welfare and behavior regarding visiting veterinary clinics. J Appl Anim Welf Sci. 2016;19(4):375–384.

12 Habacher G, Gruffydd-Jones T, Murray J. Use of a web-based questionnaire to explore cat owners' attitudes towards vaccination in cats. Vet Rec. 2010;167(4):122–127.

13 Johnson JT, Williamson JA. Faculty development with integration of low stress pet handling techniques into a veterinary school curriculum. MedEdPublish. 2018;7.

14 Jeyaretnam J, Jones H. Physical, chemical and biological hazards in veterinary practice. Australian Vet J. 2000;78(11):751–758.

15 Levine AD. Feline fear and anxiety. Vet Clin Small Anim. 2008;38:1065–1079.

16 Quimby JM, Smith ML, Lunn KF. Evaluation of the effects of hospital visit stress on physiological parameters in the cat. J Feline Med Surg. 2011;13:733–737.

17 Lauler DP. Stress hypokalemia. Conn Med. 1985;49(4):209–213.

18 Rand JS, Kinnaird E, Baglioni A et al. Acute stress hyperglycemia in cats is associated with struggling and increased concentrations of lactate and norepinephrine. J Vet Intern Med. 2002;16:123–132.

19 European Society of Veterinary Medicine. Project Alive. https://www.esve.org/alive/search. aspx (accessed May 30, 2020).

20 Cauvin AL, Witt AL, Groves E et al. The urinary corticoid: Creatinine ratio (UCCR) in healthy cats undergoing hospitalisation. J Feline Med Surg. 2003;5:329–333.

21 Carlstead K, Brown JL, Strawn W. Behavioral and physiological correlates of stress in laboratory cats. Appl Anim Behav Sci. 1993;38:143–158.

22 Buffington CT. External and internal influences on disease risk in cats. J Am Vet Med Assoc. 2002;220(7):994–1002.

23 Westropp JL, Kass PH, Buffington CA. Evaluation of the effects of stress in cats with idiopathic cystitis. Am J Vet Res. 2006;67(4):731–736.

24 McMillan FD Emotional pain: Why it matters more to animals than physical pain and what the animals want us to do about it. VMX Proceedings 2018:314–317.

25 Stella J, Croney C, Buffington T. Effects of stressors on the behavior and physiology of domestic cats. Appl Anim Behav Sci. 2013;143:157–163.

26 Zeiler GE, Fosgate GT, Van Vollenhoven E, Rioja E. Assessment of behavioural changes in domestic cats during short-term hospitalisation. J Feline Med Surg. 2014;16(6):499–503.

27 Gourkow Nadine. Emotions, mucosal immunity and respiratory disease in shelter cats. PhD thesis, Univ Queensland 2012. https://espace.library.uq.edu.au/data/UQ_284698/s41334931_ phd_finalthesis.pdf?dsi_version=c1b69c9518c3b7e9b2eac3aae0b333d6&Expires=1644204798 & Key-Pair-Id=APKAJKNBJ4MJBJNC6NLQ&Signature=gEMiEuCTq3jT2kcS8Ajg-1~zN7tGB1-njN MbKv0fNTZfoFSQ61zTBdvcEGix6Q0YaNqVmL8FD7bzSWqUn46ZxeC29O Gg4iWBw2ndLmzzbZ npYOjqYxUjyAw0ofIqlP5xpthSn~4LWOApsOCNkKMkWgk34Ouf36 wN79iOk2nMIuNnZnkNpkD bYFrAVx63oPrCaJusT4yu6Se5XSaxn624YXUsGcW55MEwxd-k58iGSAOb9FrHtmWIdExiG6Lxm8 PHvJZmhQPxzK79SHbVung2RF-T0npTE53NOceaqig4eB OpXjrF9ib64A2FV0jITKAYVNENTJY5S KXSDrxzJIQOoA__ (accessed February 6, 2022).

28 Belew AM, Barlett T, Brown SA. Evaluation of the white-coat effect in cats. J Vet Intern Med. 1999;13(2):134–142.

29 Nibblett BM, Ketzid JK, Grigg EK. Comparison of stress exhibited by cats examined in a clinic versus a home setting. Appl Anim Behav Sci. 2015;175:68–75.

30 Herron ME, Shreyer T. The pet-friendly veterinary practice: A guide for practitioners. Vet Clin North Am Small Anim Pract. 2014;44:451–481.

31 Rollin BE. Integrating science and well-being. Vet Clin N Am Sm Anim. 2020;50(4):899–904.

32 Lloyd JFK. Minimising stress for patients in the veterinary hospital: Why it is important and what can be done about it. Vet Sci. 2017;4:1–19.

33 Heath S. Environment and feline health: At home and in the clinic. Vet Clin Small Anim. 2020;50(4):663–693.

34 Rochlitz I. A review of the housing requirements of domestic cats (Felis silvestris catus) kept in the home. Appl Anim Behav Sci. 2005;93:97–109.

35 Hewson C. Evidence-based approaches to reducing in-patient stress – Part 2: Synthetic pheromone preparations. Vet Nurs J. 2014;29(6):204–206.

36 Pereira JS, Fragoso S, Beck A, Lavigne S, Varejão AS, da Graça Pereira G. Improving the feline veterinary consultation: The usefulness of Feliway spray in reducing cats' stress. J Feline Med Surg. 2016;18(12):959–964.

37 Ellis SL, Thompson H, Guijarro C, Zulch HE. The influence of body region, handler familiarity and order of region handled on the domestic cat's response to being stroked. Appl Anim Behav Sci. 2015;173:60–67.

38 Griffin F, Mandese W, Reynolds P et al. Evaluation of clinical exam location on stress in cats: A randomized crossover trial in review. J Feline Med Surg. 2020. doi:10.1177/1098612X20959046

39 Mayes ER, Wilkinson A, Pike TW, Mills DS. Individual differences in visual and olfactory cue preference and use by cats (Felis catus). Appl Anim Behav Sci. 2015;173:52–59.

40 Bradshaw JW, Casey RA, Brown SL. The behaviour of the domestic cat. Oxfordshire: Cabi; 2012.

41 Vitale Shreve KR, Udell MA. Stress, security, and scent: The influence of chemical signals on the social lives of domestic cats and implications for applied settings. Appl Anim Behav Sci. 2017;187:69–76.

42 Bol S, Caspers J, Buckingham L, Anderson-Shelton GD, Ridgway C, Buffington CT, Schulz S, Bunnik EM. Responsiveness of cats (Felidae) to silver vine (Actinidia polygama), Tatarian honeysuckle (Lonicera tatarica), valerian (Valeriana officinalis) and catnip (Nepeta cataria). BMC Vet Res. 2017;13(1):70.

43 Clark DL, Clark RA. Neutral point testing of color vision in the domestic cat. Experimental Eye Res. 2016;153:23–26.

44 Lewis HE. https://www.dvm360.com/view/fear-free-what-you-see-not-what-cat-or-dog-gets (accessed February 6, 2022).

45 Bradshaw J. 2014 How Do Cats Use Their Whiskers? Slow-Motion | Cats Uncovered | BBC Earth https://www.bbc.co.uk/programmes/p027rmq3 (accessed February 6, 2022).

46 Heffner RS, Heffner HE. Hearing range of the domestic cat. Hear Res. 1985;19(1):85–88.

47 Mira F, Costa A, Mendes E, Azevedo P, Carreira LM. A pilot study exploring the effects of

musical genres on the depth of general anaesthesia assessed by haemodynamic responses. J Feline Med Surg. 2016;18(8):673–678.

48 Snowdon CT, Teie D, Savage M. Cats prefer species-appropriate music. Appl Anim Behav Sci. 2015;166:106–111. doi:10.1016/j.applanim.2015.02.012.

49 Hampton A, Ford A, Cox III RE, Liu CC, Koh R. Effects of music on behavior and physiological stress response of domestic cats in a veterinary clinic. J Feline Med Surg. 2020;22(2):122–128.

50 Paz JE, da Costa FV, Nunes LN, Monteiro ER, Jung J. Evaluation of music therapy to reduce stress in hospitalized cats. J Feline Med Surg. 2021;20:1098612X211066484.

51 Soennichsen S, Chamove AS. Responses of cats to petting by humans. Anthrozoös. 2002;15(3):258–265.

52 Moody CM, Picketts VA, Mason GJ, Dewey CE, Niel L. Can you handle it? Validating negative responses to restraint in cats. Appl Anim Behav Sci. 2018;204:94–100.

53 Rodan I, Sundahl E, Carney H, Gagnon AC, Heath S, Landsberg G, Seksel K, Yin S. AAFP and ISFM feline-friendly handling guidelines. J Feline Med Surg. 2011;13(5):364–375.

54 Horwitz DF, Rodan I. Behavioral awareness in the feline consultation: Understanding physical and emotional health. J Feline Med Surg. 2018;20:423–426.

55 Bartoshuk LM, Harned MA, Parks LH. Taste of water in the cat: Effects on sucrose preference. Science. 1971;171(3972):699–701.

56 Bradshaw JW. The evolutionary basis for the feeding behavior of domestic dogs (Canis familiaris) and cats (Felis catus). J Nutr. 2006;136(7):1927S–1931S.

57 Stevens BJ, Frantz EM, Orlando JM, Griffith E, Harden LB, Gruen ME, Sherman BL. Efficacy of a single dose of trazodone hydrochloride given to cats prior to veterinary visits to reduce signs of transport-and examination-related anxiety. J Am Vet Med Assoc. 2016;249(2):202–207.

58 Orlando JM, Case BC, Thomson AE, Griffith E, Sherman BL. Use of oral trazodone for sedation in cats: A pilot study. J Feline Med Surg. 2016;18(6):476–482.

59 Yin S. Handling the challenging cat. In: Rodan I, Heath S, eds. Feline behavioral health and welfare. St. Louis: Elsevier; 2016:306–318.

60 Sundahl E, Rodan I, Heath S. Providing feline-friendly consultations. In: Rodan I, Heath S, eds. Feline behavioral health and welfare. St. Louis: Elsevier; 2016:269–286.

61 Whittemore JC, Nystrom MR, Mawby DI. Effects of various factors on Doppler ultrasonographic measurements of radial and coccygeal arterial blood pressure in privately owned, conscious cats. J Am Vet Med Assoc. 2017;250(7):763–769.

62 Slingerland LI, Robben JH, Schaafsma I, Kooistra HS. Response of cats to familiar and unfamiliar human contact using continuous direct arterial blood pressure measurement. Res Vet Sci. 2008;85(3):575–582.

63 Ellis SL, Rodan I, Carney HC, Heath S, Rochlitz I, Shearburn LD, Sundahl E, Westropp JL. AAFP and ISFM feline environmental needs guidelines. J Feline Med Surg. 2013;15(3):219–230.

附录 1　猫的精神类药物

Elizabeth Stelow

　　本附录的目的是以快速参考的方式提供关于猫使用精神药物有用且准确的基本信息。对于临床兽医来说，如果想要更好地了解关键的神经递质、所介绍药物的化学结构或同类药物之间作用机制的细微差异，下面提供的参考信息可供大家进一步探讨。

缩写

　　对于本附录，将用到以下缩写：

　　BZD = 苯二氮䓬类药物。

　　CYP450 = 细胞色素 P450。

　　SARI = 5- 羟色胺拮抗剂和再摄取抑制剂。

　　SSRI = 选择性 5- 羟色胺再摄取抑制剂。

　　TCA = 三环类抗抑郁药。

　　MAOI = 单胺氧化酶抑制剂。

简介和注意事项

　　研究表明，在行为问题的治疗计划中适当使用精神类药物可以更快、更令人满意地解决问题[1-2]。

　　那么，临床兽医如何识别药物治疗的必要性、选择最佳切入点并监测结果呢？就像所有其他医学领域一样，重要的是根据准确的诊断评估和全面的治疗计划来彻底了解问题。鉴于患猫当前的觉醒水平或反应性，如果临床兽医和猫宠主一致认为治疗计划可能不会成功，则提示药物治疗可能有效。必须告知宠主，药物治疗可能会改善猫对治疗计划的反应，但不能替代必需实施的工作[1]。

　　给猫开具精神药物有一些限制：

　　1. 研究有限。理想情况下，临床兽医将参考设计良好的临床试验，将这些高质量数据与自身的临床专业知识相结合来对现有药物进行严格评估。这些共同构成了循证决策，从而获得最佳结果[3]。

不幸的是，目前还缺乏支持在猫中使用精神药物的研究。有限的研究集中在治疗一些行为问题的少数药物上。迄今为止，大多数研究都在测试选择性 5- 羟色胺再摄取抑制剂（SSRI，主要是氟西汀）、三环类抗抑郁药（TCA）、苯二氮䓬类药物（有限测试）、丁螺环酮（阿扎哌隆类）和曲唑酮（一种 5- 羟色胺拮抗剂和再摄取抑制剂，或 SARI）。研究的适应证主要是尿液标记和兽医来访期间的应激反应。尽管如此，临床兽医仍在使用这些药物并取得了效果。在下文的讨论中，我们将介绍目前对这些药物的适应证、副作用和禁忌证的了解。

2. 宠主态度。宠主对精神药物的信任和理解将影响他们同意开始使用这些药物治疗的意愿、坚持用药的意愿，以及他们对所看到的积极和消极影响的看法。一些宠主会在预约期间明确表示，他们通常对精神药物感到抵触，这通常是由于宠主基于他们听到或读到的关于其在人类精神病学中使用的负面联系。有些人会担心他们预测（或实际看到）的副作用会对宠物有害。还有一些人有兴趣尝试治疗计划中的药物，但没有准备好接受一些更新的、更有针对性的药物效果[4]。

3. 目前还没有批准可用于猫的精神药物。

尽管有这些局限性，但精神药物经常作为猫问题行为综合治疗计划的一个重要方面。

确定对精神药物的需求

确定是否需要使用精神药物有 4 个步骤：

- 根据病史和体格检查做出准确诊断。
- 制订一个完整的治疗计划来解决诊断问题，同时考虑目前出现的问题和宠主生活方式的细节。
- 评估患猫是否有可能在没有药物帮助的情况下及时成功完成治疗计划。需要进行药物治疗的适应证包括过度唤醒、不可避免的触发因素、某些或所有情况下的中度至重度焦虑、有限的冲动控制、强迫行为，以及偶尔出现的实质性触发因素，如烟花或兽医来访。
- 验证是否存在支持该患猫诊断的药物。并非所有尿液标记病例都需要药物治疗。并非所有游戏相关性攻击的诊断都需要药物治疗。

虽然尝试通过药物治疗的反应进行诊断可能很有吸引力，但这通常不是一种有效的途径[4]。

至关重要的是，临床兽医要记住药物治疗只是治疗计划的一个方面，不能代替周密的管理和行为矫正来达到满意的效果[1,4]。

药物选择

在选择药物时，应注意考虑如下事宜。

- 最显而易见的考虑因素是病史中对治疗诊断有效的药物清单。

- 另一个问题是，对于给药途径是否有限制；例如，一些宠主很难让他们的猫口服片剂药物，而另一些宠主却无法让他们的猫饮用水剂药物。偶尔，这些限制可以通过对宠主和患猫的培训、脱敏和对抗性条件反射来克服。但是，注意到它们是很重要的。

- 最后，至关重要的是，临床兽医必须知道理想的药物是否必须是速效的（问题是偶发的还是基于某个事件，如兽医来访？宠主对问题的不耐烦是对猫生命的一种威胁吗？），或者是否可以考虑延迟起效的药物（如 SSRI 和 TCA）。

本附录为临床兽医提供了两种根据诊断选择药物的方法。首先，下面每个药物类别的描述列出了该类别最常用的适应证。

其次，本附录末尾所列的剂量表包含了所列药物目前可用的剂型和剂量的最新信息。每个类别都包括药物可能的起效时间，因为这在不同药物类别之间有差异，但在同一类别内几乎没有。

患猫检查

本书中讨论的所有药物都由肝脏和 / 或肾脏代谢。一些会影响心脏功能，另一些会改变循环甲状腺分析物的检测水平。因此，对临床兽医来说，评估患猫是否适合某一药物非常重要。首先，要建立一个最小数据库（全血细胞计数、血清生化检测），并基于药物禁忌证及其类别进行其他检测。

宠主教育

宠主的依从性基于他们对治疗计划的良好理解。在药物治疗方面尤其如此，特别是那些需要终身服用或可能会造成不良影响的药物。对于开具任何一种精神药物，宠主必须充分了解以下内容：

- 开药的目的。这种药物对于治疗周期内出现的问题有何帮助？

- 可能的正面和负面影响。它们可能在什么时间出现？哪些负面影响是停止用药的原因，哪些应该被容忍一两天以观察它们是否会消失？大多数负面影响是温和且短暂的[2]。哪些影响需要兽医立即或近期关注？

- 药物可能初起效的时间。至关重要的是，宠主不要过早的寻求改善；他们的失望可能会破坏他们对计划的信心，这可能会改变依从性。

- 如何知道药物是否符合预期。由于药物的添加，行为反应的变化可能是微妙的。重要的是要提醒宠主，药物治疗并不是整个计划，而通常只是为行为矫正奠定基础。许多宠主会断言药物不起作用，因为宠物仍然继续做那件他们想要改变的"事情"；更仔细的问诊通常会发现在行为问题的程度、持续时间或范围方面有一些有趣的改善。所以，最好的方法是让宠主寻找哪怕是最细微的改善，以此作为药物"有效"的标志。

- 临床兽医希望的更新时间和频率。

宠主对药物的了解和预期情况越好，他们就越能按照医嘱监测和使用药物[2]。

患猫监护

临床兽医有义务监测那些服用他们所开具药物的患猫情况。目前的建议包括：

- 每年的实验室检查和体格检查。对于肝脏可能无法维持代谢药物能力的老年宠物，检查频率应该更高。

- 需要根据药物禁忌证进行特殊检查。

5- 羟色胺综合征

5- 羟色胺综合征是使用一种或多种 5- 羟色胺增强药物导致 5- 羟色胺水平显著升高（高于基线 10 ~ 50 倍）的罕见反应。5- 羟色胺综合征的临床体征可能包括定向障碍、躁动、震颤、共济失调、肌阵挛、腹泻和高热[2]。这些症状通常在开始用药或增加剂量后不久出现；因此，当宠主给他们的猫开始使用或增加 5- 羟色胺增强药物时，应该注意这些迹象。

5- 羟色胺综合征是一种排除性诊断。

确诊后应根据具体的临床表现给予支持性治疗。赛庚啶（1.1 mg/kg，PO）等 5- 羟色胺拮抗剂可能有助于逆转这种效应 [2]。

麻醉

在麻醉前，服用精神药物的患猫不应逐渐停药。这样做可能会恶化麻醉的原因，导致患猫难以接近。相反，麻醉方案应该根据它们正在服用的药物进行调整：

- 如果患猫已经在服用苯二氮䓬类药物，避免在麻醉前混合使用同类药物。
- 如果患猫正在服用影响心血管张力的 TCA 或 SARI，避免使用任何可能有同样作用的麻醉药。
- 如果患猫正在服用 SSRI 或 TCA，由于 CYP3A4 的抑制作用，它们可能需要更少的丙泊酚。在对这些猫使用丙泊酚之前，临床兽医应核实哪种 SSRI 和 TCA 可以引起这种效应。

对于服用精神药物的猫，建议在所有麻醉中进行常规的呼吸频率和 ECG 监测 [2]。

复方用药

如果猫对第一种精神药物没有反应，临床兽医可以采取以下 3 种措施之一：

1. 将首剂药物的剂量增加至推荐的最高剂量，以期望看到预期反应。

2. 逐渐减少第一种药物的剂量，并尝试相同或不同类别的另一种药物。

3. 在第一种药物的基础上增加第二种药物，以增强预期的效果。

虽然在动物身上对这些药物组合的研究很少，但在人类身上的研究已经显示出一些有益的组合：

- SSRI/TCA ＋ BZD，当患者整体焦虑，但在某些可预测的情况下也会感到恐惧时使用。
- 速效药物（加巴喷丁、BZD 或曲唑酮）与 SSRI 或 TCA 同时起效，这样患者可以在慢效药物起效时获得缓解。
- SSRI ＋ 美金刚胺（本附录中未详细讨论）用于单独 SSRI 治疗无效的强迫性行为。

还有其他可能的组合。

正如人们可能猜测的那样，联合用药增加了副作用增强的可能性。有时这些副作用是累加的（BZD 的副作用 + SSRI 的副作用）；其他时候，如果两种药物恰巧共用一种代谢酶，如特定的 CYP450 亚型，我们会看到更严重的副作用。当将两种增强 5- 羟色胺的药物（如 SSRI/TCA 和 SARI）联合使用时，可能会出现 5- 羟色胺综合征这种严重的副作用[5]。

逐渐减量至更换药物

很少有证据表明应如何逐渐停用一种药物，开始使用一种不相容的药物。因此，谨慎行事是明智的。如果像 SSRI 或 TCA 这样的长效药物已经使用了几个星期，那么减量应该需要几个星期[5]。如果没有开始新的药物治疗，减量可能需要几个月的时间。在对每种药物的讨论中，给出了在开始使用任何一种新药物之前的推荐"洗脱"。这些"洗脱"是 5- 羟色胺增强药物联合使用的必要环节。

特定药物类别和治疗

以下是关于猫中最常用的精神药物类别的使用注意事项的简要总结。有关更多信息，请参阅参考资料部分列出的书籍之一。包括的类别有：

- 抗惊厥药。
- 阿扎哌隆。
- 苯二氮䓬类药物。
- 单胺氧化酶 B 抑制剂。
- 5- 羟色胺拮抗剂和再摄取抑制剂。
- 选择性 5- 羟色胺再摄取抑制剂。
- 三环类抗抑郁药。

这并不是可用于猫的精神活性药物的完整列表，仅仅是最常用药物的列表。除了列出的资源外可能还包括其他资源。

注意：除非另有说明，下列剂量为口服剂量；任何静脉或肌内注射给药仅供医院使用。

类别：抗惊厥药

分类中的药物

这类药物包括加巴喷丁，它是这类药物中唯一常用来诊断猫行为的药物。加巴喷丁，虽然结构类似于 γ- 氨基丁酸（GABA），但对 GABA 受体没有活性。相反，它的效果似乎是由于杏仁核中谷氨酸释放的减少。谷氨酸在一定程度上负责恐惧反应，因此恐惧反应会减弱[6]。

适应证

加巴喷丁常用于治疗神经病理性疼痛。此外，它还能有效治疗焦虑和其他"行为"疾病，如恐慌、刻板行为和强迫性行为。作为兽医来访前的药物，这也是一个很好的选择。

作用机制和作用时间

根据需要给药时，加巴喷丁在 90 ~ 120 min 内起效。根据诊断和治疗方案，也可以每 8 ~ 24 h 给药一次。

猫的剂量范围

猫使用加巴喷丁的起始日剂量为每 12 ~ 24 h 给予 3 ~ 5 mg/kg[2]，总日剂量范围为每 8 ~ 24 h 给予 3 ~ 10 mg/kg[7-8]。对于按需给药，在目标事件发生前 90 ~ 120 min 给予 5 ~ 20 mg/kg 和 50 ~ 100 mg/ 猫均有报告[7,9]。

常见副作用

据报道，加巴喷丁对猫的副作用相对较少。剂量依赖性镇静和共济失调似乎最常见。如果迅速停药，人们担心可能会引发癫痫[10]。

禁忌证和药物相互作用

不要给患有严重肾脏或肝脏疾病的猫使用加巴喷丁。

支持研究和影响使用的其他讨论

Van Haaften 博士在她 2017 年的研究中发现，在例行兽医检查之前给猫服用加巴喷丁，其压力等级评分较低，并且猫在体检中表现得更顺从[9]。

2018 年，Katherine Pankratz 博士发现，加巴喷丁可以缓解 53 只社区猫的恐惧反应，这些猫被诱捕进行绝育手术。本试验显示镇静作用有限，唯一报告的副作用是唾液过多[11]。

类别：阿扎哌隆

这类药物包括丁螺环酮，一种部分 5- 羟色胺激动剂，是这类药物中唯一常用于猫的药物。阿扎哌隆是一种焦虑缓解药，与其他一些药物，特别是苯二氮䓬类药物相比，它对认知功能或记忆障碍的影响较小[2,12]。

分类中的药物

这类药物中常用的药物是丁螺环酮。

适应证

这种药物用于治疗尿液标记、排尿问题、过度理毛和猫间攻击。在最后一种适应证中，它被用来治疗不太自信（通常更紧张）的"受害者"猫，这样它就会站出来直面骚扰它的猫[2,13]。

作用机制和作用时间

丁螺环酮的效果可以在大约 1 周后看到[12]。

猫的剂量范围

0.5 ~ 1 mg/kg，PO，每 8 ~ 24 h 一次[7]。

常见副作用

丁螺环酮可导致猫出现心动过缓或心动过速、神经过敏、胃肠道紊乱和刻板行为[12]。

禁忌证和药物相互作用

慎用 MAOI。在人类中，该药物与红霉素和伊曲康唑一起使用时应谨慎，因为两者都会增加丁螺环酮的循环浓度。

支持研究和影响使用的其他讨论

1993 年，Hart 发现，给 62 只有尿液标记行为的猫使用丁螺环酮，研究中 55% 的猫标记行为减少了 75% 以上。此外，停用丁螺环酮 2 个月后，其中许多猫的尿液标记行为没有复发[13]。

类别：苯二氮䓬类药物

分类中的药物

这类药物包括阿普唑仑、氯硝西泮、氯拉䓬酸、地西泮、劳拉西泮、咪达唑仑、奥沙西泮。每一种药物在效果、副作用和禁忌证上都有一系列微妙的差异。

适应证

这类药物是最能有效缓解间歇性焦虑和恐惧的药物之一。这些药物还可用于治疗尿液标记和过度理毛[12]。

作用机制和作用时间

这些药物通过增加 GABA 受体对 GABA 分子的亲和力来增强 GABA 对 GABA 受体的作用[2]。

这些药物起效迅速（约 60 min），因此适合按需使用[14]。由于许多因素，如生理耐受性和难以形成新记忆，它们不适合长期慢性使用。

根据至少一种资料，这些药物具有以下剂量依赖性益处。

低剂量：镇静和缓和兴奋。

中等剂量：减轻焦虑，促进社交互动。

高剂量：催眠。

猫的剂量范围 [2,7]

阿普唑仑：0.125 ~ 0.25 mg，每 8 h 一次。

氯硝西泮：0.05 ~ 0.2 mg/kg，每 12 ~ 24 h 一次。

氯拉䓬酸：0.2 ~ 0.4 mg/kg，每 12 ~ 24 h 一次；0.5 ~ 2.2 mg/kg，必要时用于极度疼痛管理。

地西泮：0.2 ~ 0.5 mg/kg，每 12 ~ 24 h 一次。

劳拉西泮：0.03 ~ 0.08 mg/kg，每 12 ~ 24 h 一次；最高为每只猫0.125 ~ 0.25 mg。

咪达唑仑：0.05 ~ 0.3 mg/kg，IV、IM 或 SC。

奥沙西泮：0.2 ~ 0.5 mg/kg，每 12 ~ 24 h 一次；3 mg/kg，用于刺激食欲。

常见副作用

这类药物对猫的主要副作用是与剂量相关的镇静和共济失调。人们已经注意到,它们会对不良行为产生抑制作用,如攻击性。由于已报道的副作用——遗忘特性,使用这些药物可能与学习新技能相矛盾。对来访者来说,异常兴奋是一种令人沮丧的副作用。

禁忌证和药物相互作用

对肝肾功能不全的猫慎用。氯硝西泮、劳拉西泮和奥沙西泮无中间代谢产物,因此它们可能更适合肝功能不全的患猫[12]。

一些猫在口服这些药物后有肝坏死的病史。

支持研究和影响使用的其他讨论

每天频繁服用苯二氮䓬类药物需要在治疗结束后逐渐停药[7]。

这些药物可能会产生生理耐受性;需要随着时间的推移增加剂量[2]。

临床兽医应注意这类药物都有潜在的人类滥用风险[2]。在开处方之前,临床兽医必须确保所有药物均用于猫。

类别:单胺氧化酶 B 抑制剂(MAOI-B)

分类中的药物

这类药物包括司来吉兰,这是一种不可逆的 MAO-B 抑制剂,也是这类药物中唯一常用于猫的药物。

适应证

这种药物最常用于患有认知功能障碍的猫。它被批准用于患有这种疾病的犬,但并未批准用于猫。

作用机制和作用时间

单胺氧化酶的作用通常包括分解 5- 羟色胺、去甲肾上腺素和多巴胺;改变它们的受体;并增加它们从突触前神经元的释放。由于其作为 MAO-B 抑制剂的结构,司来吉兰主要影响多巴胺。此外,MAOI 可能减少脑组织中的自由基[15]。

猫的剂量范围

0.25 ~ 1.0 mg/kg,每 24 h 一次[7],也可以分为每 12 h 一次[2]。

常见副作用

司来吉兰可引起躁动、焦虑、呕吐、腹泻、定向障碍和听力减退[15]。

禁忌证和药物相互作用

MAOI 不应与任何其他增强 5- 羟色胺的药物联用，包括 SSRI 和 TCA。这些药物联合使用会导致危及生命的健康问题，如 5- 羟色胺综合征。如果司来吉兰是在氟西汀治疗后使用，两种药物之间需要 5 周的洗脱期；使用其他 SSRI 则可将洗脱期缩短至 2 周[15]。

避免与甲硝唑、泼尼松龙和磺胺甲恶唑 – 甲氧苄啶联用。

支持研究和影响使用的其他讨论

少量司来吉兰代谢为苯丙胺类代谢产物。对于未被诊断为认知功能障碍的动物来说，这可能是一个问题[2]。

在一项研究中，Landsberg 等发现，老年猫在服用司来吉兰时，认知能力下降的临床症状有所减轻[16]。

类别：5- 羟色胺拮抗剂和再摄取抑制剂（SARI）

分类中的药物

这类药物包括盐酸曲唑酮，这是该类药物中唯一常用于猫的药物。

适应证

焦虑、术后镇静、就诊前恐惧。

作用机制和作用时间

曲唑酮阻断 5- 羟色胺 2_A 和 2_C 受体，并减少 5- 羟色胺进入突触前神经元的再摄取。空腹时，曲唑酮需要 60 min 才能起效，当与食物一起服用时，起效时间会延长 1 倍。

猫的剂量范围

按需给药：在需要给药前给予 50 ～ 100 mg/ 猫或 10.6 ～ 33.3 mg/kg[17]。如果每天给药，建议每 12 h 给猫 1 ～ 2 mg/kg[7]。

常见副作用

在对猫进行的曲唑酮临床试验中，镇静是最常见的副作用[17-19]。

禁忌证和药物相互作用

避免使用 MAOI，谨慎使用 SSRI 或 TCA，以避免 5- 羟色胺综合征。

肾脏疾病、肝脏疾病、心脏疾病或青光眼患猫慎用。

请勿与唑类抗真菌药、大环内酯类抗生素或吩噻嗪类药物一起使用，因为它们会抑制用于曲唑酮代谢的 CYP450（3A4）[17]。

支持研究和影响使用的其他讨论

有两项关于一次性使用曲唑酮对猫影响的研究。在一项研究中（Orlando，2015），猫被给予 50 ~ 100 mg 曲唑酮。据观察，它们的活动减少，但对体格检查的反应并无差异 [18]。

在第二项研究中（Stevens，2016），猫在被放入航空箱并送去体格检查之前被给予 50 mg 曲唑酮或安慰剂；初步测试后 3 周进行交换。曲唑酮减少了运输过程中的焦虑，增加了操作的便利性。主要副作用是镇静作用 [19]。

类别：选择性 5- 羟色胺再摄取抑制剂（SSRI）

分类中的药物

这类药物包括氟西汀、氟伏沙明、帕罗西汀和舍曲林。

适应证

SSRI 最常用于治疗猫的焦虑、攻击性、强迫性行为和尿液标记 [2,20]。

作用机制和作用时间

在日常治疗过程的早期，SSRI 减少了 5- 羟色胺进入突触前神经元的再摄取。随着时间的推移，它们还下调突触后神经元中的 5- 羟色胺 1_A 受体。这种延迟效应比再摄取抑制具有更大的治疗益处。因此，在每日治疗开始后至少 4 周才能评估疗效 [20]。

猫的剂量范围 [2,7,20]

SSRI 通常每 24 h 给药一次 [2]，但在必要的情况下可以分成每 12 h 给药一次，以最大限度地减少副作用 [2]。

氟西汀：0.5 ~ 1.0 mg/kg，每 24 h 一次或 0.5 ~ 1.5 mg/kg，每 24 h 一次 [7]。

氟伏沙明：0.25 ~ 0.5 mg/kg，每 24 h 一次。

帕罗西汀：0.5 mg/kg，每 24 h 一次，使用 6 ~ 8 周，之后 1.0 mg/kg，每 24 h 一次 [2] 或 0.5 ~ 1.0 mg/kg，每 24 h 一次 [7] 或 0.5 ~ 1.5 mg/kg，每 24 h 一次 [20]。

舍曲林：0.5 ~ 1.5 mg/kg，每 24 h 一次 [7] 或 0.5 mg/kg，每 24 h 一次，使用 6 ~ 8

周，之后 1.0 mg/kg，每 24 h 一次 [2]。

常见副作用

在猫身上使用 SSRI 最常见的副作用包括食欲抑制、便秘（尤其是帕罗西汀）、尿失禁/尿潴留、震颤、恶心、焦虑、烦躁和攻击性。

禁忌证和药物相互作用

由于可能发生 5– 羟色胺综合征，请不要将任何 SSRI 与任何 MAOI（包括双甲脒产品）联用。

切勿将氟西汀或氟伏沙明与西沙必利联用。

氟西汀与苯二氮䓬类药物和三环类抗抑郁药使用相同的细胞色素酶；因此，当组合使用这些药物时，计划将每种药物的剂量保持在中低范围内。

帕罗西汀对肝酶的抑制作用较其他两种药物弱。帕罗西汀不能用于有青光眼的动物。

支持研究和影响使用的其他讨论

大部分关于猫的 SSRI 的研究都是在首个非专利药物氟西汀上进行的。目前还没有关于舍曲林用于猫的研究。

这些药物的透皮制剂已被证明无效 [21]。

类别：三环类抗抑郁药（TCA）

分类中的药物

这类药物包括阿米替林、氯米帕明、多塞平、丙咪嗪和去甲替林。

适应证

焦虑、强迫性行为、攻击性、过度叫唤、过度舔毛。

作用机制和作用时间

TCA 可抑制 5– 羟色胺和去甲肾上腺素的再摄取，不同药物的百分比存在差异。也具有不同程度的抗组胺、抗胆碱能和 α–1 拮抗作用。需要 3 ～ 8 周才能达到完全效果，并且在 8 周之前不应进行疗效评估。

猫的剂量范围 [2,7,22]

阿米替林：0.5 ～ 2.0 mg/kg，每 12 ～ 24 h 一次。

氯米帕明：0.25 ～ 1.3 mg/kg，每 24 h 一次 [22] 或 0.25 ～ 0.5 mg/kg，每 24 h 一次 [2] 或 0.25 ～ 1.0 mg/kg，每 24 h 一次 [7]。

多塞平：0.5 ～ 1.0 mg/kg，每 12 ～ 24 h 次。

丙咪嗪：0.5 ～ 1.0 mg/kg，每 12 ～ 24 h 次。

去甲替林：0.5 ～ 2.0 mg/kg，每 12 ～ 24 h 次。

常见副作用

猫使用 TCA 最常见的副作用包括镇静、食欲减退、共济失调、便秘、腹泻、尿潴留和心动过速。

禁忌证和药物相互作用

由于可能发生 5- 羟色胺综合征，请不要将 TCA 与任何 MAOI（包括双甲脒产品）联用。

TCA 可干扰循环 T_4 的测定；因此，不应该用于那些需要频繁读取准确 T_4 数值的猫 [2]。

避免给惊厥或心律失常的猫使用阿米替林 [7]。

支持研究和影响使用的其他讨论

在一项关于猫尿液标记的研究中发现，氯米帕明在减少标记事件方面的作用与氟西汀同样有效 [23]。一项类似的研究发现，在 25 个实验对象中，超过 80% 的猫的尿液标记减少，其中 25% 的猫在服用氯米帕明后变得更平静、更亲近人类 [24]。最后，一项对 67 只猫进行的前瞻性随机临床试验发现，每日 0.125 ～ 1.0 mg/kg 剂量的氯米帕明与尿液标记减少相关，镇静是最常见的副作用，发生于一半的猫中 [25]。

药物剂量表 [2,7–10,14,17,20,22]

类别	药物名称	猫的给药剂量	禁忌证	副作用
抗惊厥药 行为诊断： 焦虑	加巴喷丁	每日：3 ～ 5 mg/kg，q12 ～ 24 h 开始 3 ～ 10 mg/kg，q8 ～ 24 h PRN：5 ～ 20 mg/kg 和 50 ～ 100 mg/ 猫，在 90 ～ 120 min 之前给予	快速停药可能导致癫痫发作 避免在严重肾脏疾病患猫中使用	镇静、共济失调

续表

类别	药物名称	猫的给药剂量	禁忌证	副作用
阿扎哌隆 行为诊断： 焦虑、尿液标记、过度理毛、有攻击性	丁螺环酮	0.5 ~ 1.0 mg/kg，PO，q8 ~ 24 h		改变心率、紧张、胃肠紊乱、刻板行为
苯二氮䓬类药物（BZD） 行为诊断： 焦虑、恐慌、尿液标记、过度理毛	阿普唑仑	0.125 ~ 0.25 mg，q8 h	持续时间： 24 h	镇静和共济失调、反常兴奋、多食、可能会抑制攻击性
	氯硝西泮	0.05 ~ 0.2 mg/kg，q12 ~ 24 h	持续时间： 24 ~ 48 h	
	氯拉卓酸	0.2 ~ 0.4 mg/kg，q12 ~ 24 h； 必要时 0.5 ~ 2.2 mg/kg，用于强烈疼痛的管理		
	地西泮	0.2 ~ 0.5 mg/kg，q12 ~ 24 h	持续时间： 24 ~ 48 h	口服可能引起肝坏死
	劳拉西泮	0.03 ~ 0.08 mg/kg，q12 ~ 24 h； 可增加至 0.125 ~ 0.25 mg / 猫		
	咪达唑仑	0.05 ~ 0.3 mg/kg，IV、IM 或 SC	仅限医院使用	
	奥沙西泮	0.2 ~ 0.5 mg/kg，q12 ~ 24 h； 3 mg/kg 用于刺激食欲	持续时间： 12 ~ 18 h	
单胺氧化酶 – B 抑制剂 行为诊断： 认知功能障碍	司来吉兰	0.25 ~ 0.5 mg/kg，q12 ~ 24 h； 可增加至 1 mg/kg，PO，q24 h； 起始剂量要小	避免与 SSRI 或 TCA 联用	躁动、不安、呕吐、腹泻、定向障碍、听力丧失

续表

类别	药物名称	猫的给药剂量	禁忌证	副作用
5- 羟色胺拮抗剂和再摄取抑制剂 行为诊断：焦虑、手术后镇静、就诊前恐惧	曲唑酮	必要时 50 ~ 100 mg/ 猫 或 10.6 ~ 33.3 mg/kg 如果每天给药，1 ~ 2 mg/kg，q12 h	不能与大环内酯类抗生素、唑类抗真菌药物、吩噻嗪类药物一起使用，肾脏和肝脏疾病、心脏病和青光眼慎用	镇静
选择性 5- 羟色胺再摄取抑制剂 行为诊断：焦虑、恐慌、尿液标记、精神性脱毛	氟西汀	0.5 ~ 1 mg/kg，q24 h 或 0.5 ~ 1.5 mg/kg，q24 h	避免与 MAOI、西沙必利联用，与 TCA、曲唑酮、曲马多和苯二氮䓬类药物联用时应谨慎	抑制食欲、便秘（特别是帕罗西汀）、尿失禁 / 尿潴留、震颤、恶心、焦虑、躁动和有攻击性
	氟伏沙明	0.25 ~ 0.5 mg/kg，q24 h	避免与 MAOI，西沙必利联用，与 TCA、曲唑酮、曲马多联用时应谨慎	
	帕罗西汀	0.5 mg/(kg·24 h)，使用 6 ~ 8 周，之后 1.0 mg/kg，q24 h 或 0.5 ~ 1.0 mg/kg，q24 h 或 0.5 ~ 1.5 mg/kg，q24 h	避免与 MAOI 联用，与 TCA、曲唑酮、曲马多联用时应谨慎，青光眼患畜禁用	

类别	药物名称	猫的给药剂量	禁忌证	副作用
	舍曲林	0.5 ~ 1.5 mg/kg, q24 h 或 0.5 mg/kg, q24 h, 使用 6 ~ 8 周, 之后 1 mg/kg, q24 h	避免与 MAOI 联用, 与 TCA、曲唑酮、曲马多联用时应谨慎	
三环类抗抑郁药 行为诊断: 焦虑、强迫性行为、有攻击性、过度喊叫、精神性脱毛	阿米替林	0.5 ~ 2.0 mg/kg, q12 ~ 24 h	避免与 MAOI 联用, 与 SSRI、曲唑酮、曲马多联用时应谨慎	镇静、食欲减退、共济失调、便秘、腹泻、尿潴留和心动过速
	氯丙咪嗪	0.25 ~ 1.3 mg/kg, q24 h 或 0.25 ~ 0.5 mg/kg, q24 h 或 0.25 ~ 1.0 mg/kg, q24 h	避免与 MAOI 联用, 与 SSRI、曲唑酮、曲马多联用时应谨慎	
	多塞平	0.5 ~ 1.0 mg/kg, q12 ~ 24 h	避免与 MAOI 联用, 与 SSRI、曲唑酮、曲马多联用时应谨慎	
	丙咪嗪	0.5 ~ 1.0 mg/kg, q12 ~ 24 h	避免癫痫发作。避免与 MAOI 联用。与 SSIR、曲唑酮、曲马多联用时应谨慎	

续表

类别	药物名称	猫的给药剂量	禁忌证	副作用
	去甲替林	0.5 ~ 2.0 mg/kg, q12 ~ 24 h	避免与MAOI联用，与SSRI、曲唑酮、曲马多联用时应谨慎	

参考资料

1 King JN, Simpson BS, Overall KL, et al. Treatment of separation anxiety in dogs with clomipramine: Results from a prospective, randomized, double-blind, placebo controlled, parallel-group, multicenter clinical trial. J Appl Anim Behav Sci. 2000;67:255–275.

2 Overall K. Pharmacological Approaches to changing behavior and neurochemistry: Roles for diet, supplements, nutraceuticals, and medication. In: Manual of clinical behavioral medicine for dogs and cats. St Louis (MO): Elsevier; 2013:458–512.

3 Kochevar DT, Fajt V. Evidence-based decision making in small animal therapeutics. Vet Clin North Am Small Anim Pract. 2006;36:943–959.

4 Overall KL. Pharmacological treatment in behavioral medicine: The importance of neurochemistry, molecular biology, and mechanistic hypotheses. Vet J. 2001;162:9–21.

5 de Souza Dantas L. Mattos, Crowell-Davis SL, Ogata N. Combinations. In: Crowell-Davis SL, Murray TF, de Souza Dantas LM, eds. Veterinary psychopharmacology, 2nd ed. Hoboken, NJ: John Wiley & Sons Inc.; 2019:281–290.

6 Stahl SM. Stahl's essential psychopharmacology: Neuroscientific basis and practical applications, 4th ed. Cambridge: Cambridge University Press; 2013.

7 Perrin C, Seksel K, Landsberg GM. Appendix: Drug dosage chart. Vet Clin North Am Small Anim Pract. 2014;44(3):629–632.

8 Crowell-Davis SL, Irimajiri M, de Souza Dantas L. Mattos. Anticonvulsants and mood stabilizers. In: Veterinary psychopharmacology, 2nd ed. Hoboken, NJ: John Wiley & Sons Inc.; 2019:147–156.

9 van Haaften KA, Eichstadt LR, Stelow EA, et al. Effects of a single preappointment dose of gabapentin on signs of stress in cats during transportation and veterinary examination. J Am Vet Med Assoc. 2017;251(10):1175–1181.

10 KuKanich B. Outpatient oral analgesics in dogs and cats beyond nonsteroidal antiinflammatory drugs. An Evidence-based Approach. Vet Clin North Am Small Anim Pract. 2013;43(5):1109–1125.

11 Pankratz KE, Ferris KK, Griffith EH, et al. Use of single-dose oral gabapentin to attenuate fear responses in cage-trap confined community cats: A double-blind, placebo-controlled field trial. J Feline Med Surg. 2017;20(6).

12 Seksel K, Landsberg G, Ley JM. Behavioral therapeutics. In: Little S, ed. The cat: Clinical medicine and management. St. Louis (MO): Elsevier Saunders; 2012:227–234.

13 Hart BL, Eckstein RA, Powell KL, Dodman NH. Effectiveness of buspirone on urine spraying and inappropriate urination in cats. J Am Vet Med Assoc. 1993;203:254–258.

14 de Souza Dantas L. Mattos, Crowell-Davis SL. Benzodiazepines. In: Crowell-Davis SL, Murray TF, de Souza Dantas LM, eds. Veterinary psychopharmacology, 2nd ed. Hoboken, NJ: John Wiley & Sons Inc.; 2019:67–102.

15 de Souza Dantas L. Mattos, Crowell-Davis SL. Monoamine oxidase inhibitors. In: Crowell-Davis SL, Murray TF, de Souza Dantas LM, eds. Veterinary psychopharmacology, 2nd ed. Hoboken, NJ: John Wiley & Sons Inc.; 2019:185–199.

16 Landsberg G. Feline housesoiling: Marking and inappropriate elimination. Proceedings of the Atlantic Veterinary Conference. Atlantic City, NJ: 1999.

17 de Souza Dantas L. Mattos, Crowell-Davis SL. Miscellaneous serotonergic agents. In: Crowell-Davis SL, Murray TF, de Souza Dantas LM, eds. Veterinary psychopharmacology, 2nd ed. Hoboken, NJ: John Wiley & Sons Inc.; 2019:129–146. [Azapirones, SARIs].

18 Orlando JM, Case BC, Thomson AE, et al. Use of oral trazodone for sedation in cats: A pilot study. J Feline Med Surg. 2016;18(6):476–482.

19 Stevens B, Frantz ES, Orlando JM, et al. Efficacy of a single dose of trazodone hydrochloride given to cats prior to veterinary visits to reduce signs of transport- and examination-related anxiety. J Am Vet Med Assoc. 2016;249(2):202–207.

20 Ogata N, de Souza Dantas L. Mattos, Crowell-Davis SL. Selective serotonin reuptake inhibitors. In: Crowell-Davis SL, Murray TF, de Souza Dantas LM, eds. Veterinary psychopharmacology, 2nd ed. Hoboken, NJ: John Wiley & Sons Inc.; 2019:103–128.

21 Ciribassi J, Luescher A, Pasloske KS, et al. Comparative bioavailability of fluoxetine after transdermal and oral administration to healthy cats. Am J Vet Res. 2003;64(8):994–998.

22 Crowell-Davis SL. Tricyclic Antidepressants. In: Crowell-Davis SL, Murray TF, de Souza Dantas LM, eds. Veterinary psychopharmacology, 2nd ed. Hoboken, NJ: John Wiley & Sons Inc.; 2019:231–256.

23 Hart BL, Cliff KD, Tues V, et al. Control of urine marking by use of long-term treatment with fluoxetine or clomipramine in cats. J Am Vet Med Assoc. 2005;226(3):378–382.

24 Landsberg GM, Wilson AL. Effects of clomipramine on cats presented for urine marking. J Am Anim Hosp Assoc. 2005;41:3–11.

25 King J, Steffan J, Heath S, et al. Determination of the dosage of clomipramine for the treatment of urine spraying in cats. J Am Vet Med Assoc. 2004;225:881.

附录 2　猫的疼痛管理类药物

Elizabeth Stelow

> 猫的疼痛很难识别。在适当的指导下，宠主可以学会发现猫的正
> 常活动能力和疼痛行为模式的变化。
>
> ——Ray/AAFP 老年动物护理指南[1]

概述

不能识别和治疗猫的疼痛会降低它们的生活质量，并导致更多的不良后果，如中枢敏感和慢性疼痛[2]。事实上，AAFP 在其老年猫护理指南中指出，"工作组建议将疼痛视为一种疾病，它会极大地影响生活质量。"本书的第 7 章讨论了猫急性和慢性疼痛的原因和表现，以及公认的治疗方法。目前大多数疼痛的预防或控制策略都涉及药物，这是本附录的主题。此外，最近（2022 年）对犬和猫的疼痛管理指南进行了全面更新[3]。

最近，一些猫疼痛评分系统的开发和验证、新的镇痛药物、创新的疼痛缓解技术，以及对猫特异性药代动力学和镇痛药药效学的不断了解，极大地加强了猫疼痛的预防和治疗[4]。

在过去，选择和给猫服用镇痛药一直是一项挑战。这在一定程度上是由于猫的药物代谢有时与大多数其他物种不同。例如，猫的药物代谢取决于所结合（葡萄糖醛酸化等）的药物，如卡洛芬和吗啡，比许多其他物种慢，而它们代谢镇痛药，如吡罗昔康和丁丙诺啡，会经历氧化，因此会更快。最后，猫排泄的药物（如加巴喷丁）以与其他物种相似的速率通过尿液或胆汁代谢[2]。这种差异导致了误解，因此需要彻底了解每种药物对猫的影响。

猫疼痛管理的总体策略

正如第 7 章所讨论的，创伤或手术伤口造成的疼痛可能是急性的，如骨关节炎、FIC 或癌症造成的疼痛。可预见的急性疼痛，需要预先管理并结合多模式的缓解策略[5]，不可预见的急性和慢性疼痛依赖于事后的缓解，根据疼

痛的持续时间和强度，每种管理方法都有特定的策略。最好根据疼痛的来源和可预测性制定策略。

围手术期疼痛

手术时开始使用止痛药，以减轻术后疼痛[2] 多模式疼痛管理包括 2 种或 2 种以上药物或具有不同作用机制的其他治疗方法；例如，阿片类药物 + 非甾体抗炎药或阿片类药物 + 冷却疗法可能协同作用。记住还要考虑抗焦虑药（加巴喷丁 / 曲唑酮）和止吐药（马罗匹坦 / 昂丹司琼）。

急性疼痛（非围手术期）[2]

- 口腔：非甾体抗炎药、阿片类药物、局部麻醉药。
- 神经性：非甾体抗炎药、阿片类药物、NMDA 受体拮抗剂、α 激动剂、局部麻醉药、加巴喷丁[6]a。
- 内脏：± 非甾体抗炎药、阿片类药物、α-2 激动剂、局部麻醉药。
- 肿瘤类：非甾体抗炎药、阿片类药物、NMDA 受体拮抗剂、α-2 激动剂、局部区域麻醉药。
- 躯体类：非甾体抗炎药、阿片类药物、NMDA 受体拮抗剂、局部麻醉药。

慢性疼痛

特别是老年猫，慢性疼痛可能来自以下方面[1]。

- 骨关节炎（osteoarthritis，OA）和颈椎病是两种最常见的退行性关节疾病（degenerative joint disease，DJD），引起疼痛和与之相关的行为改变。这些疾病目前无法治愈，需要持续治疗以保持舒适、活动能力和良好的福利。已发表的有效药物包括非甾体抗炎药（NSAID）、加巴喷丁和曲马多。
- 其他原因：便秘（及与之相关的姿势）、牙病、肌筋膜疼痛、皮炎、中耳炎、角膜溃疡、青光眼、炎性肠病（Inflammatory bowel disease, IBD）、胰腺炎、巨结肠、便秘、FIC、肿瘤、术后疼痛。

---

a 加巴喷丁对神经性疼痛尤其有用，可以长期使用，效果良好。

非药物疗法

环境丰容、定期（自愿 ± 诱导）活动、按摩、针灸、体外冲击波疗法、冷却疗法和神经电刺激是急性和慢性疼痛的辅助治疗方法[1,3,7]。

此外，据报道，在初步研究中，猫特异性单克隆抗神经生长因子抗体的新兴治疗方法可以解决 OA 的神经病变成分，每 4 ~ 6 周皮下注射一次，可减轻日常给药压力[8-9]。

特定药物类别和药物

用于猫的最常见的镇痛药分为以下药物类别：抗惊厥药、非甾体抗炎药（NSAIDS）、N- 甲基 -D- 天冬氨酸（NMDA）受体拮抗剂、阿片类药物和三环类抗抑郁药。每一类药物都有不同的适应证、作用持续时间和禁忌证。

药物及剂量

类别：抗惊厥药

分类中的药物

加巴喷丁是这类药物中唯一常用于猫的行为或疼痛治疗的药物。加巴喷丁在结构上类似于 γ- 氨基丁酸（GABA），但在 GABA 受体上不活跃。相反，它似乎减少了杏仁核中谷氨酸的释放。由于谷氨酸在某种程度上负责恐惧反应，因此这些反应减少了[10]。

适应证

加巴喷丁通常用于治疗神经性疼痛。此外，它还能有效治疗焦虑和其他有问题的"行为"状况，如恐慌、刻板行为和强迫性行为。作为访问兽医前用药，这是一个很好的选择。

常见副作用

据报道，加巴喷丁对猫的副作用相对较少。剂量依赖性镇静和共济失调似乎是最常见的[7]。据报道，长期给药后突然停药可能导致复发和癫痫发作[11]。

禁忌证和药物相互作用

不要给患有严重肾脏或肝脏疾病的猫服用加巴喷丁。

支持研究和影响使用的其他讨论

Karen van Haaften 博士在她 2017 年的研究中发现，在例行兽医检查之前给猫服用加巴喷丁，其压力等级评分较低，并且猫在体检中更顺从。

2018 年，Katherine Pankratz 博士发现，加巴喷丁可以缓解 53 只社区猫的恐惧反应，这些猫被诱捕进行绝育手术。本试验显示镇静作用有限，唯一报告的副作用是唾液过多[13]。

类别：非甾体抗炎药（NSAID）

非甾体抗炎药抑制环氧合酶（COX），这种酶促进参与某些形式的疼痛和炎症的前列腺素的合成。因此，抑制 COX-1 和 COX-2 中的一种或两种应能减轻疼痛和炎症。非甾体抗炎药最适合用于治疗轻度至中度疼痛。

非甾体抗炎药被认为是一种对猫具有挑战性的药物。"不良反应包括胃肠道刺激、蛋白质丢失性肠病和肾脏损伤。然而，在接受非甾体抗炎药治疗的健康猫中，非甾体抗炎药引起的急性肾损伤是一个无依据的说法"[4]。

根据 Monteiro 的说法[7]，"它们被广泛用于治疗猫的慢性疼痛，并且有足够的数据支持长期用于患有 OA 的猫。特别是，美洛昔康和罗那昔布已被证明对伴有 OA 和稳定的慢性肾病的猫是安全的"[7]。

然而，它们确实比阿片类药物具有更低的安全边际，并且是不可逆转的[14]。

禁忌证

有胃肠道溃疡或出血、血小板功能障碍或严重肾功能障碍的猫不可使用，并避免同时使用皮质类固醇[14]。

分类中的药物

请注意，在撰写本文时，美国还没有批准长期用于猫的非甾体抗炎药。美洛昔康和罗那昔布在英国和其他欧洲国家以及世界其他地方都被批准长期用于治疗猫的肌肉骨骼疼痛[3]。

美洛昔康是一种 COX-2 选择性（优先）非甾体抗炎药。其注射形式在美国被许可用于猫。口服形式经常用于患有骨关节炎的猫[15]，特别是在英国，但在美国尚未批准用于猫[16]。

罗贝考昔。这种环氧合酶 COX-2 抑制亚类（特异性）非甾体抗炎药在英国获准用于治疗猫的急性疼痛，疗程为 6 d，在美国获准用于治疗猫的急性疼痛，疗程为 3 d。根据欧洲药品管理局的规定，慢性口服用药在欧盟是允许使用的。

卡洛芬这种非甾体抗炎药在英国获得许可。它是单次使用的皮下注射药物，不建议重复给药。

酮洛芬这种 COX-1 抑制剂最多可在猫身上连用 5 d 以治疗肌肉骨骼疼痛 [14]。由于可能干扰血小板功能，不推荐围手术期使用 [14]。

适应证

非甾体抗炎药可用于轻度至中度肌肉骨骼疼痛，包括骨关节炎，以及软组织手术引起的围手术期疼痛和炎症 [2,14]。给药方法和国家许可规定了可用于治疗慢性疼痛的药物。

神经性疼痛对非甾体抗炎药没有反应 [17]。

常见副作用

可能的副作用包括食欲不振、恶心、呕吐、嗜睡或沉郁、腹泻和/或便血、黄疸。这些可能是中毒的迹象，所以建议患猫不要轻易服用 [2]。

支持研究和影响使用的其他讨论 [1]

大约 68% 患有退行性关节疾病的猫患有某种程度的慢性肾脏疾病，这使得在这类患猫中使用非甾体抗炎药存在争议。回顾性研究发现，稳定的 CKD 患猫（IRIS 期 1～3 期）接受中位日剂量 0.02 mg/kg 的美洛昔康治疗，对肾功能（连续血清肌酐浓度和 USG）或寿命没有不良影响 [18]，在一项前瞻性研究中，给予 CKD 患猫（IRIS 期 1～2 期）1.0～2.4 mg/kg 的罗贝考昔，每 24 h 一次，治疗 28 d，无不良反应 [19]。相比之下，最近的一项针对 CKD 患猫的前瞻性研究（美洛昔康 0.02 mg/kg，每 24 h 一次，连用 6 个月或安慰剂）报告称，在用美洛昔康治疗的猫中，6 个月时尿蛋白肌酐比较高 [20]。

类别：N- 甲基 -D- 天冬氨酸（NMDA）受体拮抗剂

分类中的药物

氯胺酮和金刚烷胺（氯胺酮的口服制剂；较小程度上）是猫疼痛管理中最常用的 NMDA 受体拮抗剂。

适应证

氯胺酮阻断谷氨酸的作用，从而降低中枢敏化 [5]。在围手术期以亚麻醉剂量与阿片类药物联合使用以减轻术后疼痛[5,14]。

金刚烷胺通过阻断脊髓突触后 NMDA 受体发挥疼痛调节作用[21]，NMDA 受体参与中枢和外周致敏以及内脏疼痛的过程[22]。

常见副作用

很少有关于猫使用金刚烷胺出现的副作用的报道。氯胺酮通常在围手术期恒速输注，据我们所知，这种用法还没有副作用的报道。

支持研究和影响使用的其他讨论

关于金刚烷胺的使用主要是传闻报道，而且很难做出关于氯胺酮提供疼痛管理的临床评估[14]。

我们发现针对金刚烷胺对猫的毒性、安全性、有效性或使用剂量的滴定的研究很少[3]。

类别：阿片类药物

分类中的药物

阿片类药物与中枢神经系统和外周神经系统的受体结合。它们减少兴奋性神经递质的释放，激活抑制性通路，改变突触后细胞膜，从而产生镇痛作用。

猫急性疼痛管理中最常用的阿片类药物包括吗啡、氢吗啡酮、美沙酮、芬太尼和丁丙诺啡。不建议长期使用口服阿片类药物来控制慢性疼痛[3]。

适应证

完全 μ 激动剂阿片类药物适用于手术引起的中度至重度疼痛和炎症引起的内脏疼痛（如胰腺炎）。部分 μ 激动剂阿片类药物最适用于轻度至中度疼痛，如与骨关节炎、去势或卵巢子宫切除术相关的疼痛，以及侵入性影像学检查。混合 μ 激动剂/拮抗剂阿片类药物最适用于轻度疼痛或静脉穿刺、膀胱穿刺和其他实验室样本的收集和检查[2]。

常见副作用

吗啡、氢吗啡酮：恶心和呕吐是最常见的副作用。

类别：三环类抗抑郁药

三环类抗抑郁药（TCA）是一类复杂的药物，具有 5- 羟色胺能、去甲肾上腺素能、抗组胺、抗胆碱能、抗毒蕈碱、NMDA 受体拮抗和钠离子通道阻断作用。

分类中的药物

虽然这类药物中还有其他药物，但阿米替林是最常用的猫疼痛管理的三环类抗抑郁药。

适应证

在人类中，阿米替林（偶尔还有其他三环类抗抑郁药）用于神经性疼痛的治疗。

作用机制

根据 Epstain 2020 年所述，"临床改善归因于抗敏和疼痛缓解"[17]。

常见副作用

镇静和体重增加是最常见的副作用[7,23]。

支持研究和影响使用的其他讨论

1998 年的一项研究调查了阿米替林治疗猫严重复发性特发性膀胱炎[23]。每只猫在夜间每 24 h 给予阿米替林 10 mg，PO，持续 12 个月，或直到下尿路症状复发。在治疗的前 6 个月，15 只猫中有 11 只猫的宠主没有观察到下尿路症状，在接下来的 6 个月里，15 只猫中有 9 只没有任何症状。不幸的是，本研究中没有安慰剂或常规护理对照组，随后的研究表明，安慰剂对 FIC 患猫的影响可能很大[24-25]。

药物剂量表

分类	药物	剂量/使用方法	重要信息
抗惊厥药	加巴喷丁	必要时 5 ~ 10 mg/kg 或每 8 ~ 12 h 一次	还能减轻恐惧和焦虑
非甾体抗炎药	美洛昔康注射液 5 mg/mL	0.3 mg/kg，SC，给药一次	美国批准剂量
	美洛昔康注射液 2 mg/mL	0.2 mg/kg，SC，给药一次，然后 0.05mg/kg，PO，每 24h 一次，连用 4d	

分类	药物	剂量/使用方法	重要信息
	美洛昔康口服液 0.5 mg/mL	0.1 mg/kg，PO，服用一次，然后 0.05 mg/kg，PO，每 24 h 一次	如果长期使用，调整至最低有效剂量，避免对患有肾脏疾病的猫使用高剂量。在欧盟获得批准，但在美国没有
	卡洛芬	1 ~ 4 mg/kg，SC，给药一次	
	罗贝考昔注射液 20 mg/mL	2 mg/kg，SC，每 24 h 一次，最多 3 d	
	罗贝考昔片剂 6 mg	1 mg/kg，PO，每 24 h 一次，最多 6 d	最适合急性疼痛
	酮洛芬注射液 10 mg/mL	2 mg/kg，SC，每 24 h 一次，最多 3 d	
	酮洛芬片剂 5 mg	1 mg/kg，PO，每 24 h 一次，最多 5 d	最适合急性肌肉骨骼疼痛
NMDA 受体拮抗剂	金刚烷胺	3 ~ 5 mg/kg，PO，每 12 ~ 24 h 一次	最好与其他镇痛药联用
三环类抗抑郁药	阿米替林	1 ~ 2 mg/kg，PO，每 12 ~ 24 h 一次	
阿片类完全μ激动剂	芬太尼	5 μg/kg，静脉推注，3 ~ 20 μg/(kg·h)，IV，也有贴片形式	持续时间：受注射时间影响
	氢吗啡酮	0.025 ~ 0.1 mg/kg，IM 或者 IV	持续时间：2 ~ 6 h。可能引起恶心/呕吐。高剂量可能引起高热

续表

分类	药物	剂量 / 使用方法	重要信息
	美沙酮	0.2 ～ 0.6 mg/kg, IM、IV 或 PO（经黏膜给药）	持续时间：6 h，低剂量 IV，高剂量经黏膜给药。不太可能引起恶心
	吗啡	0.05 ～ 0.2 mg/kg, IV、IM、硬膜外注射	持续时间：IV 或 IM 持续 3 ～ 6 h，硬膜外持续 24 h。缓慢 IV。可能引起恶心 / 呕吐
阿片类部分 μ 激动剂	丁丙诺啡（0.3 mg/mL）	0.01 ～ 0.04 mg/kg, IV、IM 或 PO（经黏膜给药）	持续时间：8 h，不能皮下注射
	丁丙诺啡（1.8 mg/mL）	0.24 mg, SC	持续时间：最长 24 h, Simbadol 品牌在美国被许可用于猫
混合 μ 受体激动剂 / 拮抗剂	布托啡诺	0.2 ～ 0.4 mg/kg, IV、IM、SC	持续时间：1 ～ 2 h

本附录不涉及神经阻滞。

改编自参考资料 [4-5,7,12,15,26-27]。

参考资料

1 Ray M, Carney HC, Boynton B, et al. AAFP feline senior care guidelines. JFMS. 2021;23:613–638.

2 Steagall PV, Robertson S, Simon B, et al. ISFM consensus guidelines on the management of acute pain in cats. JFMS. 2022;24:4–30.

3 Gruen ME, Lascelles BDX, Colleran E, et al. AAHA pain management guidelines for dogs and cats. J Am Anim Hosp Assoc. 2022;58:55–76.

4 Steagall PV. Analgesia: What makes cats different/challenging and what is critical for cats? Vet Clin: Small Anim Pract. 2020;50:749–767.

5 Lamont LA. Feline perioperative pain management. Vet Clin: Small Anim Pract. 2002;32:747–763.

6 Lorenz ND, Comerford EJ, Iff I. Long-term use of gabapentin for musculoskeletal disease and trauma in three cats. JFMS. 2013;15:507–512.

7 Monteiro BP. Feline chronic pain and osteoarthritis. The Vet\Clin North Am Small Anim Pract. 2020;50(4):769–788.

8 Gruen ME, Myers JA, Lascelles BDX. Efficacy and safety of an anti-nerve growth factor antibody (frunevetmab) for the treatment of degenerative joint disease-associated chronic pain in cats: A multisite pilot field study. Front Vet Sci. 2021;8:610028.

9 Gruen M, Thomson A, Griffith E, et al. A feline-specific anti-nerve growth factor antibody improves mobility in cats with degenerative joint disease–associated pain: A pilot proof of concept study. JVIM. 2016;30:1138–1148.

10 Stahl SM. Stahl's essential psychopharmacology: Neuroscientific basis and practical applications, 4th ed. New York: Cambridge University Press; 2013.

11 KuKanich B. Outpatient oral analgesics in dogs and cats beyond nonsteroidal anti-inflammatory drugs: An evidence-based approach. Vet Clin: Small Anim Pract. 2013;43:1109–1125.

12 Van Haaften KA, Forsythe LRE, Stelow EA, et al. Effects of a single preappointment dose of gabapentin on signs of stress in cats during transportation and veterinary examination. J Am Vet Med Assoc. 2017;251:1175–1181.

13 Pankratz KE, Ferris KK, Griffith EH, et al. Use of single-dose oral gabapentin to attenuate fear responses in cage-trap confined community cats: A double-blind, placebo-controlled field trial. JFMS. 2018;20:535–543.

14 Robertson SA. Managing pain in feline patients. Vet Clin North Am Small Anim Pract. 2008;38:1267–1290, vi.

15 Bennett D, Zainal Ariffin SMb, Johnston P. Osteoarthritis in the cat: 2. How should it be managed and treated. JFMS. 2012;14:76–84.

16 Onsior (robenacoxib). In: European Medicines Agency; 2021.

17 Epstein ME. Feline neuropathic pain. The Vet Clin North Am Small Anim Pract. 2020;50(4):789–809.

18 Gowan RA, Baral RM, Lingard AE, et al. A retrospective analysis of the effects of meloxicam on the longevity of aged cats with and without overt chronic kidney disease. JFMS. 2012;14:876–881.

19 King JN, King S, Budsberg SC, et al. Clinical safety of robenacoxib in feline osteoarthritis: Results of a randomized, blinded, placebo-controlled clinical trial. JFMS. 2016;18:632–642.

20 KuKanich K, George C, Roush JK, et al. Effects of low-dose meloxicam in cats with chronic kidney disease. JFMS. 2021;23:138–148.

21 Banpied T, Clarke R, Johnson J. Amantadine. J Neurosci. 2005;25:3312–3322.

22 Petrenko AB, Yamakura T, Baba H, et al. The role of N-methyl-D-aspartate (NMDA) receptors

in pain: A review. Anesth & Analg. 2003;97:1108–1116.

23 Chew D, Buffington C, Kendall M, et al. Amitriptyline treatment for severe recurrent idiopathic cystitis in cats. J Am Vet Med Assoc. 1998;213:1282–1286.

24 Chew DJ, Bartges JW, Adams LG, et al. Randomized, placebo-controlled clinical trial of pentosan polysulfate sodium for treatment of feline interstitial (idiopathic) cystitis In: 2009 ACVIM Forum. Montreal, Quebec: JVIM; 2009:674.

25 Delille M, Fröhlich L, Müller RS, et al. Efficacy of intravesical pentosan polysulfate sodium in cats with obstructive feline idiopathic cystitis. JFMS. 2016;18:492–500.

26 Crowell-Davis SL, Irimajiri M, de Souza Dantas LM. Anticonvulsants and mood stabilizers. In: Crowell-Davis SL, Murray TF and de Souza Dantas LM, eds. Veterinary psychopharmacology, 2nd ed. Hoboken, NJ: John Wiley & Sons; 2019:147–156.

27 Perrin C, Seksel K, Landsberg GM. Appendix: Drug dosage chart. Vet Clin North Am Small Anim Pract. 2014;44(3):629–632.

术语表